四川省旅游业青年专家培养计划专项成果
成都理工大学中青年骨干教师培养计划资助(KYGG201313)

灰色大地

——美国灾难与灾害景观

（修订版）

Shadowed Ground:

AMERICA'S

LANDSCAPES of

VIOLENCE

and TRAGEDY

Revised and Updated

[美] 肯尼斯·富特（Kenneth E. Foote）／著

唐 勇／译

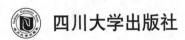

四川大学出版社

责任编辑:唐　飞　段悟吾
责任校对:李思莹
封面设计:墨创文化
责任印制:王　炜

图书在版编目(CIP)数据

灰色大地：美国灾难与灾害景观 /（美）肯尼斯·
富特（Kenneth E. Foote）著；唐勇译. —修订本.
—成都：四川大学出版社，2016.5
　ISBN 978-7-5614-9513-1

Ⅰ.①灰… Ⅱ.①肯… ②唐… Ⅲ.①自然灾害-历
史-美国 Ⅳ.①X437.12

中国版本图书馆 CIP 数据核字（2016）第 112242 号

书　名	**灰色大地**	
	——美国灾难与灾害景观（修订版）	
	HUISE DADI—MEIGUO ZAINAN YU ZAIHAI JINGGUAN（XIUDINGBAN）	
著　者	[美]肯尼斯·富特(Kenneth E. Foote)	
译　者	唐　勇	
出　版	四川大学出版社	
地　址	成都市一环路南一段 24 号 (610065)	
发　行	四川大学出版社	
书　号	ISBN 978-7-5614-9513-1	
印　刷	成都蜀通印务有限责任公司	
成品尺寸	170 mm×240 mm	
印　张	23	
字　数	410 千字	
版　次	2016 年 6 月第 1 版	◆读者邮购本书,请与本社发行科联系。
印　次	2016 年 6 月第 1 次印刷	电话:(028)85408408/(028)85401670/
定　价	50.00 元	(028)85408023　邮政编码:610065
		◆本社图书如有印装质量问题,请
		寄回出版社调换。
		◆网址:http://www.scupress.net

版权所有◆侵权必究

To my parents,
Doris and Harold Foote

Introduction

I am honored to have this book published by the Sichuan University Press. As I wrote *Shadowed Ground*, I always hoped that this book would inspire international comparisons, as I hope this translation will encourage readers to explore the commemorative landscapes they know in China and all around the world. Indeed, the idea for the book first occurred to me during a summer I spent traveling in Europe. I couldn't help but notice how differently events of violence and tragedy—particularly those of the First and Second World Wars and the Holocaust—were commemorated in major cities like London, Paris, Berlin, and Athens, as well as in so many other places across Europe. After I finished *Shadowed Ground*, I began gradually to shift my research to Europe. Currently I am finishing a book with my Hungarian colleague Anett Árvay entitled *Contested Places*, *Contested Pasts* that considers how commemorative traditions have developed in contemporary Hungary.

I was drawn to study Hungary because it has such a different history than the United States. In *Shadowed Ground* I make the case that the memory of tragedy and violence is tied closely to historical, cultural and political traditions that evolve over decades and centuries at the local, regional and national levels. These commemorative traditions usually take a long time to develop, but they generally revolve around many common themes—sacrifice for the community, shared values, and a sense of common purpose. The creation of monuments and memorials in public spaces are an important part of this process. Often questions "who we are" and "where do we come from" are answered by marking sites of shared experience, loss and memory.

In some countries like the United States these sites of public memory tend to trace a narrative arc of ever-upward, ever-forward progress and development. In the United States this so-to-speak "national narrative" focuses on how the country developed from a collection of autonomous colonies, won their independence, survived a brutal civil war, and emerged as a world power. In nations like the United Kingdom, this national narrative stresses stability and continuity within a constitutional, parliamentary monarchy stretching back many centuries. Other countries like Germany have "ruptures" or "breaks" in their narratives such as those of Nazi period and the socialist period in East Germany. South Africa, Russia, and many newly established democracies in Center and Latin American have to narrate around periods of violence, revolution, and upheaval.

Hungary is particularly interesting because it has experienced so many changes of government over the past century. This frequent turnover of government, though not unique to Hungary, does offer a unique vantage point for considering the emergence of commemorative traditions, especially the way these traditions are shaped and changed by regimes of highly contrasting ideologies. Few countries have had so many different commemorative traditions inscribed on landscape over such a short period of time. These changes also offer insight into the little-studied role of iconoclasm in the overall development of national commemorative traditions. Of interest is the way new regimes in Hungary and elsewhere destroyed shrines, effaced monuments, and eliminated commemorative traditions as they assumed power.

I hope this book will encourage further study of China's commemorative traditions and how narratives of the national past have developed and changed in recent decades. China is such a dynamic, fast-moving nation that if I wish I could learn Mandarin and start my research all over again Chengdu, Beijing, Nanjing and so many other cities, towns and villages across the entire country! The commemorative traditions that are developing now—ones looking to the future, but rooted in long-lived traditions of the past—are an important element of contemporary China.

As I look back on *Shadowed Ground* now, I am reminded how much my thinking has changed since this book was first published. As one of the first books focusing on the commemoration of violence and tragedy, I was careful in the first edition to qualify my findings and limit the scope of my generalizations. Now, having examined so many more cases and written further on a variety of related topics, I would be much more forceful in stating some of my arguments and conclusions. First, I think it is important to confront violence publicly no matter how horrible the event. Too often, shame and fear encourage individuals and communities to efface or ignore violence—to explain it away as unusual, as an exception, or as an anomaly. The more I study violence, the more I think that the only way to reduce its prevalence in contemporary society is to confront it directly.

Second, I would emphasize—particularly with respect to the United States—how much issues of race play a role in the commemoration of violence. *Shadowed Ground* was one of the first books to draw attention to the complex issues involved in remembering and commemorating America's legacy of slavery as well as its oppression of Native American peoples. Now I realize that I could have written entire books on these issues—as other authors have since done. However, I am encouraged now that such "dissonant histories" —those involving violence and tragedy as well as torture and oppression are the subject of considerable serious scholarship in the United States.

Finally, I wish I could change my argument in two ways. If I were writing the book again now, I would draw more attention to temporary memorials and spontaneous shrines. They are more important to the memory process than I first thought. In *Shadowed Ground* I was more interested in long-term outcomes—how events are interpreted as decades, generations and centuries pass. I downplayed the spontaneous shrines that often appear in the immediate aftermath of tragedy. But it is these first, fragile and temporary memorials that can define how an event is remembered and memorialized.

If I rewrote *Shadowed Ground*, I would also draw more attention in the complex interplay of public memory with space and place. Throughout *Shadowed Ground* I focused on statuary, monuments and memorials—public art in public space. But commemorative traditions are more complex. What is seen in public space is only one modality of expression, one that is complemented by many other types of memorialization. Over the past decade I have become fascinated by how public memory is expressed in multiple modalities—in the visual art, fiction and non-fiction, movies, the web, movies, music, television, as well as in regular commemorative rituals and ceremonies. This interplay of public memory will continue to attract attention in coming years and "memory research" grows and expands across many disciplines, in many countries.

In closing, I wish to thank my friend and colleagues Dr. Tang Yong of the Chengdu University of Technology for making this translation possible. I have gained much from our work together over the past several years in the United States and China. I would also like to thank Tang Fei for supporting the publication of this book by the Sichuan University Press, one of the leading academic publishers in China. I would also like to thank Diana Quinlan for permission to reprint the photograph of Pearl Harbor found on the cover.

Ken Foote
University of Connecticut
May 2016

译序

　　《灰色大地——美国灾难与灾害景观》一书全面回顾了美国历史上的天灾人祸，探讨了此类事件或催生了纪念活动，或趋于被遗忘的过程与机理。在这部内容跨越三个世纪、案例覆盖美国全境的专著中，作者详细分析了灾难事件对美国社会的建构与解构作用，得出了"正视过去的积极意义在于更加真实地面向未来"的重要结论。

　　《灰色大地——美国灾难与灾害景观》系统考察了灾难事件与纪念活动在时间维度和空间维度上的关系，首次提出包括"公众祭奠、立碑纪念、遗址利用、记忆湮灭"四种类型的灾难响应模式。全书紧紧围绕该模式对美国境内的大量案例进行对比研究。该书于1997年由美国德克萨斯大学出版社出版，2003年再版。第一版包括九章，第二版新增后记，补充了在第一版出版之后发生的灾难事件，如与美国极端教派组织有关的韦科惨案、俄克拉荷马城爆炸案、美国科伦拜中学枪击案、"9·11"恐怖袭击事件等。本书是《灰色大地——美国灾难与灾害景观》2003年第二版的中译本。《灰色大地——美国灾难与灾害景观》是灾难人文地理学的经典范例（Monk，1999；Noble，1998；Till，1998），荣获美国地理学家协会、芝加哥地理学会等机构颁发的四项大奖。该书在国际上同样颇负盛名，日文版已由日本名古屋大学出版社出版。

本书得以与中国读者见面，首先要感谢原作者肯尼斯·富特（Kenneth E. Foote）教授和德克萨斯大学出版社惠允我翻译出版该书中译版。在美访学期间，富特教授不仅在学术上悉心指导，教授及其家人也在生活上给予我无微不至的关怀。《灰色大地——美国灾难与灾害景观》是引领我进入纪念景观领域的启蒙之书。翻译该书的想法一提出就得到了富特教授的热情支持，令我深受鼓舞。本书的翻译过程苦乐交织，充满乐趣与挑战。早在2013年，我就开始研读全书，并尝试翻译第一章。我长时间地受困于对部分术语的准确翻译以及文字风格的选择问题，因此一开始翻译工作进展缓慢。例如，对于"Sanctification""Obliteration""Designation""Rectification"这四个术语，很难找到中文对应的说法，勉强译为"公众祭奠""立碑纪念""遗址利用""记忆湮灭"。再如，原书章节标题的含义意蕴深远，但准确译介却异常艰难。原书行文简约、严谨，亦不失隽永和耐人寻味之处。我尽量在译稿中保持这种文字风格。

其次，我要感谢四川大学出版社和德克萨斯大学出版社的朋友。四川大学出版社的唐飞在审阅本书翻译样章后，肯定了翻译本书的想法，也对译稿提出了许多重要的修改意见。张晶、毕潜、李思莹、朱兰双几位老师编校了全书。四川大学出版社的刘畅与德克萨斯大学出版社的约翰·麦克劳德（John McLeod）帮助处理了本书的版权引进事宜，令本书得以早日与读者见面。

另外，我要感谢我工作学习的成都理工大学以及接纳我访学的两所美国大学。经成都理工大学推选，我获得了国家留学基金委西部人才项目的资助，赴美国科罗拉多大学波德尔校区（University of Colorado at Boulder）和美国康涅狄格大学斯托尔斯校区（University of Connecticut at Storrs）访学。本书的出版还得益于成都理工大学中青年骨干教师计划、四川省旅游业青年专家培养计划的经费支持。成都理工大学的诸位师长对我的工作、学习给予了各种形式的鼓励和帮助，他们是朱创业教授、朱益民副研究员、吴柏清教授、杨尽教授、高成刚书记、杨毅书记、彭培好教授、傅广海教授、杨慧东老师、吴山教授、孔繁金教授、谢先泽教授、梅燕副教授、赵银兵副教授、陈文德副教授、陈兴副教授、李艳菊副教授，在此一并致谢。

诚挚感谢为本书翻译提供过各种帮助的亲友们。妻子秦宏瑶逐字将部分中文译稿录入电脑。唐浩、董义、周忠伟、张琨对译稿提出了修改意见。四川大学南亚研究所曾祥裕对翻译工作给予了热情的鼓励。成都理工大学旅游与城乡规划学院旅游管理专业本科生曾燕、熊迪、骆婷、袁嘉陵四位同学和曾在英国学习中英翻译的朋友达川，分别尝试着翻译了部分章节并帮助将原书参考文献录入电脑。没有他们的帮忙，本书中译本恐怕还需要更多的时间才能与读者见面。

中译本保留了原书原貌，仅略去原书索引，并增加了译注。本书内容系原作者个人学术观点，为将原书信息完整提供给读者参考，译文未对原书内容作任何删减。本书视野开阔，案例丰富，视角独到，思想深邃。译者殚精竭虑，费尽心力，也难以将原文精妙之处逐一译出，实为憾事。敬请读者斧正，并将建议发送至 tangyong@cdut.edu.cn。译者不胜感激。

特别说明：本书封面图片及书中诸多照片均引自文献资料与网络，作者对这些图片的原作者充满敬意。若因图片出处不周详而无意侵犯了原作者的版权，还请联系出版社或作者。非常感谢！

唐 勇
2016 年 3 月于成都

目　录

第一章　灾难与灾害景观

　　我写作本书的灵感来自于我到美国马萨诸塞州萨勒姆镇（Salem）的一次旅行。正是此行让我开始思考"灾难与灾害事件对于美国境内人文景观的塑造作用"这一命题。当时，我从波士顿驱车一路向北，想去看看萨勒姆镇18世纪的老房子。这些老房子见证了美国殖民地时期的经济繁荣和贸易昌盛。长期以来，我对美洲新大陆的殖民史以及17世纪的萨勒姆女巫案所知不多，却又充满好奇，所以我特别期待此行能够有新的发现。

　　美国小镇中"立碑记事"的传统由来已久，萨勒姆镇也不例外。那么，镇上的碑刻是如何记载1692年的萨勒姆女巫案呢？令人颇感遗憾的是，碑石上虽然详细记载了18至19世纪海运史的辉煌，但对此案却语焉不详。

　　萨勒姆女巫纪念馆由老教堂改建而成。与其说它是纪念馆，不如说它是小型礼拜堂。里面的展厅运用了声、光、电等现代技术，着力渲染女巫如何恐怖，但奇怪的是竟没有关于她们被执行绞刑之地的只言片语。我仅知道贾尔斯·科里（Giles Corey）——一位被判死刑的不幸女巫，大致在殖民地监狱附近遇害。当我向当地人打听其余19名女巫的情况时，他们仅能凭借模糊的记忆，告诉我行刑地大概位于小镇南边噶勒斯山①附近的谷地。17世纪时，那里是萨勒姆镇的近郊。而今，

---

① 译注：噶勒斯山（Gallows Hill）又译作绞架山。

陡峭的山坡因不适合建房得以保持当年的风貌，而山下却早已布满了鳞次栉比的房屋。行刑之处也许距山下的房子不远，但准确的位置断难确定（图1-1）。

图1-1　1692年，一批恐怖女巫在美国马萨诸塞州萨勒姆镇噶勒斯山附近被绞死。行刑地的准确位置已成为历史之谜。

　　回顾往昔，美国历史上许多与"女巫案"相比影响甚微的事件都有迹可循，甚至随着时间的推移越发清晰，为何此案会消失于尘埃之中，这让人百思不得其解。美国境内，纪念物数量众多，类型多样，且不论道路两旁常常可以看到的十字架，就是那些为纪念重大历史事件、缅怀英雄人物、追忆美国荣光而建的大型纪念碑或纪念馆也是不胜枚举。例如，普利茅斯石（Plymouth Rock）、自由女神像（The Statue of Liberty）、华盛顿纪念碑（The Washington Monument）、林肯纪念堂（Lincoln Memorial）等。然而，萨勒姆女巫案身后没有任何像样的纪念物留诸后世，官方文献也似乎有意在回避行刑地。于是，我们只能透过当时的庭审记录、殖民地方面的模糊记载以及口口相传的只言片语去推测事件的本来面目。[1]

　　萨勒姆女巫案对于这座小镇乃至整个美国历史都有重大意义，然而它未被纪念反被遗忘的情况却让人迷惑不解。"耻辱感"毋庸置疑是其被遗忘的首要原因。残害恐怖女巫的行径从 1692 年 1 月至 9 月维持了数个月的时间，随即被殖民地的法律界和宗教人士叫停。两方面的原因让人们意识到了错误，停止了对所谓恐怖女巫的残害，从而加快了此案的审结：第一是法庭用超自然方法搜集女巫们的犯罪证据，第二是一位小姑娘态度坚决地否认所有关于她"恐怖巫行"的指控。历史学家在反思这段历史时指出："对于女巫的深深恐惧源于殖民地紧张的社会关系。横亘在女巫与指控者之间的阻隔并非超自然之力，而是不同社会阶层的矛盾与隔阂。"[2] 萨勒姆女巫案让小镇居民不堪回首，这从某种意义上解释了行刑地被忽略的真正原因——眼不见为净。戴维·洛温塔尔（David Lowenthal）在研究景观意义时指出："与荣誉之名关联的景观通常免受破坏，因而被保护得很好；而背负了耻辱之名者往往被忽略擦除。"[3] 我一边思考这段话的意义，一边寻访美国以及其他国家的灾难与灾害景观。

萨勒姆之行后，我踏上了柏林之旅。当时的东德与西德尚未统一。我有幸探访了与萨勒姆镇一样被蒙上"耻辱外衣"的纳粹遗迹——盖世太保总部（Gestapo Headquarters）以及纳粹德国总理府（Reichs Chancellery）。第二次世界大战的"纳粹之耻"让这些地点被永久地贴上了封条。柏林之旅让我突然意识到，"骄傲"抑或是"耻辱"的标签，它们不过是解读景观意义的第一步。其实，某些灾难事件并没有被完全抹除，而是化入纪念碑或是其他纪念物之中了。举例而言，战后对于如何更好地处置德国以及沦陷区集中营意见不一。最终，集中营没有被简单地拆毁，而是作为惨无人道的大屠杀罪证被保护起来，用以警示后人（图 1-2）。[4]

这样看来，除了灾难与灾害事件本身能够改变人文景观的面貌之外，景观意义也会随着时间的流逝发生变化。就萨勒姆镇而言，虽然过去了这么多年，小镇居民仍然难以释怀，他们对于如何看待这段历史依然争论不休——是淡忘这段不堪回首的往事，还是将其视为小镇历史不可磨灭的印记，又或者是将其推到美国宗教史转折点的高度？19 世纪 80 年代，此类争论不绝于耳。

时间到了 1992 年，萨勒姆巫术活动三百周年纪念日之际，这种争论达到了新的高峰。焦点自然集中在如何看待这段历史上。有人建议为受迫害的女巫建纪念碑；反对者则认为，最好让灰色记忆随风飘散，没必要让萨勒姆镇因为一座纪念碑而笼罩在"女巫之殇"的阴霾之下。最终，小镇居民还是为女巫们竖起了一座纪念碑。虽然行刑地点仍然无法确知，但此碑无疑成为

图1-2 通向奥斯维辛集中营的一段铁路遗址。许多大屠杀遗址都被保留下来，成为纳粹暴行的见证。位于柏林的盖世太保总部是纳粹德国的象征，被关闭了近50年时间。照片由丽萨·努吉塞（Lisa Nungesser）拍摄。

历经岁月洗礼的小镇与历史首次和解的重要见证。

　　萨勒姆女巫案以及其他类似案例引出的思考在于："为何某些灾难会被纪念，而另一些却被忽略？"这一问题固然重要，但似乎更有必要从历史的视角，探究人类如何看待灾难与灾害事件本身及其蕴含的意义，以及灾难与历史观之间的关系。鉴于此，超越时间的局限，从更长远的时间维度来考察人类的纪念行为，有助于理解人类如何解读天灾人祸、战争英雄、殉道事迹乃至暴力事件等所具有的真正意义。天灾人祸在融入历史洪流之后，通常会经受人们的反复检视。让我们再次引用戴维·洛温塔尔（David Lowenthal）的话："回忆不过是让历史符合记忆的想象罢了。记忆在保存过去的同时，也不断修正自身，以符合现实的需要。因此，我们记住的不仅是事件发生的过程，也让真相在现实的环境下重新演绎。"[5] 我认为，上述观点是理解景观变迁的重要指针。换言之，灾难地的景观面貌传递出了个体以及社会群体对灾难记忆的集体解读。由此，灾难景观成为人类社会与天灾人祸和解之后的产物。

　　灾难事件在美国社会扮演了什么样的角色呢？作为地理学家，我理应从景观入手，去探究美国社会对于灾难的态度与认识。我注意到，事发地自身也在不断地自我解构。"血渍未干""坑灰未冷"，迫使人们直面血淋淋的现实与伤痛。集中营、铁丝网、焚化炉究竟意味着什么？纳粹德国盖世太保总部——帝国中央保安总局（Reichssicherheitshauptamt）仅剩下光秃秃的废墟，却仍会引发人们对 20 世纪大屠杀的反思。这些案例使我意识到，灾难地的处置问题让争论升级，公开化的大讨论也变得在所难免。因此，也许存在这样一个周而复始的复杂过程：灾难地处置引发社会讨论—讨论会产生对灾难的不同解读—解读又作用于人文景观之上。

　　我首先考虑选择历史上较为惨烈的代表性案例作为研究对象。人类社会很难避免在某一历史时期经历战争等天灾人祸，尤以 20 世纪为盛，战争杀戮不胜枚举。例如，凡尔敦战役（Verdun）、索姆河战役（Somme）、格尔尼卡大轰炸（Guernica）、奥斯维辛集中营（Auschwitz）、德累斯顿大轰炸（Dresden）、广岛核爆炸（Hiroshima）、苏联第 14 号集中营（Soviet Gulags）、越南美莱村大屠杀（My Lai）等。

　　人类对天灾人祸的认识通常与特定的文化价值观相联系。不同时期、不同群体的文化价值观，使得对特定事件的理解出现分歧。鉴于此，我将研究区域集中到一个特定的国家——美国。我重点关注饱含血泪辛酸的美国历史。早在美洲大陆的第一批殖民者踏上洛亚诺克岛之时，他们的悲惨遭遇就预示了新移民的命运不会一帆风顺。此后，来自欧洲的殖民者为争抢土地，与印第安人发生冲突。如果说 17 世纪美洲大陆的殖民者充满了对未知世界的恐惧，那么 18 世纪则是新大陆人民为争取独立，付出血泪代价的壮烈时代。除独立战争的血雨腥风以外，各种大大小小的战争、政治谋杀、刑事犯罪等人祸以及各种类型的自然灾害从未在这片土地上停止肆虐。时至今日，美国的独立战争遗址、南北战争遗址已成为著名的旅游地，每年均吸引大量游人前往参观凭吊，而另一些灾难遗址则经历了不同的命运。美国社会在工业革命与城市化进程中吸纳了大量的海外移民。此一时期，国内人口流动频繁，这为滋生大量暴力犯罪埋下了隐患。不仅如此，种族屠杀、工人运动、示威活动也使得美国社会伤痕累累。例如，费特曼惨案（Fetterman

Massacre)、沙溪大屠杀（Massacres at Sand Creek）①、小巨角战役（Little Bighorn）②、伤膝谷大屠杀（Wounded Knee）、罗克斯普林斯大屠杀（Rock Springs）等针对不同族裔的大屠杀；又如，发生在干草市场（Haymarket）、普尔曼（Pullman）、霍姆斯达特（Homestead）、拉德洛（Ludlow）、拉蒂默（Lattimer Miners）等地的工人运动；再如，20世纪六七十年代美国城市与校园风起云涌的游行示威活动。

本书除了介绍美国经济、社会、政治发展过程中的"不凡之地"，也将描写让其饱经沧桑的"伤心之所"。我无意于搜罗所有的案例，而是筛选出一系列大事件。例如，独立战争、南北战争、大屠杀、政治暗杀、工人暴动、重大交通事故、火灾、洪水、爆炸案等。大量的案例对比虽然难度颇大，但其意义在于从不同侧面解答一个共同的命题——美国社会如何应对天灾人祸的挑战？美国民众如何将深埋的感情寄托于人文景观之上？美国民众又是如何看待并解读一部灾难深重的美国历史？

第一节　灾难印记与暴力景观

美国历史上的许多灾难事件和暴力事件在史料中均有记载。让人颇感遗憾的是，这些史料大多是关于战事本身，而对古战场的命运语焉不详。我之所以这样讲，倒不完全是由于战事发生地的命运值得玩味，而是因为战争遗址不仅为人们提供了审视灾难事件的独特视角，而且也从一个侧面揭示了公众对于事件所秉持的态度。虽不敢妄言某个特定案例能够帮助我们解读灾难事件的全部特征，但我所探访并研究过的诸多案例，共同为寻找其潜在规律提供了重要线索。我将灾后所出现的诸种与纪念活动相关的情形，归入四种相互联系的类别：公众祭奠（Sanctification）、立碑纪念（Designation）、遗址利用（Rectification）和记忆湮灭（Obliteration）。

公众祭奠与记忆湮灭属于两种极端的状态。人们倾向于记住像英雄事迹这类具有深远积极意义的事件，因此纪念物或纪念碑随之出现。相较之下，记忆湮灭则往往与耻辱事件相关。例如，对于种族屠杀、黑帮仇杀等案例，

---

① 译注：沙溪大屠杀又译作桑德克里克印第安部落大屠杀。
② 译注：小巨角战役又译作小巨角河战役、小大霍恩河之战、小大角战役、小比格霍战役。

因为人们感受到了事件带来的耻辱，于是事发地的痕迹往往被人为地掩盖。由此，选择性遗忘是可以理解的必然结果。

立碑纪念与遗址利用属于中间状态。立碑纪念又称为遗址标记，即采用碑刻等地标来标明重大事件的发生地。与之相较，遗址利用是指将暴力或灾难事件的痕迹抹除，重新将事件发生地投入使用，这往往是由于事件本身缺乏深远的纪念意义。

综上，上述四种与纪念活动相关的情形，为我们解读灾难事件和暴力事件及其对人文景观的塑造过程提供了思考方向。我们将在以下文字中进一步阐释其作用机理。

第二节 公众祭奠

公众祭奠首先涉及祭奠场所的选择。祭奠场所的语义类似于地理学家所使用的"纪念地"（Sacred Place）一词，即是从周遭环境中剥离出来，专门用以纪念重要人物、事件或群体的场地。纪念地通常有纪念碑、纪念园林、纪念公园或其他永久性纪念建筑等。本书所谓的公众祭奠，是指用以缅怀革命烈士、民族英雄、不幸遇难者等人或事的场地。纪念地属于公共空间，因此是大多数人所认可的纪念空间，而不是少数宗教群体用作祭祀的场地。公众祭奠的重要前提是要有正式的追悼仪式宣告其历史意义或纪念价值。公众祭奠清晰地呈现了景观与记忆之间的关系。从词源上说，纪念与警示之功能正是拉丁文"Monument"一词的本义。因此，灾难遗址演变成纪念地将有助于发挥铭记历史以及警示后人的作用，提醒人们以史为证，以史为鉴。

葛底斯堡国家军事墓园（Gettysburg National Military Cemetery）是举行公共悼念活动的重要场所（图1-3）。1863年7月的那场战争夺走了数千人的生命。人们在硝烟散尽的战场上修建了墓园，使得许多无名遗骸入土为安。随后，亚伯拉罕·林肯在悼念活动上发表了著名的葛底斯堡演说。葛底斯堡演说由于深刻地揭示了南北战争的历史意义被载入史册，美国历史上可以与其媲美者屈指可数。

图1-3　宾夕法尼亚州葛底斯堡国家军事墓园。1863年11
月，美国南北战争结束4个月后，美国总统林肯来此参加墓园
的揭幕仪式。他所发表的葛底斯堡演说深刻地揭示了南北战
争以及墓园的历史意义，被载入史册。

　　八十七年前，先辈们在这个大陆上创立了一个新国家。它孕育于自
由之中，奉行人生而平等的原则。现在我们正从事一场伟大的内战，以
考验这个国家，或者任何一个孕育于自由和奉行上述原则的国家是否能
够长久存在下去。我们在这场战争中的一个伟大战场上集会，烈士们为
使这个国家能够生存下去而献出了自己的生命。我们来到这里，是要把
这个战场的一部分奉献给他们作为最后安息之所，这样做是完全应该而
且是非常恰当的。

　　但是从更广泛的意义上来说，这块土地我们不能够奉献，不能够圣
化，不能够神化。那些曾在这里战斗过的勇士们，活着的和去世的，已
经把这块土地圣化了，这远不是我们微薄的力量所能增减的。我们今天
在这里所说的话，全世界不大会注意，也不会长久地记住，但勇士们在

这里所做过的事，全世界却永远不会忘记。毋宁说我们这些还活着的人，应该在这里把自己奉献于勇士们已经如此崇高地向前推进但尚未完成的事业；我们应该在这里把自己奉献于仍然留在我们面前的伟大任务；我们要从这些光荣的死者身上汲取更多的献身精神，来完成他们已经为之献身的事业；我们要在这里下定最大的决心，不让这些死者白白牺牲；我们要使国家在上帝保佑下得到自由的新生，要使这个民有、民治、民享的政府永世长存。[6]

一般而言，纪念遗址的景观面貌较为特别，易于识别，其特征如下：第一，地理边界明确。采用标识牌等标明遗址边界，并说明事件发生的经过。第二，持续性地妥善保护。对纪念遗址的保护工作可能延续几十年、几代人，乃至数个世纪。第三，所有权数次更迭。纪念遗址的所有权可能经历数次变更，一般是从私有转为公有。第四，纪念活动绵延不绝。例如，举行周期性的纪念活动或者前往遗址地悼念。第五，纪念物相伴而生。随时间推移，碑刻、雕塑等诸种纪念物在纪念遗址设立后渐次出现。纪念遗址由此成为举行悼念活动的重要场所。

综上，纪念遗址由于具备上述鲜明特征而备受关注；同时，独特的景观特质使之饱受瞩目。在以下段落中，我们将进一步讨论纪念遗址出现的几种主要情形。

一、革命先烈

葛底斯堡作为战争遗址，既见证了美利坚民族的伤痛，也生成了国家认同。战争遗址多为缅怀英雄或悼念烈士而建。事实上，人为信念而亡，因此是信念，而不是伤亡本身激发了纪念活动。我认为，当对灾难的解读超越了生死，上升到道德或精神层面时，此时的社会关注与热议尤其之多。坦然面对还是消极回避？灾后是否生成了新的道德标杆或是行为准则？

俗话说：成王败寇。胜利者虽然掌握话语权，但其观点却并非定论。让我们来看看美国乔治亚州安德森维尔战俘营（The Civil War Prison Camp at Andersonville, Georgia）的案例。战俘营的最高长官因虐待囚犯，被判处战争罪，成为战后唯一被处以极刑的南方将领。此营臭名昭著，最初以南方军暴行物证的名义予以保留，但随后却被重新定义为缅怀全体美利坚合众国战俘的纪念遗址。

战争的根源或是兴兵的缘由，往往也是纪念的原因。人们对战争之殇及其纪念之必要性若意见统一，将出现"枪炮尚未停歇，悼念已然开始"的情况。葛底斯堡作为南北战争遗址即属此类情形。与之相比，越南战争的正义性受到质疑，特别是对如何纪念阵亡将士意见不一。于是，一开始仅有极少数肯定这场战争历史意义的群体或个人为阵亡将士举行小规模的悼念活动。

纪念意义之争不限于战争的正义性，弱势群体主张合法权益的案例也存在类似争议。当弱势群体自发地纪念暴动之殇、屠杀之灾的时候，来自于其他社会阶层、宗教团体、民族群体的人们可能有不同的声音。此种情形之下，悼念逝者或是主张淡化的争论将延续数十年。

工商团体与工人群体对于应该怎样纪念 1886 年的芝加哥秣市暴动（Haymarket Riot of 1886）各不相让。警察的激进执法行为无益于维持秩序，最终将和平示威升级为群体暴乱。混战也让警察伤亡不小。虽然如此，工商界仍将他们视为"芝加哥的捍卫者"，出资在发生汽油瓶爆炸的海马克广场建起了一座纪念雕塑（图 1-4）。与此同时，政府拘捕了八名工人运动的领袖，随后判处四人极刑，这成为美国司法史上最黑暗的一幕。政府不允许工人群众在市区范围内纪念逝者，群众只能将纪念雕塑安置于秣市殉难者的安葬地——芝加哥市郊森林公园的瓦尔德墓地（Waldheim Cemetery）（图 1-5）。为破坏与工人阶级对立者的阴谋，海马克广场的警察纪念碑屡遭侵扰，曾两次被毁。这座警察纪念碑最终被安放在警察学院内。广场上剩下的只是纪念碑的基座。

18 世纪末至 19 世纪初，伴随工人阶级的觉醒，为悼念工人运动中牺牲的领袖，人们热衷于举行各种纪念活动。不仅如此，人们还非常关注伤膝谷大屠杀、小巨角战役等美国原住民争取权益的过程及其遭受迫害的案例。再如，美籍日裔集中营、排华运动及以肯特州立大学、杰克逊州立大学等为代表的校园枪击案。[7] 这些与民权运动相关的纪念遗址的处置问题也饱受争议。对此，我们将在第九章中作进一步讨论。

二、英雄迟暮

暴力伤亡、非正常死亡等若按照美国社会的传统观点，通常不具备纪念的必要性，除非事关伟大的领袖、无畏的英雄或是赴死的战士。不考虑逝者的名望、身份、地位等因素，个人成就则是他们接受缅怀的重要原因。美国发生了四次总统遇刺案，这些案例较好地说明了此种纪念传统。其中，有三位总统的遇刺地点很快被标记出来。詹姆斯·加菲尔德是第四位被刺身亡的

图1-4 1962年，芝加哥警方举行秣市暴动76周年纪念活动。由芝加哥工商界出资，在暴动发生地建起了一座纪念雕塑——芝加哥捍卫者。政府不允许工人群众在市区范围内纪念逝者。海马克广场上的警察纪念碑屡遭破坏，最终于20世纪70年代被搬到了警察学院内。照片（ICHi—1983）由芝加哥历史协会提供。

图1-5 瓦尔德墓地位于伊利诺伊州芝加哥市郊森林公园内。
八名组织"秣市暴动"的工人领袖被判处极刑，葬于瓦尔德墓
地，是芝加哥历史上最隆重的葬礼。墓地位于芝加哥市区范围
以外。

总统，他身故 25 年后，遇刺地点始有标记。不仅如此，总统遇刺事件发生的城市均建有大型纪念物。林肯纪念堂位于华盛顿特区国家广场（National Mall）西侧，加菲尔德的青铜雕像安置在华盛顿的国会山前。这两处纪念物距离遇刺发生地不远。威廉·麦金莱总统的纪念碑位于布法罗市中心的尼亚加拉广场；肯尼迪总统的纪念碑处于达拉斯市中心的纪念广场，距离迪利广场仅两个街区。

如今，纪念活动蔚然成风，不仅政治人物享此殊荣，名人们也常常受到大众追忆。众所周知，约翰·列侬在其纽约的寓所前遇刺身亡。于是，人们在其寓所对面的中央公园修筑了一座小型纪念花园——玫瑰园。正如我将在第二章谈到的，人们对于某人是否值得缅怀往往意见不一。反对者和支持者会评议某人的社会声誉。举例而言，林肯纪念碑从提上议事日程到最终完工，经历了近 50 年的时间。在此期间，林肯作为美国历史上争议最大的一位总统，人们对他的态度发生了极大的转变。[8] 林肯当选美国总统，是南方各州脱离联邦的主要诱因。1922 年林肯纪念堂落成之日，他已然成为美国历史上不朽的伟人。又如，詹姆斯·加菲尔德虽然只担任了 4 个月总统，但人们仍在巴尔的摩-波托马克火车站候车大厅用纪念星标注其遇刺地点。然而，这颗纪念星仅保留了 25 年。车站拆除后，原址修建了国家艺术馆，但纪念星却再也没恢复过来。

三、集体伤痛

纪念活动或者纪念物往往出现于火灾、爆炸、车祸等天灾人祸之后，它们是社会遭受创伤后的自然反馈，一方面是为了祭奠逝者，另一方面也是社会释放伤痛的重要形式。由于诸多因素掺杂其间，因此仅有极少数的天灾人祸会导致纪念活动的发生。其中，最主要的原因是，灾难事件能否影响到某个独立、统一且自我认同感强烈的社会群体；同时，该群体将此视为集体之殇。换言之，个体因共同的公民感、民族感、宗教情结或是职业因素而形成某个社会群体，他们会因为这些因素将灾难视为群体之失，而非个人或家庭之难。

许多灾难事件的影响力不限于某一特定的社会群体，而是会对多元混杂的群体造成伤害。经历苦痛的个体难以从群体中找到归属感，于是他们会选择单独前往墓地纪念逝者。当死难者限于某一特定的自我认同感强烈的群体时，他们会在灾难发生地或是选择重要的公共空间建碑立祠。宾夕法尼亚州约翰斯敦市的洪灾纪念碑即属于此种情况。1899 年的这场洪水是美国历史上伤亡最为惨重的自然灾害，它夺走了两千多人的生命（图 1-6）。这场洪水不仅造成了重大的人员伤亡，也使得这座快速崛起的工业城市遭遇灭顶之灾。约翰斯敦市的市民们有着强烈的公民感，他们所建立的纪念碑承载了全

图 1-6　洪灾纪念碑位于宾夕法尼亚州约翰斯敦市格林威尔墓地。这座纪念碑的身后埋葬着 800 余具无人认领的尸骨。1892 年 6 月 1 日，近 1 万名约翰斯敦市的市民参加了洪灾纪念碑的揭幕仪式。随后，全体市民撤离该市。

体市民所遭受的伤痛记忆。我将在第三章和第五章中对此类灾难作进一步的讨论，仅在此作两点简要说明。首先，灾害的强烈程度会影响到纪念物以及纪念活动的出现，但这不是唯一需要考虑的因素，因为有一些比约翰斯敦市洪灾危害性小很多的事件，仍可能会触发具有强烈自我认同感群体的伤痛情感。例如，1909 年伊利诺伊州矿难，1937 年德克萨斯州新伦敦校园爆炸案，1958 年芝加哥校园大火，1908 年俄亥俄州科林伍德校园大火，1974 年俄亥俄州希尼亚龙卷风。对此，我将在第三章详细阐述。其次，正如我在第五章中所言，许多灾祸虽然对社区造成了巨大的破坏，但仅有极少数在景观上留下了印记。对于这些有别于常态的案例，有必要专门予以讨论。

第三节　立碑纪念

立碑纪念与公众祭奠非常相似，虽然二者都会在灾难发生地设立标记，但前者不会发生大规模的祭奠活动。简言之，虽然立碑纪念但却没有举行公众祭奠。立碑纪念的案例虽然重要，但缺乏必要的英雄事迹或祭奠的必要性。纪念园、铭牌、纪念碑是惯常采用的地理标识。然而，纪念地往往不会被长期关注，也不会成为举行周期性纪念活动的场所。虽然某地的重要性不曾受到质疑，但其重要性可能并不成其为公众所祭奠的缘由。换言之，建有地理标识的地方虽然向公众开放，却不被公众所祭拜。鉴于立碑纪念是处于公众祭奠与记忆湮灭之间的情形，它将有别于自发的祭祀与刻意的遗忘。然而，它所处的阶段至关重要，可将其视为遗址地在漫长的生命历程中的过渡阶段：既可能走向公众祭奠，也可能走向遗址利用与记忆湮灭。综上，遗址地的纪念意义及其标识物会随着时光流转而变化。对此，我将进一步阐释。

一、少数派之难

祭奠场所可由建有地理标识的地方转化而来，这往往是因为祭奠的缘由尚未得到广泛认同。少数族群也许能够很快认识到建有地理标识的地方的意义，但需要经过更长的时间，多数族群才能够逐渐接受其被纪念的原因。在此期间，少数人会在某地举行小规模的悼念活动。让我们来看看马丁·路德·金的例子。1968 年，马丁·路德·金在孟菲斯的诺娜伊恩旅馆遇刺身亡（图 1-7）。人们希望纪念这位民权运动的英雄，想要为他建立一座纪念碑。纪念活动最初由普通民众发起。五十多年后，联邦政府、州政府和地方政府联合出资，在诺娜伊恩旅馆修建了国立民权研习中心暨民权博物馆，马丁·路德·金由此演变成了全民偶像。他的生日成为公众纪念日，他所倡导的民权运动得到更广大的美国民众的认同。不难看出，马丁·路德·金的遇刺地从一开始仅为一小块标记物到成为公众纪念地的过程，清晰地说明了遗址地所经历的变迁。历史上还有许多与少数派抗争或与民权运动相联系的地点有着与遇刺地类似的命运。当下的政治气候具备让这些地点最终成为公众纪念地的条件。例如，美洲印第安人等少数族裔遭受屠杀的遗址地，有关美籍华人或美籍日本人遭受残害的遗址地。又如，美国工人运动遗留下了一些有纪念标识的地点，它们有可能朝着公众祭奠的方向发展。我将在第九章对上述极具争议的观点与案例予以讨论。

二、遗址变迁

某些遗址被保留下来，做上标记，这是因为它们将逐渐转化为纪念地。对于这些遗址的重要性，人们的意见较为一致。政府资金一旦到位，转变即刻启动，这不过是时间问题。随着时间的流逝，纪念地建立的条件——成熟，其转化过程无非是正式登记造册、予以认定的过程。一些与革命事件或内战相联系的全国性纪念地即经历了此番过程。以邦克山纪念碑为例，这座纪念碑的出现历经 75 年之久。最初，退伍士兵出资修建了一座小型纪念碑。1843 年，私人捐资修造了一座更大的纪念碑。1919 年，其所有权转让给马萨诸塞州政府，最终于 1976 年纳入美国国家公园管理系统。可以看出，遗址地被标记后，所有权由私有转向公有的情况十分普遍（图 1-8）。

三、难忘之失

遗址被标记后，既可转换成纪念地，也可能是某些"难忘之失"的最后归属。由于某些案例不具有足够的典型性，这些遗址将可能面临再次被投入使用或者被故意清除的命运。伤亡可能很重，但若受伤的不是某个特定的社区或者没有英雄事迹，这类案例则难以被公众纪念。当某个灾难案例极具代表性，也就是说它很难再次发生时，这些灾难地可能被标记出来。例如，海登堡飞艇爆炸、内华达雪山当纳聚会。再如，一些同类事件中伤亡最惨痛的案例也可能受到关注，如芝加哥河东陆号邮轮沉没事件（图 1-9）。

图1-7 1968年4月4日，马丁·路德·金在田纳西州孟菲斯市的诺娜伊恩旅馆遇刺身亡。旅馆主人在马丁·路德·金曾住过房间的外墙上放置了一块纪念牌匾。

图1—8　邦克山纪念碑位于马萨诸塞州查尔斯顿，地处查尔斯河的对岸，与波士顿市隔河相望。多年来，退伍军一直呼吁为邦克山战役修建纪念碑。1827年，由私人出资，纪念碑项目启动。1919年，纪念碑项目由政府接管，并于1976年交由国家公园管理局管辖。纪念碑位于布瑞德山一处高地，地处邦克山古战场的范围内。

图1-9　1915年，东陆号邮轮于芝加哥河南岸侧翻，致800余人丧生，是美国历史上最惨重的船难事件。多年以来，灾难现场一直没有纪念碑出现。此纪念牌是唯一见证这场灾难的遗存。

第四节　遗址利用

遗址利用是指灾难地再次被投入使用的过程。此类遗址在灾难之初受到短暂关注，但随着时间的流逝，伤痛逐渐被淡忘，于是事发地再次回归常态。人们对于灾难地的记忆与荣辱无关。换言之，此地或许已免于灾难的侵扰。按照我所列出的灾难发生后的四种情形，遗址利用使得人们对于灾难地处置所耗费的精力最少，不过是"清扫战场"罢了。某些情形下，人们会首先考虑在一定时期内废弃灾难地，多年以后才会再次将其投入使用。然而，人们对于从废弃到再次使用之间的转换谈之甚少。事实上，遗址利用是大多数灾难地的最后归属。此类灾难地的重要性不足，故难以激发人们的纪念欲望；同时，由于造成的负面影响有限，也很难促使公众将其彻底铲除。综上，由于多数灾难毫无纪念意义，因而遗址利用最为常见。

一、事故引发的灾难

事故通常难以在景观上留下痕迹，故而踪迹难觅。此时，人们不再关心事发地，它如同无端受害的旁观者一般。事故可能在任何地方发生，因此某地的不幸遭遇不过是运气不好罢了。官方调查与法律诉讼往往是为了求得真相，找出责任人，提出预防措施。调查取证与法律诉讼程序完毕，负面影响将逐渐减弱。以空难或者列车出轨为例，公众关注事故发生的原因，希望避免类似事件再次发生，而对于事发地兴趣索然。如果大量遇难者来自同一群体，由此激起了群体性的悲伤情绪，此时的情况就大不一样了，将可能举行大规模的悼念活动并出现某种形式的纪念景观。

我注意到，虽然人们会逐渐淡忘伤痛，但是事故的影响力却可能非常深远。这是由于事故原因一旦查明，预防措施或办法将推行到全国，甚至全世界。美国的工业兴盛、城市发展受益于新技术的应用，然而此过程饱含血泪。1871 年的"芝加哥大火"是 19 世纪伤亡极为惨重的城市火灾之一。灾后的砖石建筑大规模地替代了原来的木结构建筑，成为新的建筑施工标准。事实上，今日通行的安全措施大都源于历史上的惨痛教训，这些安全措施消除了某一阶段高发的事故。例如，防火梯、防火门、应急照明等。

二、毫无意义的暴力

当某地与意义难以判读的暴力事件相联系时，事发地将恢复常态，并再次为人们所使用。体育赛事中的无组织骚乱属于偶发性的暴力事件，既非为民权而战，也非英雄之举，自然难以激起广泛关注。按此原则，诸如"华尔街炸弹爆炸案"等只能被认定为一起事故。1920年，犯罪分子在纽约金融中心引爆了硝酸甘油炸药，爆炸致30人死亡、200多人受伤，造成了严重的财物损失。然而，对爆炸案的调查一直没有确切结果，也没有任何机构或个人宣称对此事件负责。由于爆炸并不针对特定的对象，随着时间的流逝，此案逐渐淡出公众视野。于是，爆炸发生地经过了清理之后回归常态，一切照旧。如今，事发现场几处建筑物的石质外墙上仍可以找到弹片留下的痕迹。

大多数谋杀案都毫无意义，因而缺乏必要的纪念意义。谋杀案的发生地大都在尘埃落定之后恢复常态，除非谋杀让人们感到强烈的耻辱，这时将出现记忆湮灭的情况。

第五节　记忆湮灭

记忆湮灭是将与灾难相关的证据全部销毁或者掩盖的情况。鉴于记忆湮灭对事发地的清理与证据的隐藏远比遗址利用更彻底，因此这远不是恢复常态，而是弃之不用。经历长时间的沉寂，灾难遗址若能够被再次使用，那么它的用途肯定与此前不同。

大多数情况下，记忆湮灭是相对于公众祭奠而言的。如前所述，公众祭奠的标志是永久性的纪念物，以及对于革命烈士、英雄人物及其义举的公众悼念活动。相较而言，记忆湮灭是指将所有证据清除，不会出现悼念活动。再者，公众祭奠是为了记住某个事件，而记忆湮灭则是希望忘却灾难的伤痛。不仅如此，前者建碑立祠，后者弃之不用。不难理解，两者所涉案例的性质往往差异巨大。换言之，清除的不是英雄或烈士殉难之地，而是与歹徒、刺客、屠夫等"恶名"相联系的地点。这些被清除的地方曾掩藏了人性的阴暗与邪恶，这与宣扬人性纯善的案例大不相同。

我注意到一个有趣的现象，某地一旦背上了骂名，刻意清理的措施反倒使之像纪念地一样与周遭的环境相异，其景观面貌由此变得突出了。约翰·韦恩·盖西（John Wayne Gacy）是臭名昭著的连环杀手。人们拆除了他实施犯罪的寓所，房子周围堆满了垃圾，这一切反倒使得这里与临近街区祥和的氛围格格不入（图1-10）。

图1-10　连环杀手约翰·韦恩·盖西位于芝加哥市郊的老宅。盖西将许多受害者的遗体埋在房前屋后。1978年至1979年，警方进行了搜查，随后这处房子被夷平。盖西于1994年被处死。

　　某些社会或文化尝试通过宗教仪式等途径将污名、恶行或罪责"漂洗干净"，让罪人或肮脏的地点"回归正途"。然而，就美国社会而言，这种做法行不通，没有任何便捷的途径能够将某地"漂白"。虽然极少数地方会在多年之后再次被使用，但大部分将被永久封存。

　　"污浊之地"的意义含混不清，某些情形之下将导致病态结果的出现。由于劣迹难除、激愤难平，因此乱涂乱画、趁火打劫在所难免。让我们再次将记忆湮灭与公众祭奠做有趣的对比。公共纪念物是群体伤痛的产物，也是悲痛宣泄的主要对象。相较而言，"污浊之地"则省略了此番宣泄的过程。虽然大屠杀的遇害者应予以悼念，但是仍可能遭到刻意的回避。由于忌讳公开化的讨论，"污浊之地"成为公众视野之外的私下谈资。这时，当地人编排各种版本的故事、笑话供游客消遣。虽然未公开纪念，但不经意间，它们已经混入了流行文化或者是神鬼故事、奇闻怪谈等口头文学之中了。我将在

第六章讨论口头文学对于负面事件的记忆传承及其作用与意义。

一、连环凶杀之耻

人们大多刻意淡忘连环凶杀案所带来的伤痛记忆。硝烟散尽，知耻而悟。家人和朋友很难面对他们中的某位成员是刽子手的残酷事实，耻辱感弥漫于整个社区。亲朋好友总是设法与杀人犯划清界限，刻意将凶徒视为异类或者是外人。当人们难以撇清与罪人的关系时，将通过打砸凶手的房屋或是焚毁犯罪地点等极端方式表明立场。这种极端的做法从19世纪起就比较多了，最近一二十年更是常见。不难看出，连环凶杀事件的阴霾一直弥漫在美国社会之中。

二、臭名昭著之地

种族灭绝、劫机事件、恐怖袭击、连环凶杀案等有组织的犯罪活动是导致记忆湮灭发生的主要案例。我将在第六章中探访20世纪二三十年代的几处犯罪现场。约翰·威克斯·布斯（John Wilks Booth）罪孽滔天，让与他的罪行毫无联系的地方也蒙受不白之冤。不仅如此，一些事故地点也可能让某些群体或者群众蒙受不白之羞。于是，这些地方将面临记忆湮灭的命运。经调查，1942年波士顿可可林夜总会①火灾部分是由于管理部门疏忽造成的，他们放松了对建筑、防火与安全标准的监督检查。煤气爆炸、火灾、交通事故等惨剧的发生，也大多由于政府部门或个人对反复出现的安全隐患没有引起足够的重视而造成的。

第六节　传统发明与景观记忆

我们虽然可以将灾难地的命运大致归入前述四种结局之一，但理应注意到人们对于灾难地的处置与解读还可能随着时间的流逝而发生变化，甚至出现突变的情况。纪念地可能被拆除、毁坏、夷平，但被着力掩藏的"污浊之地"也可能迎来命运转机，一跃成为公众瞩目的纪念地。虽然大多数地方的变化不大，但我们不应忽略发生变化的可能性。事实上，灾难地经历的各种

---

① 译注：可可林夜总会（Cocoanut Grove Nightclub）又译作椰园夜总会。

变化与其最初的状态一样耐人寻味。约翰·博德纳（John Bodnar）在其新著中讨论美国 20 世纪的纪念活动与爱国主义时说："对于过往的重塑以及当代公共纪念的形成往往充满争议。他们是不同政治观、不同利益体角力的结果。"[9] 多年之后，人们回望过去，开始检讨历史，希望通过检视过往去寻求某种规律、秩序与一致性，论证政治观点变化的合理性，以及社会、经济与文化价值的正确性。关于事件发生地是否应该被记住或者遗忘的争议，揭示了个人或者社会群体与暴力或灾难事件和解的过程。因此，人们对于灾难地的意义与集体记忆的不断解读从未停止，反而历久弥新。

一、重塑地方认同、地区认同与国家认同

灾难遗址之所以能够成为纪念地，是因为它们大多见证了一国、一城、一地的某个重要历史时刻。[10] 美国境内近乎所有关于独立战争与南北战争的遗址均得到了妥善保护。德克萨斯州保留了戈利亚德（Goliad）、阿拉莫（Alamo）、圣哈辛托（San Jacinto）等古战场，它们是 1836 年德克萨斯州为争取独立浴血奋战的历史见证。再如，芝加哥市市旗排列着四颗六角红星，它们分别代表着四次重要历史事件。其中，第一颗星代表迪尔伯恩要塞（Fort Dearborn）①，第二颗星代表 1871 年的芝加哥大火②。这两颗星铭记了美国人民所经历的惨痛灾难。诸多类似事件在受到人们的关注之前，也曾长时间默默无闻，经过数十年的光景才从悄无声息之地转变为众人拜祭之所，成为国家与地方认同的象征。它们展现了无上荣光，接受数以千万计美国民众的景仰。

理解此类遗址的关键在于确立重要性的标准，这类标准需要在历史中去寻找。数年后，不论是事件的主角、亲历者，还是历史学家、社会公众，均开始检讨过往，他们希望借此盖棺论定。1770 年波士顿屠杀被今日视为历史的分水岭——美国独立战争的第一枪。而事实上，这不过是发生在街巷中的一次擦枪走火罢了③。[11] 虽然一百多年后，事发地有了历史地标，但是从 19 世纪开始，就有人质疑所谓的波士顿屠杀的历史意义，将其视为一次不

---

① 译注：1812 年，印第安人占领了迪尔伯恩要塞，屠杀了驻守美军。

② 译注：第三颗星代表 1893 年的芝加哥哥伦布纪念博览会，第四颗星代表 1933 年的"进步的世纪"（Century of Progress）博览会。

③ 译注：英军士兵和平民之间发生冲突，骚乱人群袭击军队，导致军队使用了毛瑟枪。3 名平民在现场被枪杀死亡，11 人受伤，2 人在事后死亡。

义之举，不认同将它作为美国独立战争起点的观点。[12]德克萨斯州的戈利亚德、阿拉莫、圣哈辛托等古战场的情况与此类似，其中阿拉莫还差一点就变成城市建设的牺牲品（图1—11）。[13]此外，人们在芝加哥大火过去数年之后，才逐渐将这次惨绝人寰的灾难视为城市涅槃重生与家园重建的起点。

假若美国独立战争失败了，波士顿屠杀则可能有另一番解读，它也许会作为颇具争议的历史事件，反复接受人们的检视。不难看出，只有当历史事件具有足够的纪念价值，它才能受到人们的纪念。1783年独立战争的枪炮声停息，美利坚合众国建立。此时，纪念波士顿屠杀才被提上议事日程。最初是周年祭，随后是放置历史地标，最后是修建纪念碑。一般而言，大型悼念活动出现的周期分别是10年、25年、50年、100年。德克萨斯州部分重要的独立战争遗址在激战正酣之时未能受到重视，荒草丛生，直到19世纪80年代，也即此战50多年后，才出现了第一座真正意义上的纪念碑。1936年100周年纪念之际，有关德克萨斯州独立战争的纪念活动达到了新的高潮。

近年，大量文献关注民族史、爱国主义、区域认同等概念的变迁过程。研究表明，历史真相屡经演绎才愈发符合当前社会的需要。神话传说在一定程度上反映了历史，但并不能将之等同于历史。艾瑞克·霍布斯鲍姆（Eric Hobsbawm）、特伦斯·兰杰（Terence Ranger）将历史真相为迎合社会之需所历经的过滤、筛选及重构的过程概括为"传统的发明"（Invention of Tradition）。近两个世纪以来，国家的诞生史可描述为"解释规则"（Canons of Interpretation）作用于传统、传说与虚构故事的结果，由此产生了革命年代的血色浪漫与烈火青春，这些故事有利于国家认同的强化。[14]而另一些学者倾向于使用"历史的创造"（Making Histories）一词。他们认为，特定民族、社会群体通过篡改历史，强化认同与加强团结。[15]有趣的是，景观面貌不仅反映了"传统的发明"或"历史的创造"，并且还可能让此番进程加速。约翰·博德纳（John Bodnar）认为："公众记忆与爱国主义是某些纪念遗址受到普遍关注的重要驱动力。"从甘尼斯·佛斯特（Gaines Foster）的《联邦之魂》（*Ghosts of the Confederacy*）一书中，我们也能看到涉及纪念活动与美国南方诸州认同感形成之间关系的诸多案例。[16]

"传统的发明"深刻地影响了美国境内人文景观的面貌。历史事件、伟人故里等重要遗址均设有历史标识。今人误以为古战场、古墓葬、纪念堂的存在实属必然，而事实上它们是选择性保留的结果。我将在第七章及第八章

图1—11　德克萨斯州圣安东尼奥市阿拉莫战役遗址。1836年
2月23日至3月6日，墨西哥军队将德克萨斯人围困在这处教
堂。驻守此地的德克萨斯人全部战死。1883年，教堂交由政府
管理，并于1905年以后扩大了面积。如今，此地被"德克萨斯
共和国女儿"誉为"纪念德克萨斯人解放的圣殿"。

中详细讨论此番过程、影响因素及其与地方认同、地区认同、国家认同的关系。

二、纪念英雄事迹

前面曾提到立碑纪念适用于少数族裔为争取合法权益而催生的遗址，此类遗址有逐渐转变为公众祭奠活动空间的可能性。当然，民权运动有所进展是转变实现的先决条件。与地方认同、地区认同、国家认同相关联的遗址有类似的情形。纪念遗址的选择性过程必将经历时间的沉淀与反思，发明创造出的传统也好、历史也罢，必然服务于此宗旨。由此，伴随着新传统的产生，人们挑选出具有代表性的遗址建立纪念地。

民权运动及至今日仍然处于较初级的阶段。因此，较大体量的纪念民权运动的场所、碑刻数量不多。随着民权运动取得新的进展，相关纪念物也随之增多。例如，关于马丁·路德·金的几处纪念地：孟菲斯的遇刺地、亚特兰大的归葬地、亚拉巴马州蒙哥马利县的民权运动纪念雕塑。美国境内的纪念景观不仅涉及民权运动，也包括大量工人运动牺牲人士的纪念遗址。工人们为争取合法权益，付出了极为惨痛的代价。工人运动既是为了维护人权和人之尊严的宏大主旨，也有出于保障个人或小群体利益之目的。他们屡遭武力镇压，直到 20 世纪初，有组织的工人运动才逐渐取得一系列重要进展。此时，人们开始反思多年来不懈抗争中有哪些历史性的事件，并着手在事件发生地建碑立祠。

三、历史的转折点

具有历史转折点意义的案例有条件使景观面貌发生深刻变革，而"滔天罪孽"也可能成为纪念活动出现的原因。举例而言，伤膝谷大屠杀发生于南达科他州，是 19 世纪最为惨烈的一次对印第安人的屠杀事件，它点燃了1973 年印第安苏族人起义（Sioux uprising of 1973）。再如，1970 年美国肯特州立大学惨案（Kent State killings of 1970）成为反越战运动（Anti-Vietnamn War movement）的转折点。转折点命运殊途，却为本研究提供了不同的视角。它们既可能向公众祭奠迈出一小步，保存历史记忆，促成新的纪念传统的产生，也可能暂时从公众的视野中消失。此类案例激发了对惨案的意义与重要性的广泛讨论，由此社会关注与同情的力量将改变惨案发生地景观的面貌。我将在第九章深入探讨历史转折点相关的案例。

第七节　景观记忆与遗忘之虞

　　灾难事件及其纪念意义之争，表明了景观、文化、社会、集体记忆之间的联系。文化是特定群体共同秉持的信仰、价值观念、行为规范、传统习俗等，它深刻地影响着日常生活，且不随着个体的意愿发生转变。文化的渐进式演进往往会历经数代人之久，在此意义上，文化承载了集体记忆或社会记忆。[17]记忆的定义将文化与景观联系起来。人们对于环境的改造受制于社会对于集体记忆的选择。换言之，景观及其纪念物的长久存留，将有利于人类通过环境改造来彰显共同的价值观。事实上，历经岁月洗礼的景观保存了集体记忆与文化传统。由此，景观的符号体系、象征体系将帮助人们实现跨越时空阻隔的交流，人们通过塑造景观来实现与未来沟通的目的。[18]虽然不同社会、不同文化有诸如宗教仪式、口头传承等多种保存共同的价值观、信仰的方式，但是景观类似于文字记载，是一种能够长时间存留的视觉表现形式，其特点鲜明、优势突出。

　　本书所述之灾难遗址可以看作是景观之"题记"。从"地理"一词的语源上讲，景观无疑是"大地之痕"（Earth Writing）。以上观点有助于我们理解美国社会如何弥合天灾人祸之殇。我将在本书中着重讨论纪念遗址，但也难以忽视某些已经消失了的灾难地及其所具有的重要历史意义。事实上，对纪念景观选择性机理的认识至为重要。就此，我将在第九章进行讨论，并再次解读某些深埋于尘埃之中、近乎被社会遗忘的案例。为什么人们故意将蒙羞之地掩藏，却对一些理应被纪念的案例视而不见呢？究其原因，美国社会尚未对某些灾难与灾害事件形成一致的看法。例如，与印第安人和白种人的种族冲突相关的案例较少，这些案例与美国历史之荣光形成了鲜明对比。对于它们，社会记忆模棱两可，纪念意义尚不清晰，还需要更多的时间来弥合社会的伤痛。正如萨勒姆女巫案所经历的波折一样，直到三百年后，人们才坦然面对女巫之殇，最终为女巫们建碑立祠。那么，诸如曼扎拿集中营（Internment Camp at Manzanar）（图1-12）、石泉屠杀（Rock Spring Massacres）、勒德洛屠杀（Ludlow Massacres）等一些纪念意义尚不清晰的案例的命运如何呢？也许，美国社会还需要更长的时间才能对这些沾染了辱名之地的意义作出判定。

图1—12　曼扎拿集中营位于加利福尼亚州的欧文斯山谷。第二次世界大战期间，根据"9066号总统令"，美籍日裔被羁押于曼扎拿等9处集中营。此地被人遗忘多年。随着1988年《公民自由法案》的出台，该遗址的命运可能迎来转机。如今，该遗址建有一处历史纪念碑。

第二章　英烈之士

公众祭奠活动通常与烈士、英雄、伟人这类人物相联系。西方社会有缅怀英烈的传统，由此形成了类型多样的纪念性景观，涉及逝者的出生地、成长地、工作生活场所、建功立业之地以及归葬地。这些纪念性景观大多与政治、商业等领域成就卓越的人士相关，它们遍布乡间、城镇，为导游们所津津乐道。例如，托马斯·杰斐逊的蒙蒂塞洛庄园、乔治·华盛顿·卡弗的实验室、查尔斯·林德伯格童年时期的故居、哈莉特·塔布曼度过最后时光的居所。

某地若有幸见证历史人物的离世，就极有可能成为纪念地，然而一些负面因素可能使纪念地的形成过程变得曲折。人们缅怀光荣牺牲的战士，却只有极少数民族英雄受众人追忆。剧院、火车站、汽车旅馆、办公室等由于出现了刺杀事件，久久地萦绕着耻辱感，使得它们难以走向转化为纪念地的道路。本章将主要讨论刺杀事件，并再现事发地曲折离奇的命运。

纪念地与历史人物的声望关系密切，生前名誉至为重要，盖棺论定亦不容忽视。誉满寰宇或是名誉扫地，盖棺之后自有定论。诚如亚伯拉罕·林肯之于南北战争、马丁·路德·金之于民权运动，这些饱受争议的政治人物和历史事件，即使盖棺却仍难定论。世人臧否事关身后哀荣，有人垂名身后，有人千古骂名。历经数年沉淀，一切归于平静，纪念碑出现的条件逐渐具备，世人臧否最终归于身后哀荣之议。

第一节　加菲尔德与麦金莱

美国历史上有四位总统遇刺，他们是林肯（1865 年遇刺）、加菲尔德（1881 年遇刺）、麦金莱（1901 年遇刺）、肯尼迪（1963 年遇刺）。为缅怀这几位总统，这几座见证了刺杀事件的城市均建有相应的纪念物。人们对于遇刺案的态度直接关系到能否将刺杀发生地视为纪念地。林肯遇刺案较复杂，因此我从相对容易叙述的詹姆斯·加菲尔德与威廉·麦金莱两位总统的案例谈起。

1881 年 7 月 2 日，加菲尔德总统走进了华盛顿巴尔的摩－波托马克火车站。他在车站西南角第 6 街与 B 街交汇处候车时，被刺客用手枪射伤。[1] 所幸两处枪伤没能立刻置他于死地，总统随即被转移到新泽西疗伤，然而历经 7 周的伤痛折磨，最终不治身亡。[2]

刺客名叫查尔斯·吉特奥（Charles Guiteau），此人妄想在联邦政府谋得一官半职。总统选举结束后，他仅得到一个薪水微薄的职位，这成为他实施刺杀的动机。人们大都认为他精神不正常。1882 年 6 月 30 日，此人被判有罪，领受绞刑。加菲尔德总统遇刺地现为国家艺术馆主楼。

当时，人们没有为加菲尔德总统举行大规模的悼念活动，这主要有两方面的原因：第一，他的执政时间非常短，因此政绩有限。加菲尔德总统仅比执政时间最短的美国总统威廉姆·哈里森（William Harrison）[①] 稍长，这在美国历史上非常罕见。加菲尔德之所以遭遇刺杀，实则与当时美国混乱的政局有关。加菲尔德之死推动了公务员制度的改革以及 1883 年《彭德尔顿法案》（"The Pendleton Act of 1883"）[②] 的出台，但这并不能算作他本人的政绩。因此，人们对他的印象还主要停留在大学教师、内战英雄以及国会议员上。第二，加菲尔德遇刺案发生在美国历史上相对平静的时期，因此他履任总统时，没有机会像林肯一样在战场上建功立业，或是像麦金莱那样经历

---

　　① 译注：美国第 9 任总统。他宣誓就职仅 1 个月即不幸患肺炎去世。其孙子是美国第 23 任总统本杰明·哈里森。

　　② 译注：又译作《彭德尔顿联邦文官法案》（"Pendleton Civil Service Reform Act"）或《潘德尔顿法案》。因参议员 G. H. 彭德尔顿负责起草而得名，是美国文官制度由政党分赃制转为功绩制的法律依据。

美西战争的血雨腥风，又或是像肯尼迪那样感受 20 世纪 60 年代内政外交的风起云涌。正如托马斯·沃夫多年后所言："加菲尔德总统、阿瑟总统①、哈里森总统、海斯总统②，他们是'四位离我们远去的先贤'。"

　　满面胡腮，一脸庄严，神色茫然，这幅神态就像是神秘莫测、虚幻飘忽的失落文明——遗失在历史尘埃中的波斯波利斯古城③。

　　加菲尔德总统是一位殉难者么？谁曾在街上遇到过他？谁曾听到他的脚步声在孤独的街巷回响？谁聆听过阿瑟那熟悉、亲切的语调？哈里森去哪了？海斯呢？哪位总统蓄了络腮胡？谁留了连鬓胡？"谁是谁"似乎很难分清楚？[3]

事实上，加菲尔德一生荣耀，成就斐然。大学期间获得威廉斯学院颁发的学士学位，毕业后被任命为俄亥俄州海勒姆学院院长，而当时只有极少数青年才俊有机会接受高等教育。南北战争期间荣升少将军衔，担任坎伯兰陆军参谋长。连任众议员 17 年，参与了几乎所有关乎国家内政外交重要议案的制定。作为国会众议院共和党党魁，力促共和党战后改组。他曾在自传中写道："吾生于乡野，白手起家，不懈奋斗，入主白宫，此乃吾之所谓美国精神。"[4] 人们在克利夫兰湖滨墓园中修建了一座大型陵墓，纪念这位伟大的总统。

切斯特·阿瑟是加菲尔德的继任者，他履任总统期间，倡议在华盛顿举行悼念加菲尔德的活动。1884 年 3 月，由阿瑟总统提议，国会拨款，先于国会山下的第一街与马里兰大道交汇处修造基座，放置加菲尔德的雕像。阿瑟总统的提议是对美国战争部长的答复④，而这位部长则是转达阿莫·罗克韦尔上校的请求。阿莫·罗克韦尔是加菲尔德的战友，也是他弥留之际的护师。加菲尔德曾在坎伯兰陆军服役，该军团退伍军人协会首先提出为加菲尔德塑像的愿望。1887 年 5 月 12 日，塑像连同基座一起修造完工。塑像身高

---

　　① 译注：切斯特·艾伦·阿瑟（Chester Alan Arthur），美国第 21 任总统。任职期间他签署了《排华法案》和《文官改革法》，前者令他饱受争议，后者则令他备受赞誉。
　　② 译注：拉瑟福德·海斯（1822—1893），美国第 19 任总统。
　　③ 译注：波斯波利斯（Persepolis）是波斯阿黑门尼德王朝的第二个都城。建于大流士王（公元前 522—前 486 年在位）时期，其遗址发现于设拉子东北 52 公里的塔赫特贾姆希德附近。1979 年列入联合国教科文组织《世界遗产名录》。
　　④ 译注：美国战争部长（United States Secretary of War）是美国战争部的首长。1789 年至 1947 年间为美国总统内阁成员。1947 年，美国战争部长被美国陆军部长和美国空军部长取代，与美国海军部长一同成为美国国防部长下的非内阁级职位。

9英尺，再现了加菲尔德宣誓就任美国总统时的情景（图2-1和图2-2）。他将就职演说词握于左手，演说词上书"法律、公证、富强"三词。基座上有三尊小塑像，分别代表他曾经从事过的职业——学者、军人、政治家。19世纪末，为纪念昔日在南北战争中牺牲的战友，退伍老兵们捐资修造了大量塑像、碑刻，这尊塑像出现的时间正值这股风潮盛行之际。我将在本书第四章中述及此风。

图2-1　加菲尔德的青铜雕像位于华盛顿特区的国会山前。纪念雕像的位置是对加菲尔德作为国会议员的褒扬，而不是为了纪念他曾短暂地担任过美国总统。这座纪念雕像位于华盛顿特区中轴线的南端。这条中轴线分别串联了阿林顿国家公墓、华盛顿纪念碑以及林肯纪念堂。

图 2-2　从加菲尔德的青铜雕像所在的位置可以远眺国家艺术
馆的穹顶。国家艺术馆原为巴尔的摩－波托马克火车站旧址。
加菲尔德在此遭遇枪击。人们在火车站安放了一块小纪念牌。
1907 年，新的华盛顿联合车站建成，纪念牌被移除。如今，
加菲尔德遭遇刺杀的现场没有任何纪念物。

　　今日，塑像屹立于华盛顿的主干道上，由于地处交通要津，对车辆通行
造成了一定影响。20 世纪中期有人将它视为阻塞交通之物，更有甚者于
1959 年向国会提议搬迁塑像，铺平地面，以改善国会山附近的交通。[5] 提案
虽未获批准，却反映出加菲尔德个人声望有限的事实。

　　巴尔的摩－波托马克火车站候车大厅的地板上嵌有一颗纪念星，它的正
上方是一块大理石材质的纪念牌匾，牌匾上刻有加菲尔德的姓名、职位及遇
刺时间。1907 年，华盛顿特区扩充了市区西面的联合车站，拆除了作为临
时建筑的巴尔的摩－波托马克火车站，纪念星、纪念牌匾作为公共财物交由
政府保管。此后，这些纪念物并没能回到原址，它们在 40 多年后逐渐淡出
公众的视野。20 世纪 30 年代，巴尔的摩－波托马克火车站旧址修建了国家
艺术馆。设计者认为，将纪念星和纪念牌匾置于新馆不妥。如前所述，由于
耻辱感，人们往往羞于提及刺杀事件，这就是时至今日加菲尔德遇刺地点仍

未有确切标识物的原因。

人们对威廉·麦金莱总统遇刺的态度与加菲尔德总统类似。1901 年 9 月 6 日，麦金莱总统前往布法罗市参观泛美博览会①。[6] 博览会的晚宴上宾客云集，人们排起长长的队伍等待与仰慕已久的总统先生行握手礼。刺客利昂·乔尔戈斯（Leon Gzolgosz）也混迹在狂热的人群里。他缓缓走到麦金莱面前，扣动了罪恶的扳机。1901 年 10 月 29 日，利昂·乔尔戈斯出庭受审，法官仅用了数小时审理即宣判谋杀罪成立。麦金莱总统受伤后被转移到布法罗一处私人宅院接受治疗。现代医学也许能够救他，但当时的医疗水平却无力回天。8 天后伤口严重感染，并发症夺走了他的性命。总统的灵柩在布法罗、华盛顿稍事停留，下葬于俄亥俄州坎顿市（Canton）。

人们在麦金莱死后立即想到为他修一座纪念碑。1901 年 11 月初，泛美博览会负责人首倡在音乐圣殿（Temple of Music）附近建一座小型纪念园。[7] 然而，音乐圣殿为临时性建筑，博览会结束，这一片区将重新规划。因此，保留音乐圣殿、打造永久性建筑与规划不符。人们尤为担心小型纪念园被误当作是对刺杀行为的鼓励。如果纪念园的作用适得其反，那就太不值当了。麦金莱的支持者认为，利昂·乔尔戈斯由于政见不同而谋生杀机。乔尔戈斯视麦金莱提出的"建立在契约神圣、国家荣誉基础上的和平、进步、爱国、繁荣"的施政纲领为谎言。作为无政府主义者，他认为麦金莱政权具有剥削性和压迫性。他大概会同意阿尔蒙特·林赛（Almont Lindsey）对精英阶层的论断："精英们膜拜金钱，将财富积累视为社会发展的终极目的；财富永远凌驾于社会公平、人权之上。"爱玛·戈德曼（Emma Goldman）②等激进分子甚至将乔尔戈斯视为英雄。[8] 她曾说："布法罗的这位男子犹如'海湾困兽'……让我心生怜惜。"[9] 即使乔尔戈斯笃信刺杀总统有充分的理由，但麦金莱的拥戴者绝不愿意将刺杀之耻与总统本人相联系。为此，他们以备极哀荣作为对极端分子的有力回击。

麦金莱遇刺不足两月，民主、共和两党联名向纽约州众议院递交修建纪

---

① 译注：泛美博览会（Pan-American Exposition）是 1901 年 5 月 1 日至 11 月 2 日在美国纽约州布法罗举办的一次世界博览会。博览会占地 350 英亩，位于现在的特拉华公园（Delaware Park）西侧，耗资 700 万美元，共接待了 800 万名游客。

② 译注：爱玛·戈德曼（1869—1940），美国无政府主义者、反战主义者、女权主义者。因倡导社会主义和无政府主义，她被媒体冠以"红色爱玛"绰号。创办了宣扬无政府主义的月刊《地球母亲》（*Mother Earth*），著有自传《过我自己的生活》（*Living My Life*）。

念碑的提案，最终提案获批，择址布法罗市尼亚加拉广场。某位政治家曾这样解释选址的依据：

> 纪念碑选址断不可随意。布法罗是美国最重要的区域性中心城市，人口逾五十万。尼亚加拉广场是该市的交通枢纽，车马川流不息，连接着特拉华州大道（Delaware avenue）。广场上可以看到市政厅全貌，这里也靠近遇刺地点，灵柩曾于此经过，停灵于市政大厅。

> 市民们怀有对总统先生深厚的情感，他们在广场上埋设了一块金砖，纪念总统灵柩曾经停驻过的地点。广场上没有高墙对视线的阻挡，一片整齐的林木郁郁葱葱，这里的确是纪念威廉姆·麦金莱总统的最佳地点。[10]

尼亚加拉广场位于布法罗老城中心，按照 1804 年老城规划，各条街道以广场为中心向四面延伸，这类似于华盛顿哥伦比亚特区的街巷布局。支持者还提出另一条让人信服的理由，以此论证纪念碑修建的必要性：

> 我们确有为逝者立碑的必要，纪念碑具有重要的象征意义，它既是对伟人的缅怀，也让匆匆过客驻足于此，表达哀思，不忘先人，汲取力量。麦金莱总统纪念碑是一部鲜活的教科书，它鞭挞那些对刺杀总统这种罪恶行径心存怜悯之人，向孩子们灌输爱国主义思想，告诉他们美国人民对于民选领袖怀着怎样的热爱与崇敬。纪念碑所承载的这份荣耀将远播海外，并通过它向世人宣誓忠诚之士如何不遗余力地弥补刺客所犯下的滔天罪孽。

> 纽约州理应尽绵薄之力纪念在本州遭遇暗杀的民选总统，相信主席先生以及各位议员均会赞同提案，理解纪念碑项目的合理性，支持为布法罗市中心的这处殉难者之碑拨款。[11]

由于泛美博览会占用了大量政府资金，于是布法罗地方政府只能恳请纽约州政府解决纪念碑项目的部分经费困难的问题。布法罗大多数开明人士均对项目表示支持，但纽约市政府、教会以及立法院一开始对此不是非常理解。一些人认为，纪念碑应全由布法罗买单，州政府若同意拨款，这将为其他纪念碑项目的经费申请开先例。此间，美国内战时期的退伍老兵竭力要求州议会为多个纪念碑项目拨款，且屡获批准。因此，拨款与否牵扯较多。同时，俄亥俄州正筹划在麦金莱的家乡坎顿市建一座纪念碑。如是，布法罗有重复建造之嫌。

纪念碑项目最终于 1902 年 3 月获批，然而过程非常艰难，历经重重审查以及反复论证。虽然选民们对纪念碑项目的支持空前高涨，但是不同的声音依然不绝于耳。当时的州长非常担心失掉州内第二大城市布法罗选民的支持，因为秋季州长选举期间，少数参众议员想借纪念碑项目之争分化选民。

　　州长意识到部分人对于麦金莱纪念碑项目非常不支持，占议会多数席位的共和党虽不曾公开表态，但私下唱反调。他们认为，布法罗没有任何理由要求州政府出资为遇刺的总统建碑，如果布法罗确要这样做的话，理应自己买单。他们很难理解布法罗做此决定的原因，似乎这样做只会让布法罗背负到此访问的美利坚合众国总统遭遇暗杀的罪责。[12]

在州长看来，布法罗市想要赎罪，但纽约州却受到牵连，这种看法极大地阻碍了纪念活动的开展。人们对于纪念英烈或是忘记伤痛各不相让，这使得纽约州作出决议的时间大大延后。最终，州长签署了提案，但麦金莱的支持者们很快发现前路茫茫，仍有许多障碍需要逾越。

　　纪念碑由来自芝加哥的建筑师丹尼尔·彭汉①设计。设计师大胆突破传统。按其设计，碑身通高 69 英尺，基座直径 96 英尺，三级石阶紧连着喷水池的基底，主水池包含 4 个小水池，四边分卧一尊重达 14 吨的石狮（图 2-3）。纪念碑修建所需的土地直到 1905 年 6 月才得以解决。然而，一波未平一波又起，一些人再次对纪念碑项目提出质疑。[13]由于类似项目屡见不鲜，故而矛头并没有直接对准纪念碑项目本身，而是拐弯抹角地找茬。他们质疑布法罗对项目的拨款提案，不赞同对尼亚加拉广场进行改造以及电车线路改道，担心安全、噪音问题，对树冠修剪提出批评，甚至有一位业主将委员会告上了法庭，而麦金莱纪念碑委员会只能耐心地答复质疑之声。

　　时间到了 1904 年末，相关法律方面的障碍一一扫除，这有利于支持者们加快推进建设进度。1907 年 9 月 5 日纪念碑落成，时值麦金莱泛美博览会演讲 6 周年，纽约州新任州长在落成典礼上讲道："谨以此碑悼念英魂，缅怀逝者，铭记忠魂；警防无知与嫉妒之心，谨记法律与秩序的尊严。"[14]布法罗对麦金莱纪念碑引以为傲，因为它的落成比坎顿市早了近 1 个月。不仅如此，它还是与麦金莱有关的纪念碑中的最大者，体量大于其他城市的类似纪念碑。布法罗通过纪念碑来洗清遇刺案带来的耻辱感的做法开创了先例，为后来者效仿。

　　麦金莱与加菲尔德纪念碑的共同之处在于，它们都没有被放置在刺杀事

---

　　①　译注：美国建筑师和城市规划师。他是 20 世纪早期"城市美化运动"的领导人之一，强调大型公园、宽阔的街道、开放空间。

图2-3 威廉·麦金莱总统的纪念碑位于布法罗市中心的尼亚加拉广场。尼亚加拉广场是布法罗的诞生地。纪念碑选址于此意义非凡，表达了对麦金莱总统的敬意。纪念碑于1907年落成。此时，距离麦金莱总统遇刺仅6年时间。

件发生的准确地点。虽然遇刺地没有被标记出来,但它并未完全淡出公众视野野。音乐圣殿等泛美博览会的临时建筑大多被拆除,原址演变成了居民区,部分建筑被改造成纽约州州馆,此后成为布法罗历史协会的办公地点。布法罗历史协会在 1921 年 6 月 28 日为麦金莱总统举办了一次小规模的纪念活动,并用大理石碑对遇刺地作出了标记,虽然这推迟了二十余年。纪念碑正面的铜板上刻有一段话:"此地为泛美博览会音乐圣殿旧址。1901 年 9 月 6 日,麦金莱总统于此遭遇枪杀。"(图 2-4 和图 2-5)事实上,布法罗历史协会并没将纪念碑立在枪击发生的准确位置,只是选择了音乐圣殿旧址范围之内。此后,人们重新对泛美博览会旧址进行勘察,最终将纪念碑放置在居民区道路中间的绿化带上,这里毗邻福特汉姆大道 30 号(30 Fordham Avenue)。布法罗历史协会多年来一直致力于为麦金莱立碑,但阻力甚大,协会秘书在纪念活动的报告中曾委婉地表达了此间的难处,但没有说明压力来自何处。[15]在我看来,反对之声主要在于刺杀事件所带来的耻辱感,以及纪念碑对居民区环境的干扰。

图 2-4 音乐圣殿曾为泛美博览会旧址。1901 年 9 月 6 日,麦金莱总统于此遭遇刺杀。泛美博览会仅保留了一处永久性建筑,其他场馆均被拆除。如今,这里是一片居住区。大理石碑所处的位置,就是总统遇刺处。

图 2-5　大理石碑毗邻纽约州布法罗市福特汉姆大道 30 号。
1921 年，石碑放在了这里。石碑所处的地方并不是总统遇刺
的准确位置，而是在音乐圣殿的范围内。

第二节　不朽的美国英雄——林肯

　　如今，人们在亚伯拉罕·林肯总统遭遇刺杀的地方悼念他，但相关纪念
活动却延迟到了 20 世纪 20 年代，这晚于加菲尔德与麦金莱。原因如下：首
先，林肯是美国历史上第一位遭暗杀的总统，没有先例可循。其次，刺杀事
件被视为叛国行为，它不仅让福特剧院笼罩在阴霾之下，也使如何妥善处置
相关场地成为棘手难题。再者，南北战争是美国历史上最重要的转折点，林
肯的声誉与此战密不可分，因此他遇刺当日即为美国内战结束的标志。事实
上，林肯遇刺前五天，罗伯特·李（Robert E. Lee）将军已率军在阿波麦
托克斯县投降，南方政府及其残余势力旋即放弃抵抗。极具讽刺意味的是，
林肯在遇刺当日下令让联邦政府的旗帜重新在萨姆特堡（Fort Sumter）的
遗址上空飘扬，而这一天恰好是 1861 年南军占领萨姆特堡——南北战争爆

发的首次战役一周年。纪念林肯意味着必然要面对南北战争的伤痛，而林肯逝世数十载之后，岁月的煎熬尚未抚平伤痛记忆。

1865 年 4 月 14 日的晚上，约翰·威尔克斯·布斯（John Wilkes Booth）在第 10 街的福特剧院刺杀了林肯总统。[16]次日凌晨，总统在剧院正对面的皮特森家卧室不幸离世。刺客布斯穿过马里兰州，逃往弗吉尼亚州。4 月 26 日，骑兵部队在一处民宅包围他并将其射杀，他的同伙也陆续被擒，接受审判，处以极刑。不仅如此，凡与此案稍有牵连者均难脱干系，受到严厉惩处。此案与加菲尔德和麦金莱遇刺的不同之处有如下两点：第一，纪念林肯的活动姗姗来迟；第二，与刺杀事件相关的地点获得了重生的机会。

华盛顿的林肯纪念堂直到 1922 年才完工。由于人们对怎样纪念林肯莫衷一是，这使得纪念堂迟迟不能动工。19 世纪中叶，人们对如何纪念美国的民族英雄尚无先例可循，市政府、州政府或许会为当地的杰出领袖出资修墓，但尚无在美国首都修建纪念性建筑的先例。华盛顿纪念堂直到 1833 年才开始在首都动工，距离美国第一任总统华盛顿逝世已逾 34 年之久[17]，林肯遇刺时此纪念堂尚未竣工，直到 1885 年才完工。托马斯·杰斐逊纪念堂于 1943 年完工，时值托马斯·杰斐逊 200 周年诞辰。美国民众大约从 19 世纪中晚期开始从如何纪念历史的角度回顾历史。由此不难理解为何林肯遇刺后，很快在首都出现了为他修建纪念堂的呼声，但这一想法却迟迟未能实现。

虽然纪念林肯的提案在美国首都受挫，但这并不妨碍与他相关的纪念物在美国各地如雨后春笋般涌现。联邦政府以及北方主要城市开启了纪念已故美国总统的序幕。伊利诺伊州是林肯的故乡，所以最早开始悼念他。1874 年，斯普林菲尔德市（Springfield）为林肯修建了一座大墓。林肯也从未被华盛顿遗忘。1874 年，人们在华盛顿修建了一座自由人纪念雕塑（Freeman's Monument），刻画了林肯解放黑人奴隶的场景。[18]此时，人们对于如何纪念林肯各执一词，使得与林肯相关的大型纪念碑项目迟迟难以落地。与林肯有关的第一座纪念碑的诞生显然反映了北方政府的政治主张。事实上，任何国家层面的决策都需要各党派达成一致，这往往非常难以实现，因为此时期美国民众对于如何纪念南北战争仍然意见不一。

今日，林肯居于美国历史上最伟大的总统之列，被视为联邦政府的捍卫者。这些赞美之词是 19 世纪末至 20 世纪初回顾美国历史时的断语，但 20 世纪的人们还很难理解他的执政理念。事实上，林肯是少数派政党意外推举出的总统候选人，他之所以当选是由于民主党在奴隶制问题上出现了分歧。南方各州获悉林肯当选美国总统非常震惊，遂决意在他宣誓就职时退出联邦政府。林肯为了不失去南方各州，逼迫他们回到联邦政府，带领各州浴血奋战，美国由此陷入了战争的泥潭。林肯在总统任期内虽不乏支持者，但饱受非议，逝世之后，非议之声仍难平息，相关纪念活动屡遭阻拦。

林肯逝世多年后，他的负面名声才有所好转，这一过程逾两代人之久。对此，《林肯传奇》《林肯身后的传说》《美国记忆中的林肯》中均有所记述。[19]林肯所在的共和党阵营首倡纪念，他们的赞美和追忆为后来的纪念活动定下了基调。文学、历史、传记、绘画、雕塑等作品大多将其塑造成英雄人物，以伊卡尔·桑伯格为代表的诗人、作家、历史学家在继承前人做法的基础上逐渐将其神化。内战结束五周年，人们对这场战争的看法有所改变，这有助于林肯正面形象的重塑。

战火熄灭几十年后，南北双方开始重新解读这场战争的意义。至19世纪末，双方均认为他们为正义而战，有各自推崇的英雄，这与先前更多地强调胜负不同。然而，弗雷德里克·道格拉斯（Frederick Douglas）担忧这种解读有失偏颇，他认为这既削弱了此战对于废除奴隶制的意义，也忽略了美利坚合众国所经历的磨难与苦痛。不清楚这种看法出现于何时，但却能够从南北战争遗址中找到人们观点转变的些许蛛丝马迹。1892年，北方出资在葛底斯堡修建了叛军最高水位点纪念碑①。这座纪念碑不但纪念北方军，也同时向南方军在"皮克特冲锋"②中牺牲的勇士表达敬意。1913年，葛底斯堡举行了南北战争50周年纪念营活动，吸引了数千名南北双方的退伍军人参加。集会期间，双方共同倡议修建一座和平纪念碑，此碑于1938年南北战争75周年纪念日落成，即永恒之光和平纪念碑（Eternal Peace Light Memorial）。碑身上镌刻着这样一句话："祈愿合众国和平永驻；永恒之光指引团结之谊。"事实上，林肯纪念堂正是在这两座南北战争纪念碑修建期间落成的。

伴随着对南北战争的重新解读以及与林肯有关的纪念雕像逐步增多，首

---

① 译注：叛军最高水位点纪念碑（High Water Mark of the Rebellion Monument）又译作南军最高水位点纪念碑。

② 译注："皮克特冲锋"是南方联盟军罗伯特·李将军下令向墓地岭（Cemetery Ridge）的北方联邦军乔治·米德少将所发动的一次步兵攻击。此次冲锋后来以乔治·皮克特少将的名字命名。皮克特冲锋所推进的最远位置被称为南军最高水位点（High Water Mark of the Confederacy）。

都华盛顿纪念林肯的努力重新启动，虽然这一过程非常缓慢。[20] 1901 年年末，伊利诺伊州参议员卡勒姆（Cullom）在提案中写道："为纪念美利坚合众国已故总统亚伯拉罕·林肯，建议设立专门委员会，确保纪念碑或相关纪念项目的设计方案得以顺利实施。"[21] 由于提案未获批准，卡勒姆于 1902 年再次展开游说。然而，不论是卡勒姆的提案，还是 1908 年至 1909 年的 4 次努力都未能取得实质性进展，即使 1909 年林肯 100 周年诞辰也没能促使提案获得通过。1910 年 12 月，卡勒姆多年的努力终获回报。1911 年，时任美国总统塔夫塔签署了经议会审议的卡勒姆的提案。

1911 年 3 月 4 日，林肯纪念委员会召开第一次全体会议，塔夫塔总统当选为委员会主任。委员们耗时两年集中讨论纪念堂选址与设计问题，挑选合适的艺术家、雕塑家、建筑师担此重任。委员会决定在波托马克公园修建纪念堂，这里恰巧是 23 街与华盛顿国家广场东西轴线的交界点，也与国会山及后来的华盛顿纪念碑处于同一条中线上。亨利·贝肯（Henry Bacon）提供了纪念堂的设计思路。纪念堂是一座古希腊神殿式建筑，山墙由 36 根大理石圆形廊柱支撑，象征着林肯任总统时联邦政府的 36 个州（图 2—6）。工程于 1914 年 2 月 12 日林肯诞辰纪念日破土动工，但当天并未举行特别的纪念活动。丹尼尔·彻斯特·法兰屈（Danial Chester French）负责纪念堂正中林肯塑像的创作工作。纪念堂原计划于 1920 年 9 月完工，但由于诸多工程技术方面的原因不得不一再延后。例如，放大林肯的雕像，延期完成景观工程，加固纪念堂下方部分松软的地基等。最终，工程于 1922 年美国阵亡将士纪念日[①]盛大落成。参加落成仪式的有美国总统哈定[②]，内阁成员、参众议员、最高法院法官等政府部门及军队高级官员，退伍军人与爱国团体主要代表以及荣誉市民代表，包括林肯总统唯一健在的儿子——罗伯特·林肯（Robert T. Lincoln）。

纪念堂的落成使得林肯的个人声誉高涨，由此林肯成为美国历史上最伟大的领袖之一。如今，林肯纪念堂与华盛顿纪念堂一同成为华盛顿国家广场东西轴线上的重要纪念建筑。华盛顿被誉为美国之父，而林肯则是美国的捍卫者。林肯纪念堂与加菲尔德、麦金莱两人的纪念碑选址的相似之处在于，

① 译注：美国阵亡将士纪念日（Memorial Day），原名纪念日或悼念日，是美国悼念战争中阵亡的美军官兵的纪念日。每年 5 月的最后一个星期一，华盛顿时间下午 3 时开始全国性的悼念活动。
② 译注：沃伦·甘梅利尔·哈定（Warren Gamaliel Harding），美国第 29 位总统（任期 1921 年 3 月 4 日—1923 年 8 月 2 日），生于俄亥俄州，卒于任期内。

图 2—6　林肯纪念堂于 1922 年落成。除"美国国父"华盛顿
以外，林肯是唯一享此殊荣的美国总统。纪念堂的工程巨大，
耗时较长。图片由爱德华·康克林（Edward F. Concklin）提
供（Washington, D. C. GPO, 1927）。

它们都远离刺杀事件的发生地。伴随着林肯声誉日盛，人们对林肯遇刺案相
关场所的兴趣陡增。例如，福特剧院、皮特森老宅、玛丽苏拉特寄宿公
寓①、刺杀者布斯被击毙的农场，以及其他与布斯或参与刺杀者的生平、逃
亡相关的地点。然而，让人们感到为难的是，既不能将这些地方重新投入使
用或是简单拆除，也不能将它们变成纪念地。

　　首先，刺杀事件使得约翰·福特（John Ford）不再对剧院拥有完全的
控制权，剧院因此关闭近一个世纪，此间没能再上演一场戏剧（图 2—7）。林肯
遇刺当年，剧院开业还不足两周年。[22] 1863 年 8 月，约翰·福特作为剧院的
所有人和经营者在此重建了一年前被大火焚毁的一座剧院，这座被焚毁的剧
院由一座教堂改建而成，1861 年开业。遇刺事件发生后，剧院关闭，军队
值守，福特被捕。他虽然很快被无罪释放，但剧院长期歇业。1865 年 7 月 7

---

　　① 译注：玛丽苏拉特寄宿公寓（The Boarding House Run by Mary Surratt）——刺杀者聚会
密谋之处。

日，4 名刺客被执行绞刑，剧院才获许重新开业。福特希望剧院尽早恢复营业，以弥补由歇业造成的经济损失，但遭到多次干扰与威胁。一封落款日期为 7 月 9 日的匿名信写道："你别想明晚恢复营业，我向你保证，这是不能容忍的举动。你必须将剧院另作他用，或者新建一座剧院，即使需要捐款 5 万美元，我也会支持你，但是千万不要妄想让福特剧院恢复营业。落款：阻止福特剧院恢复营业的众多反对者之一。"[23]福特剧院由于麻烦众多，美国战争部长遂下令其再次歇业，而这一次是永久关门。7 月 19 日停业当晚，福特站在剧院大门口，亲自向观众退还购票款。

　　鉴于福特剧院彻底关门，有人建议拆除它。1865 年夏天，美国陆军部从福特手中租下剧院，将其改造成一处三层办公楼。1866 年，陆军部购买了该栋房产，着手清除与林肯总统遇刺有关的一切痕迹。收藏爱好者闻此消息，洗劫了剧院内包括家具在内的各种物品。大楼的框架完整保留到了 20 世纪，但其他与林肯遇刺有关的物件几乎全部遗失。美国陆军军医局及陆军部档案室首先在此办公，至 1893 年，这里一直是陆军部档案室与养老金办公室驻地。

　　1893 年 7 月，这栋建筑再遭劫难，不当的装修改造施工使得三层楼面坍塌，致 22 名工人死亡，68 人受伤。事后，人们对建筑内部进行了维修。1893 年至 1931 年间，这里不再是办公楼，而是库房，堆满各种杂物、书报。随着时间的推移，人们对福特剧院旧址以及林肯临终之地皮特森老宅的兴趣倍增（图 2-8）。威廉姆·皮特森和安娜·皮特森夫妇在这处老宅安度晚年，他们于 1871 年先后离世。后来，路易斯·谢德夫妇（Mr. and Mrs. Louis Schade）从皮特森家的继承人手中购得此处房产，并在此安家，同时这里也是路易斯·谢德先生主办的《华盛顿哨兵报》（*The Washington Sentinel*）的办公地。谢德先生每天都会接待很多访客，他们都想看看林肯弥留之际的卧室。此间，还没有任何地标说明皮特森老宅的历史意义。政府于 1883 年在房子的外墙上镶嵌了一块小小的大理石牌匾，成为林肯刺杀案相关遗址的首个官方地标。同一时期，人们也在巴尔的摩-波多马克火车站镶嵌了纪念星及纪念牌匾，标识加菲尔德遭遇刺杀的地点。

图 2—7　华盛顿特区福特剧院掠影。由于林肯在此遇刺，福
特剧院关门歇业，但剧院大楼保留了下来。20 世纪，这里是
政府库房。美国南北战争庆典期间，这里被装修一新，改造
成一处博物馆。博物馆于 1968 年对外开放，交由国家公园管
理局管理。

图2—8 皮特森老宅位于华盛顿特区。1865年4月15日上午，林肯在皮特森家的卧室与世长辞。皮特森老宅曾几易其主，最终由国家公园管理局管理。一楼被布置成了林肯遇刺当晚的场景。皮特森老宅是第一处与林肯遇刺有关的公共纪念遗产。1883年，人们在房子外放置了一块大理石纪念牌。

10 年之后，奥斯本·奥尔德罗伊德（Osborn Oldroyd）——林肯的一位忠实拥趸，购买了这处宅子。早在南北战争期间，奥尔德罗伊德就开始收集与林肯有关的各种物品。1883 年，他举家搬到伊利诺伊州的斯普林菲尔德市，租下林肯故居，开设了一家林肯主题博物馆。1887 年，伊利诺伊州政府买下林肯故居，博物馆得以保留。1893 年，奥尔德罗伊德租下华盛顿的皮特森老宅，旋即将藏品转运到老宅，免费向公众开放。奥尔德罗伊德多次呼吁保护好这处老宅。1896 年，他成功游说国会从谢德先生手里买下宅子。同时，国会允许他继续经营林肯主题博物馆。自此，美国政府已经成功购得两处与林肯遇刺案相关的重要遗址。1926 年，奥尔德罗伊德逝世，美国政府再次出手，收购了他的全部藏品。

1928 年，皮特森老宅与福特剧院两处房产均由美国公共建筑与公园办公室（Office of Public Building and Public Parks）管理。1931 年，美军军务局（Adjutant General's Office）搬离福特剧院，奥尔德罗伊德的藏品得以入驻。此时，剧院一楼是博物馆，二楼、三楼用作图书馆、办公室。1932 年 2 月，爱国妇女协会的志愿者帮助打扫并整理了皮特森老宅。同年 2 月，博物馆正式向公众开放，取名"林肯临终之宅"（The House Where Lincoln Died）。1933 年，这两处历史建筑转由国家公园管理局（National Park Service）管理①。同时期，许多与南北战争相关的遗址也由该机构管理。自 1933 年起，特别是第二次世界大战期间，国家公园管理局对两处建筑小有修葺，因此它们得以较好地存留。皮特森老宅基本保持了原貌，但福特剧院由于 1865 年的改造工程和 1893 年的垮塌事件，仅留下了当年的三面老墙。

1946 年，国会没有批准对皮特森老宅全面维修的申请，但 20 世纪 50 年代，伴随着人们对南北战争的兴趣日增，情况有所改变。1958 年，根据国家公园管理局 66 号法案，政府拨款 3 万美元对皮特森老宅从里到外修葺一新。1959 年 7 月 4 日，老宅重新对外开放。接下来是对福特剧院的维修工程，该工程历时更长，耗资更多。1964 年 7 月 7 日，国家公园管理局为工程拨款约 200 万美元。同年 12 月，福特剧院开始封闭施工，1968 年 1 月完工。2 月份，福特剧院上演了停业近 100 年后的第一场戏剧，宣告经全面

---

① 译注：美国国家公园管理局是美国内政部之下的一个联邦部门，由美国国会在 1916 年 8 月 25 日通过法令而成立。该部门负责管理为数众多且体系错综复杂的美国国家公园体系属地，包括美国国家公园、国家纪念区、国家纪念地、国家历史公园、国家历史地点、国家军史公园、国家战地等。

整修的福特剧院再次向公众开放。自此，它既是一座剧院，也是一座博物馆。几年后，皮特森老宅一楼布置成了 1865 年 4 月 14 日林肯遇刺当晚的场景。

如果将林肯身后之事与加菲尔德、麦金莱两人相比较，他的确受到了极高的尊崇。林肯本人与美国内战有着千丝万缕的联系，与他相关的遗址虽遇冷几十载，但一旦时机成熟，负面情结随之飘散。当我们回望历史，能够清晰地看到这些遗址命运转变的过程。近一个世纪，两处原本按照常理应该消失在历史尘埃中的无名建筑，联邦政府却出资数百万美元将它们作为具有历史意义的全国性圣地加以保护。同时，诸如布斯逃跑路线等不太重要的与刺客相关的遗迹也受到了公众的关注，被标识出来。马里兰州的苏拉特研究会（Surrant Society）致力于为玛丽·苏拉特洗脱罪责，研究会及部分历史学家认为，苏拉特并非是刺杀林肯的同谋者，因此她受到了不公平的审判。他们每年都会组织"逃亡之旅"——刺客从华盛顿逃跑路线的旅游。[24] 人们在沿途一些相关遗址设立标识（图 2-9）。如今，刺客布斯被射杀的地点位于一条穿过福特·希尔试验场的双向车道高速公路旁[①]。经常有汽车停在公路旁边，只为一睹布斯度过最后时刻的地点（图 2-10）。因此，与林肯生平相关的遗址几乎逐一被标识出来。

第三节　肯尼迪与达拉斯

肯尼迪总统在达拉斯遭遇刺杀，其遇刺地的命运与布法罗的麦金莱总统遇刺地以及华盛顿的林肯总统遇刺地较为类似。达拉斯肯尼迪纪念碑的体量与修造速度堪比布法罗，但与肯尼迪遇刺相关的其他遗址的处置方式与福特剧院以及皮特森老宅较像。肯尼迪与麦金莱的案例非常相似，两位总统都是在所访问的城市遇害，而林肯与加菲尔德在华盛顿遭遇暗杀；麦金莱是前往布法罗泛美博览会发表演说，而肯尼迪则是取道德克萨斯，以调和当时德克萨斯州民主党不同派别的尖锐矛盾。[25] 总统之死让两座城市蒙上了耻辱的外衣，因为布法罗和达拉斯作为主人接待美国总统，有负于来访的客人，没能

---

①　译注：福特·希尔（Fort A. P. Hill）试验场位于美国弗吉尼亚州，是美国国防部在东海岸拥有的最大的陆地、空中训练基地。

图 2—9　毗邻弗吉尼亚州福特·希尔试验场的 101 号高速公路旁有一处路牌，指示了刺客从华盛顿逃跑的路线。如今，几乎所有与林肯遇刺案有关的遗址都受到了人们的保护，成为旅游者热衷的景点。

图2-10 1865年4月26日，刺客布斯在此被国民警卫队击
毙。这里原是弗杰尼亚州的一处乡间农场，毗邻101号高速公
路与福特·希尔试验场。一条小径直接通向这里。由于有路牌
指示，因此并不难找。这里是希望了解林肯遇刺案的旅游者的
必经之地。

担起美国人民的重托。部分加入保守党的市民在肯尼迪到达拉斯之前曾明确表示不欢迎他的来访，因此达拉斯具有的耻辱感也许更大一些。一位当地市民在暗杀发生后写道："我认为达拉斯更多地感受到耻辱，而不是负罪。总统遇刺后的几个月时间，许多市民觉得自己受到了愚弄。虽然他们倾其所有、不遗余力地满足全美人民以及美国总统的期望，换回的却是无尽的指责。"[26]

肯尼迪总统于 1963 年 11 月 22 日遭遇暗杀，此后的一周，民众自发前往迪利广场（Dealey Plaza）敬献花圈，这表明永久性纪念物有存在的必要，并引发了采用什么样的形式悼念肯尼迪总统的讨论。暗杀发生后的第二天，达拉斯县法官卢·斯特雷特（Lew Sterrett）提议建立永久性纪念物。[27]一周后，当地一位名叫麦克·麦库尔（Mike McCool）的律师、共和党员与地方上的一位共和党领袖毛里斯·卡尔森（Maurice Carlson）共同宣称，他们将在第二天的达拉斯议会召开前发出修建永久性纪念碑的倡议。麦库尔说："我将向达拉斯议会说明此纪念碑将不会着力渲染任何耻辱感或是负罪感，而是这座城市对敬爱的总统遇刺深表哀悼的明证；它也是达拉斯人民沐浴全能上帝教化，正心诚意、心怀天下、悲悯世人的善举。"[28]部分人对此倡议不置可否，心存疑虑，达拉斯前市长桑顿（R. L. Thornton）表示："就我个人而言，我希望能够彻底地忘记这件事情，因此不想有任何事物提醒我美国总统曾于达拉斯街头被刺杀。"[29]相较而言，公众更倾向于为肯尼迪建碑立祠，达拉斯市的一份报刊的社论对此给出了说明："不论建碑立祠与否，肯尼迪总统遭遇枪击的地点都应有所标识。我们确信此地将被载入史册，这些具有深远历史意义的灾难事件必将昭示未来。"[30]小希尔（J. M. Shea Jr.）的话能够较好地说明达拉斯面临的尴尬以及人们力促为肯尼迪总统建碑立祠的原因：

> 我们是富有的、自豪的达拉斯人，我们是德克萨斯州的骄傲（Big D）①，我们从未想过让任何人给大家上一堂有关人性善恶的课，更不希望这堂课以美国总统的遇害为案例。整整三个月，美国人民陷入了深深的悲痛，我在此时重提总统遇害之事自然不受欢迎，但总要有人先开口。不必多言，无须多做，正如大家所看到的，我们仅向世人宣告解除了心头的顾虑。

> 肯尼迪总统遇害后的一段时间，"达拉斯城之父"非常不愿面对这一悲痛的事实曾在此发生。当全美几乎所有的城市都在哀悼已故总统

---

① 译注："D"是 Dallas（达拉斯）一词的首字母缩写。

时，达拉斯的领袖们还不能下决心在暗杀发生地悼念总统，据说他们宁可出资在华盛顿而不是在达拉斯修建纪念碑。

　　然而，有意识的遗忘并未奏效，伤痛并不会随风飘逝。日复一日，不论晴雨，每当我驶过德克萨斯州教科书仓库（The Texas School Book Depository）前的坡道，总会看到许多人聚集在临时搭建的纪念棚周围，孩子们在棚子里面挂上圣母画像，摆满没有留下姓名的市民敬献的鲜花。当我写下这段文字时，这样的自发性悼念活动仍在持续，人们不仅竖立起了纪念碑石，还用持续不断的悼念活动缅怀总统。此时，见证了肯尼迪总统遇刺的埃尔姆街（Elm Street）已然不再是一条普通的街道。

　　今日，明智之士开始觉醒，只有勇敢面对过去，才能坦然走向未来。肯尼迪总统遭遇暗杀已是不争的事实，我希望大家摒弃争议，为如何更好地缅怀他出谋划策。我们应该建造一座活态的、能够发人深省的纪念碑，以此发挥肯尼迪总统遇刺对于后人的教育意义。有鉴于此，达拉斯为已故总统立碑是为了赎罪，否则总统之死对达拉斯毫无意义可言。[31]

　　正当小希尔写下这段话的时候，达拉斯已经开始为筹建纪念碑一事行动起来。截至 1963 年 12 月 18 日，达拉斯组建了纪念碑项目筹备委员会并选举产生了委员会的主要成员。自此，人们的注意力开始转向纪念碑的样式、选址、融资等问题。委员会没有拘泥于纪念性建筑的筛选，也考虑了"活态纪念"（Living Memorial）的可能性。就后者而言，有人提议买下德克萨斯州教科书仓库，将其改造成肯尼迪身前热衷的科学领域相关的高级研究机构，例如政治学、社会学。1963 年至 1964 年冬，活态纪念的思路让位于传统式的纪念建筑，原因如下：第一，联邦政府计划以肯尼迪总统的名义建一座图书馆，并以各种活态形式纪念已故总统。例如，图书馆通过设立奖学金、举办讲座等形式鼓励年轻人积极参与公益活动以及志愿者服务。第二，在与肯尼迪家族的沟通中了解到，他们认为图书馆是缅怀肯尼迪总统的最好形式，但也不反对达拉斯的纪念碑项目，只是希望体量不要太大，设计务必庄重。

　　筹备委员会从项目之初即认为纪念碑将由私人捐资，而市政府仅负责土地划拨。迪利广场被认为是纪念碑的最佳选址，这里靠近埃尔姆街，毗邻达拉斯县档案馆、德克萨斯州教科书仓库及铁路立交桥。广场以著名记者、慈善家、历史学家及民权领袖乔治·迪利（George Dealey）的名字命名，由三条道路围成，西端是铁路立交桥。虽然有这些不利条件，但有利因素在于这里也是达拉斯的发源地。19 世纪时，约翰·尼利·布莱恩（John Neeley Bryan）[①] 在这里筑起了达拉斯市的第一座小木屋，经营横跨三一河（Trinity River）的渡船。极具讽刺意味的是，广场旧址曾是犯人行刑之地[32]，因此 1949 年修建迪利广场时更多地想要强调这里所具有的正面意义。布莱恩石柱纪念廊（Bryan Colonnade）位于广场的西北角，这里也是达拉斯第一座小木屋所在的位置。今日，这里为纪念肯尼迪遇刺而得名"草丘"（Grassy Knoll）。科克雷尔石柱纪念廊（Cockrell Colonnade）位于广场的西南角，与布莱恩石柱纪念廊相对而立，它纪念了达拉斯的另外两位先驱人物——亚历山大·科克雷尔与莎拉·霍顿·科克雷尔（Alexander and Sarah Horton Cockrell）[②]。肯尼迪被暗杀的地点恰巧也是当地人引以为傲的地方，因此迪利广场上的诸多纪念物也难以搬离遇刺地。

1964 年 4 月，筹备委员会和市政府共同商定将广场上的这些纪念物搬迁到一处新建的市政公园。公园紧邻县法院，距离迪利广场约两个街区，专门为安置这些纪念物而建。[33]公园用地由县政府划拨，资金筹措工作于当年 5 月底开始，计划筹款 20 万美元，其中的 7.5 万美元拟捐给马萨诸塞州的肯尼迪博物馆，用于一处由达拉斯出资修建的纪念雕塑，余下的款项拟用于达拉斯市中心的肯尼迪纪念广场项目（Kennedy Memorial Plaza），该项目计划于 1966 年竣工。委员会于当年 9 月收到了约 5 万人的捐款，提前实现了预期的筹款目标。接下来需要关注的是确保建设用地顺利划拨和挑选最佳设计方案，这两项工作耗时较长，超过了预订的计划。最终，纪念广场南移了一个街区，这样更方便土地整理工作的开展。肯尼迪纪念广场位于老法院的东侧、新法院的北面，距离迪利广场原址仅一个街区。广场由四条道路围成，它们分别是商业街（Commerce Street）、市场街（Market Street）、美茵街（Main Street）、瑞科特街（Record Street）。

菲利普·约翰逊（Philip Johnson）[③] 自告奋勇为纪念广场提供免费设计方案。按照他的方案，肯尼迪总统纪念建筑被设计成一个 50 英尺长、30 英

---

① 译注：约翰·尼利·布莱恩（1810 年 12 月 24 日—1877 年 9 月 8 日），律师、商人，德克萨斯州达拉斯早期开拓者，被誉为"达拉斯之父"。

② 译注：科克雷尔夫妇是 19 世纪的达拉斯本地著名商人、慈善家。迪利广场的用地由夫妇二人捐赠。

③ 译注：菲利普·约翰逊（1906 年 7 月 8 日—2005 年 1 月 25 日），美国建筑师，建筑理论家，美国建筑界的"教父"。

尺高的水泥立方体（图 2-11）。整个纪念碑重 200 万磅，由 8 根水泥柱支撑，上端为开放式结构，兼具轻盈与厚重之感，犹如悬浮于空气之中。纪念建筑的正中放置了一块 8 英尺左右见方的黑灰色大理石碑，正面镌刻着肯尼迪总统的名字。约翰逊曾这样描述其设计理念：

> 肯尼迪总统纪念碑是一座"空墓"、一间"空屋"。当人们步入其中，将感受到一种与周遭环境的隔离感。于此，抬头望苍穹，低头阅碑文，静默寄哀思。

> 我为肯尼迪总统设计的这座纪念建筑是一处静谧的庇护所，一处相对封闭供人沉思与冥想的地方，它远离城市喧嚣，却更加接近天地。谨以镌刻逝者姓名之石碑缅怀一位伟人——约翰·费茨杰拉德·肯尼迪（John Fitzgerald Kennedy）。[34]

图 2-11　肯尼迪总统纪念碑位于德克萨斯州达拉斯市。达拉斯市中心的肯尼迪纪念广场，距离肯尼迪总统遇刺的迪利广场仅两个街区。菲利普·约翰逊所设计的纪念碑于 1970 年完工。为了节约用地，纪念碑下方规划了一处地下停车场。

肯尼迪总统纪念碑以北不远处，一块嵌入步行道地面的石板刻有一段非常感人的话（图2-12）：

人们关心约翰·费茨杰拉德·肯尼迪的喜乐，自然也对他的离世悲恸万分。

1963年11月22日，闻此噩耗，举世哀恸，德州达拉斯城尤为悲戚。

夺命枪声于广场西面200码处响起，年轻的总统陨落于此。

纪念碑由菲利普·约翰逊设计，达拉斯人出资修造，数以千万计的市民捐献资金。

此碑并非为哀痛而生，而是为喜乐而造。

谨以此碑永久地怀念约翰·费茨杰拉德·肯尼迪光辉灿烂的一生。

当肯尼迪总统纪念碑还处于设计阶段，达拉斯公园管委会（Dallas Park Board）就开始计划在肯尼迪遭遇刺杀的地点安放纪念物。按照计划，迪利广场东边沿休士顿街（Houston Street）的位置将竖起一座铜制的浮雕墙，他们希望此墙更多地发挥了导游解说的功能，帮助参观者了解迪利广场发生的故事，而不只是一面纪念墙（图2-13）。1966年春，纪念墙落成，早于肯尼迪总统纪念碑完工，这主要是由于纪念碑的工期晚于市政府的原计划。

正如布法罗在世纪之交所面临的情况，人们对纪念类项目合理性的争议较大。反对者认为，划拨价值100万美元的市政用地修建纪念广场有浪费公共资源之嫌。县政府抱怨他们被要求划拨如此大片的地块用于纪念广场项目，以致项目完工时已无地可供后续开发。由于上述顾虑，项目搁置3年后才寻找到解决方案。按照新的方案，纪念广场下方将修建一处地下停车场，停车场入口拟置于广场所属街区的外侧。同时，计划对停车场顶部实施加固，以使其能够承受地表纪念碑等建筑的重压。最终，修改后的新方案使得纪念广场项目重新启动。

纪念碑于1970年6月完工。当天，举行了20分钟左右简短、小规模的落成仪式。达拉斯市市长、肯尼迪家族成员均未出席仪式。如今，肯尼迪纪念广场紧邻着达拉斯县历史广场（Dallas County Historical Plaza），后者于1971年完工。修建达拉斯县历史广场的地块原计划用于肯尼迪纪念广场。人们在拉斯县历史广场复制了布莱恩的小木屋，将该县的部分重要历史遗迹

图2—12　肯尼迪总统纪念碑掠影。纪念建筑的正前方是一块嵌入步行道地面的石板。石板上镌刻着如下文字："此碑并非为哀痛而生，而是为喜乐而造。谨以此碑永久地怀念约翰·费茨杰拉德·肯尼迪光辉灿烂的一生。"对于此类纪念空间，痛苦与欢悦、耻辱与骄傲总是交织在一起。

图 2-13　1966 年，达拉斯公园管委会竖起一座铜制的浮雕墙。这是肯尼迪总统遇刺后所出现的第一座相关公共纪念建筑。此墙更多地发挥了导游解说的功能，帮助参观者了解肯尼迪总统当年的行车路线。乔治·迪利是达拉斯本地的一位名人。他是著名的记者、慈善家、历史学家以及民权运动领袖。科克雷尔石柱纪念廊位于广场的西南角，与布莱恩石柱纪念廊相对而立。这里也是达拉斯的第一座小木屋所在的位置。今日，这里为纪念肯尼迪遇刺而得名"草丘"。

搬迁至此。颇具讽刺意味的是，也许正是肯尼迪遇刺事件才促使达拉斯市政府与县政府决意扩建这处占地约两个街区的广场，以传承本地的历史与传统。

　　迪利广场就如同福特剧院或是皮特森老宅一样，吸引着大量游客前往。每天都有许多游客聚集到广场附近，追寻肯尼迪总统当年的行车路线（图 2-14）。他们一般会依次参观纪念墙及德克萨斯州教科书仓库前的纪念碑刻。前者由德克萨斯史迹委员会所建，后者由达拉斯公园管委会于 1980 年所立。德克萨斯州教科书仓库的命运尚不可知，肯尼迪遇刺后，这里不再是教科书仓库，而是几易其手。达拉斯县政府于 1977 年出资将其改造成县政府的办公地，重新命名为达拉斯县行政大楼（Dallas County Administration Building），但藏匿枪手的第六层楼长期保持闲置状态。政府为避免对六楼好奇的游客干扰行政办公，将该层楼与其余楼层分开，改建成了一处与肯尼迪有关的主题博物馆。为数不少的人对这一计划并不赞同，认为这具有对刺杀肯尼迪总统行为的褒奖之嫌，于是计划最终流产。达拉斯县史迹基金会（Dallas County Historical Foundation）充分考虑了大家的顾虑，积极募集资金，筹备了名为"第六层楼"（The Sixth Floor）① 的主题展览。[35]这一展览经过重重审查，克服了几近搁浅的窘境，最终于1989年与公众见面。展览中包含了其他美国政要遭遇刺杀的史迹，而不只是突出肯尼迪遇刺事件，因为全面触及此类饱受争议的刺杀事件，有利于平息人们对展览的非议。日后，"第六层楼"成为与福特剧院一样享誉海内外的主题展览。

图2—14 从肯尼迪遇刺地点远眺"草丘"（莱恩石柱纪念廊）以及德克萨斯州教科书仓库。图中卡车所在的位置，正好就是当年肯尼迪总统遭枪击的地方。不远处，还可以看到许多游客。德克萨斯州教科书仓库现为达拉斯县政府的办公驻地。"第六层楼"主题展于1989年向公众开放，但该展览饱受争议。

---

① 译注：当年凶手埋伏并射击的场所，也就是这栋红砖楼房的六层已经被改建成了"第六层楼博物馆"，对游客开放。馆中收藏了很多当时的珍贵资料，如凶手使用的带瞄准镜的步枪，肯尼迪在达拉斯竞选时的录像、照片、报纸、杂志、口述历史资料等。

一言以蔽之，在总统遇刺地修建纪念碑是为了缅怀逝者，也是为了最大限度地鞭挞凶手。虽然四位美国总统均在他们遭遇暗杀的城市受到人们的怀念，但是碑刻等纪念物并没有出现在遭遇刺杀的准确位置，而是被移到了城市中心区域。四处遇刺地中有三处设有纪念标识，仅林肯和肯尼迪两人的遇刺地时至今日仍然受到人们的持续关注，但这两处遇刺地也同样遭遇了尴尬的境遇，其中福特剧院被改建成纪念馆经历了 90 年的时间，德克萨斯州教科书仓库也争取了近 26 年时间。人们不仅难以正视总统遇刺身亡的地点，也对暗杀未遂的地方存有偏见。就我所知，华盛顿、密尔沃基①、迈阿密、萨克拉曼多②、圣弗朗西斯科这些地方都曾发生过暗杀美国总统未遂的事件[36]，但这些地方都没有因为此类事件而建立纪念物。

第四节　群英陨落

除总统、革命烈士以及地方名士以外，社会极少为遭遇灾祸的普通人举行大规模的悼念活动。纵使发生在普通人身上的谋杀案、意外伤亡能够引起人们的关注，这种关注也是短暂的，只有极少数情况下的普通谋杀案可能成为社会关注的焦点（图 2-15）。一般而论，谋杀与暗杀的性质不同，因此前者往往不会在历史上留下印记，且很难预知某人的离世是否会得到公众的缅怀。肯尼迪总统的弟弟罗伯特③在洛杉矶国宾饭店（Ambassador Hotel）的厨房内遭枪击身亡。罗伯特参加了 1968 年的总统竞选，同时在美国政府中履任要职[37]，但国宾饭店并没有为他的不幸遭遇设立任何纪念标识，洛杉

---

① 译注：密尔沃基（Milwaukee）是威斯康辛州最大的城市和湖港。印第安人称其为"密尔洛-沃基"，意为"美丽的土地"。

② 译注：萨克拉曼多（Sacramento）是美国加利福尼亚州的州府和萨克拉门托县政府所在地。

③ 译注：罗伯特·肯尼迪（Robert Kennedy），第 35 任美国总统约翰·肯尼迪的弟弟，在约翰·肯尼迪总统任内担任美国司法部长，在和平解决古巴导弹危机和促进民权方面发挥了极大的作用。1965 年他当选为美国纽约州参议员，是著名的反对越战和林登·约翰逊的民主党人。1968 年他是民主党无可争议的总统候选人，享有极高的威望，但突然遇刺身亡，导致共和党的理查德·尼克松最终赢得总统选举。

矶也没有为他修建大型纪念碑。与此类似的是总统候选人乔治·华莱士①的案例。1972 年，他在马里兰州罗瑞尔市的一处购物中心的停车场遭遇暗杀，受重伤。

图 2—15 加利福尼亚州帕罗奥多市（Palo Alto）的一处小型纪念遗址。道路旁的十字架纪念了在一次事故中失去生命的儿童。

---

① 译注：乔治·华莱士（George Wallace，1919 年 8 月 25 日—1998 年 9 月 13 日），美国律师，右翼政治家，美国民主党成员，曾 4 次任亚拉巴马州州长。20 世纪 60 年代领导南方坚持种族隔离政策，对抗联邦政府的民权运动。1968 年作为第三党的强力候选人参选美国总统，没有成功。1972 年遇刺受伤后，退出这一年的总统选举，80 年代放弃种族隔离思想。

事实上，并不是只有总统、将军才会受到公众的缅怀，某市、州的英雄人物不论因为何种原因离世，都有被当地人纪念的案例。路易斯安那州参议员休伊·朗①遇刺案就属于这类情况。朗是路易斯安那州历史上最受欢迎的政治家之一，他于 1935 年在巴吞鲁日市②的州政府大楼内被暗杀。[38] 他的拥戴者在遇刺地安放了一块小的地标，并建有一处纪念雕塑。颇为巧合的是，郎遭遇刺杀的州政府大楼是他在两届州长任期内要求完成的众多建设工程之一，如今他的墓葬以及纪念雕塑均位于州政府大楼前的花园内，这种格局类似于与总统有关的纪念性景观（图 2—16）。

纪念遗址也并非是政治人物的专利。1980 年 12 月 8 日，音乐家约翰·列侬在其位于纽约的寓所门前被暗杀，列侬的音乐迷呼吁在达喀塔酒店对面的中央公园为他修建一座纪念园——草莓地③（图 2—17）。公众人物虽然不必一定有与列侬一样的知名度才能享此殊荣，但不同阶层的各类英雄的确需要具备一定数量的拥戴者才会促使其家乡出现相关的纪念物（图 2—18）。

此外，并非所有历史人物的逝世都会立刻受到人们的广泛关注。正如林肯的案例所示，他身后多年，遇刺地才转变为纪念地，此时的遇刺地极可能成为支持者关注的焦点，以及还原事件真相的重要证据。马丁·路德·金之死是我能够想到的佐证这一点的最佳案例。马丁·路德·金在孟菲斯的诺娜伊恩旅馆遇刺身亡。此后，诺娜伊恩旅馆被改造成了国立民权研习中心暨民权博物馆，但这经历了近 40 年的时间。从毁誉参半到声誉倍增，马丁·路德·金逐渐从少数族群的领袖转变为国民英雄，这也正是位于孟菲斯的这处纪念地希望传达的信息。

马丁·路德·金声誉的转变始于民间，普通民众首先表达了对他的哀思。他的忌日（1968 年 4 月 4 日）当天，人们将一块大理石纪念碑嵌入了诺娜伊恩旅馆面向阳台的窗棂之上。[39] 这座纪念碑由沃尔特·贝利（Walter Bailey）出

---

① 译注：休伊·朗（Huey Long，1893 年 8 月 30 日—1935 年 9 月 10 日），美国政治家，出生于路易斯安那州，美国民主党人。1930 年他被选入参议院，1935 年遭政敌指派刺客暗杀。他在美国历史上是一个有争议的人物，支持者认为他的改革改善了穷人的生活水平，反对者认为他实行独裁，破坏权力制衡。

② 译注：巴吞鲁日（Baton Rouge），是美国路易斯安那州首府、东巴吞鲁日县县治，位于密西西比河东岸，新奥尔良西北 116 公里处。

③ 译注：草莓地（Strawberry Fields）是披头士乐队的一首经典歌曲，曲调清新，富有穿透性，像上帝般摄人心魄。列侬的遗孀大野洋子买下美国纽约市中央公园的一片三角形地块纪念列侬，命名为"草莓地"。

图2-16　路易斯安那州参议员休伊·朗墓及其纪念碑位于路易斯安那州巴吞鲁日市政府大楼前的花园内。他在担任路易斯安那州州长期间，组织修建了这处州政府大楼。因此，政府大楼前的花园是安葬他的理想之处。朗在通向政府大楼背面的一楼走道处被刺杀。如今，遇刺现场有一块小型的纪念标牌。

图 2-17　列侬的音乐迷呼吁在纽约中央公园为他修建一座纪念园——草莓地。1980 年 12 月 8 日，约翰·列侬在其位于纽约的寓所门前被暗杀。草莓地是典型的纪念已故名人和政治人物的纪念园。

资，他继承了妻子诺娜伊恩的这处房产。诺娜伊恩听闻金遇刺，不幸受惊过度而亡。贝利将马丁·路德·金住过的 306 房间改成了一处悼念他的场所，他在房间至阳台处安装了玻璃防护罩，增添了金的言行录以及塑料花环（图1-7）。由于旅馆房贷未清，因此贝利捉襟见肘，他从访客处得到的微薄收益仅够维持旅馆经营，纪念金对他而言是心有余而力不足。虽然举步维艰，但他还是拒绝了拟将此处改建为旅游景点的一大笔投资。

　　随后的 14 年间，贝利艰难地维持着旅馆的经营（图 2-19），直到 1982年他由于还不起银行贷款被迫选择破产，以免银行拆除旅馆。他希望向银行申请延期还款，以争取足够的时间凑集资金。了解到贝利的窘困，孟菲斯市的马丁·路德·金纪念基金会四处筹资，以解燃眉之急。银行虽然同意了破产延期的申请，但贝利仍没能在规定期限内筹集到足够资金，诺娜伊恩旅馆将面临于 1982 年关门歇业的局面。庆幸的是，基金会在拍卖会当天收到了一大笔善款，并最终以 14.1 万美元的价格拍下这处房产。同时，美国联邦政府、孟菲斯市及孟菲斯县政府等部门联合为余下的 5 万美元购房贷款提供了担保。

图 2—18 史蒂夫·雷·沃恩（Stevie Ray Vaughan）的纪念
雕塑位于德克萨斯州的奥斯丁市。沃恩曾是美国本土著名的
音乐家。1998年，他死于直升机坠毁事故。这处纪念雕塑位
于一座公园内，紧邻他曾经演出过的舞台。

图 2—19　田纳西州孟菲斯市的诺娜伊恩旅馆外景。1986 年，当地积极筹款，准备在诺娜伊恩旅馆修建国立民权研习中心暨民权博物馆。旅馆主人沃尔特·贝利为推动这一项目的顺利实施功不可没。他在旅馆二楼阳台处搭建的简易纪念堂，有助于向中央及地方各级政府争取资金及政策支持。这处纪念地与亚特兰大的马丁·路德·金陵寝所不同的地方在于，它是整个民权运动的纪念地。

　　1983 年 1 月，马丁·路德·金纪念基金会接管了这处房产，并更名为诺娜伊恩民权博物馆基金会，以彰显保留此建筑的宗旨。基金会希望这里不仅是缅怀马丁·路德·金的场所，同时也是铭记民权运动及为此牺牲者的纪念空间。鉴于亚特兰大建有马丁·路德·金的陵寝，因此充分利用诺娜伊恩旅馆来传递更宏大的有关民权运动的声音甚为妥帖。资金仍然是最大的困难，一时之间还难以完全克服。为此，基金会一面筹措资金，一面保持旅馆的正常营业，因为关张可能招致不法分子的光顾。这期间，贝利继续担任旅馆的经理，但需要向基金会象征性地支付一定数额的房租。

　　1985 年 2 月，基金会四处募资，但困难重重。[40]他们首先向孟菲斯政商两界寻求启动资金，希望在马丁·路德·金逝世二十周年忌日到来之前，推动募资工作取得实质性进展。随着项目的不断推进，整个项目预算接近 800 万美元至 1000 万美元。[41]基金会计划筹集 200 万美元的个人捐款，余下的大部分款项将主要向政府募集。提供资金支持的政府部门涉及孟菲斯市、谢尔比县（Shelby County）、田纳西州以及联邦当局。田纳西州政府首先响应号召，一次性拨付了 440 万美元，其他各级政府虽积极响应，但也遇到了不少阻碍。

部分公众对于筹建诺娜伊恩民权博物馆基金会的动议有不同意见，他们对于将马丁·路德·金的生日变为全国性的公共节日也颇有微词。这样的情形类似于威廉·麦金莱总统的案例，也是对一些细枝末节的事情纠缠不清。[42]一些人认为政府已经为纪念马丁·路德·金出资，特别是为位于亚特兰大的纪念碑拨付了大笔款项。另一些人则提出诺娜伊恩的纪念项目可能再次激起 19 世纪五六十年代曾出现过的社会矛盾，因此最好对马丁·路德·金的遇刺作淡化处理。与其大费周章地纪念马丁·路德·金，不如将这笔钱用于改善居住在孟菲斯的非裔美国人群体的生活质量。最后，一些人指责诺娜伊恩民权博物馆等老城区发展项目占用了大量公共资源，使得部分城市建设项目资金不足。[43]对于这些不同的声音，马丁·路德·金的支持者给出了如下解释：诺娜伊恩民权博物馆基金会不单纯是一处社会公益项目，也不只是老城区发展项目，它符合孟菲斯的根本利益，将成为孟菲斯的骄傲，同时也是对马丁·路德·金位于亚特兰大的纪念碑的呼应。孟菲斯会展与观光局主席哈利·米勒（Harry Miller）认为，围绕在诺娜伊恩民权博物馆项目的争论可能伤害到孟菲斯城的旅游形象。

> 事实上，旅游者对诺娜伊恩很感兴趣。作为一座南方城市，人们怀着各种旅游动机来到这里。我担心我们会将这座城市的负面形象传递给他们，我不知道诺娜伊恩旅馆到底对旅游形象产生了多么大的负面影响。

> 马丁·路德·金在这座城市遭遇暗杀是事实。虽然我们不能改变这段历史，但能够选择向游客展示什么样的城市形象。[44]

某篇相关的社论这样写道：

> 国立民权研习中心将向全国人民展示孟菲斯经历了一段了不起的，甚至是伟大的历史，其象征意义远远大于任何公开或者私下地对民权运动的宣传。

> 国立民权研习中心宣示着这座城市的人们团结一致，坚持不懈建设美好、光明未来的决心。[45]

1986 年 6 月，伴随着市县两级资金投入陆续到位，诺娜伊恩旅馆开始停业改造。1991 年 9 月，国立民权博物馆落成，正式向公众开放（图 2—20）。

图 2—20　1991 年，诺娜伊恩旅馆被改造成国立民权研习中心暨民权博物馆。这处纪念地是全美民权运动的活动中心。二楼的房间还原了 1968 年 4 月 4 日马丁·路德·金遭遇刺杀时的场景。

　　本章讨论了孟菲斯的诺娜伊恩旅馆、华盛顿的福特剧院、达拉斯的德克萨斯州教科书仓库等暗杀事件的见证地。围绕着这些地方的争议犹如历史之辩，涉及纪念对象、纪念方式以及纪念原因等方面。马丁·路德·金辞世 15 年后，诺娜伊恩旅馆成为讲述全美各地民权运动历程的重要场地；亚伯拉罕·林肯遇刺 100 年后，福特剧院重新向公众开放，再现美国南北战争谢幕的最后场景。由于刺杀事件带来的耻辱感总是消散不尽，因此人们不愿意在遇刺地开展纪念活动，于是出现了纪念地与遇刺地分离的情况。人们自然难以忽略遇刺地的存在，这些特殊地点将可能面临公众祭奠、立碑纪念或是记忆湮灭等不同的情形。我将在下一章关于自然灾害的案例中讨论诸种与遇刺事件类似的情形。就纪念活动而言，自然灾害不同于遇刺事件之处在于，其对象主要涉及普通人，而不是总统、英雄、烈士，但二者消解灾难与灾害之殇的方式是一致的。

第三章　悲伤宣泄

　　不论是暗杀，还是矿难、火灾、洪水，都会让社会蒙受重大损失，因此公众祭奠往往于天灾人祸之后出现。深陷于悲痛中的人们会在事发现场，遇难者长眠之地，或是选择其他类型的公共空间悼念逝者，告慰亡灵。纪念遗址的筹建反映了人们逐渐学会应对灾难性事件，它有利于宣泄悲伤、平复伤痛。

　　在遭受打击的时候，纪念物起着治愈人们内心伤痛的作用。首先，纪念物的筹建过程能够使支离破碎的社区重新团结起来。灾后重建过程中，举行悼念活动有利于凝聚人心，使大家朝着共同的方向前行，让人感到自己不是在独自忍受煎熬。人们通常在一周年忌日举行纪念碑落成典礼，此刻意义非凡，纵然灾祸使人分离，而悼念活动却让幸存者们重新聚集在一起，共叙离愁，相互安慰。其次，人们借悼念活动之机宣泄悲伤，这为那些独自面对伤痛的幸存者所欢迎。社会化的悼念活动既体现出对群体之失的关切，也是对个人所经历伤痛的抚慰。最后，悼念活动能够抚慰受伤的心灵，表明人们不是独自承受痛苦，逝者的离去让人垂泪，全社会都为此悲痛不已。就此而论，纪念碑落成典礼意味着苦难已经结束，最坏的情况已经过去，恢复重建初见成效。灾难的痕迹会随时间的流逝消散殆尽，唯有凝固的纪念物能够长久地在祭奠仪式中发挥重要作用，从而帮助人们正确看待并应对大灾大难。鉴于纪念物所具有的多重功效，针对不同类型的自然灾害，其形式也多种多样。

第一节 治愈伤痛

让我们通过樱桃镇（Cherry）的案例来理解社会性创伤治愈的过程。樱桃镇位于芝加哥西部偏南 100 英里处，距离伊利诺伊河不远，是伊利诺伊州中北部的一个小镇。煤矿业曾是樱桃镇的支柱产业，尽管其产量远低于伊利诺伊北部的高产矿区，且原煤品质也不高，但其优势在于距离芝加哥、密尔沃基①和圣保罗铁路（St. Paul Railroad）很近，由此成为这些地方能源的主要供应地。圣保罗铁路公司于 1905 年创办矿业子公司，自主开矿，为蒸汽火车供应燃料。截至 1909 年，樱桃镇有两处深达 485 英尺的矿井，年产煤 30 万吨，矿场雇用了煤矿工人 500 名，并逐渐发展成一座 1 500 人规模的小城镇。

人们在矿井中饲养了一些骡子用来运输煤炭和采煤工具。由于牲口棚位于矿井底部，因此草料等补给需要每天从地面往地下运一次。1909 年 11 月 13 日（星期六）下午 1 时许，灯罩内不慎滴出的热油引燃了一捆正运往牲口棚的稻草。虽然干草上的明火在集水坑中被扑灭，但支撑矿井的木桩已经被引燃。矿工们低估了火情的危险性，认为他们能够扑灭大火，经过 45 分钟的努力，火情仍没能得到控制，于是 484 名在 7 点前下井作业的矿工被要求紧急撤离矿井。尽管少数人成功脱险，但多数人仍被困于矿中。地面上的救援人员尝试再次进入矿井，试图帮助更多的矿工脱离险境，却反被大火所困，12 人英勇牺牲。为减小火势，矿井暂时关闭，此时仅 21 名矿工获救，他们在 11 月 20 日重见天日前已经在矿井中绝望地挣扎了 8 天时间。随着时间的推移，被困人员生还的机会越来越小，营救工作也渐渐失去意义。每次出于救援的需要打开临时关闭的井口时，火势就会变大。11 月 25 日，救援行动宣告失败，人们用水泥封闭矿井口，以减小火势。直到 1910 年 2 月 1 日，封闭井口的水泥盖子才被移除，遇难者的遗体得以从井下转移出来。

这场矿难夺走了 259 名矿工的性命，这大约是樱桃镇半数的男性人口，使得 170 名妇女成为寡妇，留下 469 名失去父亲的孩子。[1] 美国联邦各级政

---

① 译注：密尔沃基（Milwaukee）位于美国威斯康辛州东南部，密歇根湖西岸，是威斯康辛州最大的城市和经济中心。

府迅速响应，美国矿工联合会（United Mine Workers Union）、《芝加哥论坛报》[①] 和美国红十字会均向樱桃镇派出救援人员，募集社会及私人捐款共计 45 万美元，救援物资被源源不断地输送到灾区。矿业公司向遇难者家属支付了总计 40 万美元的赔偿金。这笔赔偿金的数额在美国矿难史上空前，远超过世纪之交的其他工业灾难后的微薄赔偿金。[2] 两年后的纽约三角衬衫工厂（Triangle Shirtwaist Factory）大火，法院判决工厂方处置失当败诉，但仅向每位原告提供 75 美元的赔偿。[3] 相较而言，樱桃镇救灾委员会向每一个矿难中失去亲人的家庭支付了 3 261 美元的抚恤金。芝加哥、密尔沃基和圣保罗铁路局的煤矿公司尤其慷慨，因为他们希望继续在樱桃镇采煤。有人提议关闭煤矿，按照破产程序，清算资产，清偿债务，以逃避高额的事故索赔金，但铁路公司考虑到剩余的煤矿储量价值较高，最终选择保留对矿场的控股权。1910 年，矿场重新开业，持续产煤到 1927 年。

灾后重建中的一项重要工作是安葬逝者。由于樱桃镇没有足够大的公墓容纳全部遇难者遗体，而购买私人墓地又会加重家属的经济负担，因此自建一块公共墓地成为灾后重建中的重要工作。冬季来临时，矿业公司捐出樱桃镇南边的一块 5 公顷土地，这里能够远远地望见矿场。在这块墓地中，安葬了当年 11 月和次年 2 月寻回的绝大部分遇难者遗体，其余的则被埋葬在附近的拉德镇（Ladd）。当人们聚在一起热烈地讨论墓地方案时，有人提议在新墓地建一座缅怀遇难者的纪念碑。提议受到了绝大部分人的支持，于是在矿难两周年纪念时，举行了纪念碑揭幕仪式。纪念碑上镌刻着如下悼词：谨以此碑纪念 1909 年 11 月 13 日樱桃镇矿难中失去生命的人们（图 3-1）。此碑虽然由美国矿工联合会樱桃镇分会出资修建，但它却被放在了煤矿公司的旧址上。这体现出人们摒弃怨恨，一致为悼念逝者而付出努力的意愿。时至今日，该纪念碑仍是樱桃镇公墓中最大的一尊，它静静地屹立于此，是 50 周年忌日与 75 年周忌日纪念活动的主角。[4]

当人们在樱桃镇墓园定期举行祭奠活动时，发生矿难的矿井也恢复了生产。矿场那直冲云霄的井架在一马平川的草原上非常醒目，因此直到 1927 年矿井关闭时，这里也没有放置任何地标。1986 年的纪念日上，这种在矿难地没有纪念标识的情况发生了变化。当日，伊利诺伊州历史协会（Illinois

---

① 译注：《芝加哥论坛报》（*Chicago Tribune*）创办于 1847 年，是芝加哥市第一大报，也是美国第二大报业集团论坛公司旗下的核心报纸。

图 3—1　伊利诺伊州樱桃镇矿难纪念碑（1909 年）。此类纪
念碑是遭遇亲人离世的社区宣泄悲伤的重要渠道。当地群众
聚在纪念碑周围，思念亲人，寄托哀思。

State Historical Society）和伊利诺伊州交通厅（Illinois Department of Transportation）共同捐建了一块纪念标牌。纪念标牌位于市政公园的正前方，面向樱桃镇的主要街道，靠近废弃煤矿及镇上的战争纪念碑（图3-2）。纪念标牌详细讲述了矿难发生的始末、灾后救援工作以及矿难的社会影响等。时隔77年之久，这场矿难才由这块纪念标牌所铭记，成为伊利诺伊州具有重要历史意义的一页。樱桃镇所经历的这场劫难也为社会带来了一些积极的影响。善后阶段，伊利诺伊州立法机构颁布了一系列避免煤矿事故、提高救援水平和加强矿工培训的法律。同时，此案对于矿工家属经济补偿的诉讼裁决，成为伊利诺伊州劳动赔偿法案（Illinois Workmen's Compensation Laws）的基础，促进了责任法案（Liability Act）的出台。这一系列法案掀起了伊利诺伊州及其他地区一股新的立法浪潮，有效地避免了此前时有发生的雇主逃避事故赔偿责任的情况。这块纪念标牌彰显了社会对于上述法律成果的认同，从国家层面上而言，其意义不亚于1911年樱桃镇

图3-2　这处位于樱桃镇废弃矿场的纪念标牌，由伊利诺伊州历史协会与伊利诺伊州交通厅于1986年共同设立。

在煤矿公司的旧址所立的纪念碑。

德克萨斯州新伦敦镇（New London）是和樱桃镇一样经历过惨剧的美国小镇，但这一次的灾难中，遭殃的主要是一群小孩子。1937 年 3 月 18 日发生的巨大天然气爆炸事故，将新伦敦镇中学高中部和初中部的教学楼连根拔起。[5] 爆炸致 300 余人死亡，包括老师、访客以及从 5 年级到 11 年级的学生。死者中年纪最小的是附近小学到这里借读的插班生。当时，新伦敦是位于德州东南部的一个经济繁荣、快速崛起的石油城市，即使在校园中也能看见起重机和油泵。教学大楼通风不好，易燃物较多，且供暖系统有天然气泄漏的情况。按照当时的技术标准，天然气中没有添加臭味剂，因此人们难以察觉天然气泄漏。事故发生的那天，学生正在上课，一处电器开关发生短路，火花引燃煤气，爆炸夺走了许多年轻的生命。

从某些方面而言，新伦敦人从未向灾难低头。数周后，学校恢复招生，并利用临时搭建的校舍行课。新伦敦人还决定立刻着手在原址重建校园。重建的纪念学校在 1938 年新学年开学前投入使用。与此同时，他们也萌生了修建社区纪念碑的计划。为此，新伦敦成立了治丧委员会，积极筹措资金，并于 1938 年秋签署了纪念碑项目修建合同。唐纳德·尼尔森（Donald Nelson）为纪念碑提供设计方案。这尊粉色花岗岩石碑的外形与他刚刚为德克萨斯戈利亚德（Goliad）1836 年屠杀遗址 100 周年纪念所设计的纪念碑类似（详见第七章）。纪念碑屹立于新学校门前一片风景优美的草地中央，毗邻新伦敦的主干高速公路（图 3-3）。纪念碑顶端刻有一幅描绘教学场景的浮雕，底座上镌刻着 270 名遇难者的姓名，这并未包括所有的死者，因为一些孩子的家长不希望他们子女的名字出现在这里。

尽管纪念碑落成，但新伦敦人对这次爆炸事故依旧难以释怀。自 1937 年，学校从未举行过一次高中同学会。一周年忌日时，在学校举行的一次悼念活动上，该校学监指出："我们对教学计划作出了必要调整，这样有利于学生恢复正常的心理状态，避免由于一年前的爆炸事故导致的压抑情绪。"[6] 一位幸存者说："当某人提起爆炸事故时，我会离开房间，我仍然难以面对这件事情。"[7] 纪念碑受到细心呵护，保存完好，人们的态度也随着时间的流逝发生转变。1977 年，人们组织了一次小规模的幸存者重聚活动，然而活动受到了当地舆论的严厉批评。接下来每两年一次的集会吸引了越来越多的幸存者。1987 年 50 周年纪念日之际，人们将一个较小的纪念碑放在原有的大型纪念碑底座旁（图 3-4）。

图 3-3　德克萨斯州新伦敦中学爆炸案纪念碑。1937 年，新
伦敦中学因天然气泄漏而发生爆炸。纪念碑身后是在原来学校
基址上新建的校舍。

图 3-4　新伦敦中学爆炸案 50 周年祭日的时候，人们将一个
较小的纪念碑放在原有的大型纪念碑底座旁。这处小纪念碑
的设立表明人们在多年以后仍对灾难的伤痛难以释怀。

如今，幸存者们都非常期待在位于新伦敦的纪念碑附近举办集会活动。"重聚的时刻让人非常感动，因为我们共同经历了其他人不曾经历的东西，因为我们都是幸存者。"[8]

还有几个早于新伦敦的具有毁灭性的校园灾难事件值得一提，尤以俄亥俄州的一处为纪念当地校园火灾而修建的碑刻给我留下了极深刻的印象（图3—5）。[9]这座纪念碑位于克利夫兰市东152号街400街区，这里曾是科林伍德（Collinwood）郊区的湖景学校（Lakeview School）旧址。火灾发生于1908年3月4日，这场大火夺走了170名师生的生命。人们在学校旧址旁修建了新学校，并利用废墟修了一座小型纪念园，花园的平面布局完全按照被烧毁的校园基址规划。20世纪80年代，我有幸到这里参观。当时，尽管后来修建的学校年久失修，早已不再招生，但这处花园却受到了精心维护，这让我非常赞叹。整整80年时间过去了，这场火灾仍然是社会关注的焦点，也许它现在依然受到人们的重视。

图3—5 人们在科林伍德郊区的湖景学校旧址旁修建了新学校，并利用废墟修了一座小型纪念园。1908年，科林伍德郊区的湖景学校发生了大火。尽管后来修建的学校年久失修，但这处花园却受到了精心维护。

　　总的来说，为校园内发生的火灾事故修建纪念碑或纪念花园并非惯例，因此樱桃镇、新伦敦以及科林伍德的纪念物反倒是特例。正如我在第五章所讲，人们一般会选择重新利用灾难遗址，而公众祭奠仅限于能够让特定社会群体深陷悲痛的灾害事件。这里所指的特定社会群体特征鲜明，具体而言，本章中所列举的案例均涉及小范围的社会群体，且这些群体伤亡严重。如果伤痛被大范围的社会群体所分担，此时出现纪念物的概率将大大降低。我在本书中所讨论的社会群体在经济和社会方面具有相对的同质性。换言之，大城市由于具有更强的社会和文化多样性，意味着灾难事件的冲击难以局限于特定的社会群体。当然，灾难的负面影响可小可大，既可能摧毁某个人数较少的社区，也可能造成更大范围的伤亡，而前者出现社会化纪念活动的可能性更大。发生在大城市中的灾难事件也可能只对自我认知较强的某个特定群体造成影响，但我想再次强调，出现这种情况的可能性比较低。最后，伴随着社会化纪念活动在大城市中的兴起，纪念碑的出现也可能受到其他因素的影响。简言之，芝加哥等城市以及德克萨斯等州在经过了多年沉淀之后，才有勇气面对曾经的惨剧，如发生在 1812 年的迪尔伯恩堡大屠杀（Fort Dearborn Massacre），1871 年的芝加哥大火，以及 1836 年的阿拉莫陷落（Fall of the Alamo）。然而，与这些事件相关的纪念物大多由特定社会群体而设立，它们的存在主要是为追根溯源，而不是专门为宣泄悲伤。我将分别在第七章和第八章中进一步讨论这一点。

第二节　悲伤边缘

　　公共纪念物所处的位置并不都像前述案例一样位于城市中心区域，有的反倒是在地僻人稀、人迹罕至的地方。因此，纪念物选址从一个侧面折射出人们对于灾难事件的态度。让我们来看看德克萨斯爆炸事故的案例。1947年 4 月 16 日凌晨，德克萨斯城发生了美国历史上极为严重的工业事故。[10]一艘停泊于德克萨斯城的法国货轮起火，船上装载的硝酸铵发生爆炸，殃及附近的工业区，引爆炼油厂和化工厂。硝酸铵在农业上被用作化肥，但其爆炸所释放的能量约等于相同质量 TNT 炸药威力的一半，因此 2 200 吨硝酸铵足以炸平整个港口。现场火光四溅，碎片横飞，浓烟滚滚，点燃了一排储油罐，连环爆炸摧毁了两座炼油厂及一座化工厂。第二天，另一艘满载硝酸铵的货船再次发生爆炸，大火一直燃烧了好几天，港口和工业区满目疮痍，有接近 600 人死亡，其中 27 人是消防员。

孟山都化学公司（Monsanto Chemical）、汉伯尔石油公司（Humble Oil）以及共和石油公司（Republic Oil）在经历了短暂的惊慌失措后，决定展开恢复重建。1947 年 6 月下旬，随着最后一具无名遇难者遗体的下葬，这座工业城市开始清理废墟。为纪念牺牲的消防员，人们在城区的一个消防指挥站安放了纪念牌匾，城郊的一块小型墓地随后被改建成一处纪念花园。这里位置偏僻，靠近 29 街和 25 大道以北的交叉口（图 3-6）。除此以外，德克萨斯城区以及发生爆炸的地点都没有放置任何其他纪念物。如今，人们仍在这处纪念花园举行悼念仪式。然而，由于地处城市边缘以及交通不便等因素，这里荒草丛生，有一种凄凉隔绝之感。墓地偏僻的位置反映出人们对于爆炸事故的态度，人们大多将此视为一次不幸的意外，是一件令德克萨斯人为之落泪的悲剧，但人们并不愿意阴霾长期在头顶盘旋，由此这次事故逐渐远离了普通人的视线。

第三节　约翰斯敦洪灾

德克萨斯城的遇难者墓园位置偏僻，这与 1889 年 5 月 31 日淹没约翰斯敦市（Johnstown）的洪灾纪念物的情况类似。这次洪灾是 19 世纪最为惨重的灾难性事件之一，约翰斯敦市及其周边有超过 2 200 人遇难。灾前，约翰斯敦市是一个有着 3 万多人口、蒸蒸日上的钢铁城市，也是区域经济发展最快的一座工业城市。该市一夜之间从繁荣跌至谷底到再创辉煌的经历令人瞩目，铸就了美国历史上一段伟大的传奇。[11]

这次洪灾发生的主要原因是自然因素。经历了当地有史以来最强的 24 小时暴雨，小康莫夫河（Little Conemaugh River）上的南福克大坝（South Fork Dam）决堤。事实上，大坝一直有溃坝的风险。大坝建于 1838 年，主要作用是平衡费城（Philadelphia）至匹兹堡（Pittsburgh）段运河的水位。至 1889 年，这座大坝被维护得非常差。运河公司首先将其出售给宾夕法尼亚铁路局（Pennsylvania Railroad），之后再转卖给一个私人老板。在私人手中，它不仅缺乏必要的维护，而且防洪设施遭到了一定程度的破坏。1879年，匹兹堡富商买下大坝，将这里装点一新，打造成一处避暑地。同时，坝

图3-6　1947年4月16日凌晨，一艘停泊于德克萨斯城的法国货轮起火，船上装载的硝酸铵发生爆炸。这处纪念雕塑即是为这次爆炸事故而建。纪念花园位于小镇边缘，远离爆炸发生地。该市的消防总队为因公殉职的消防员修建了一座纪念碑。同时，奥斯丁市政广场上也有一处纪念消防员的纪念碑。碑身上镌刻了牺牲消防员的姓名。

高降低了几英尺，通往大坝的道路被拓宽，而泄洪道则被遮蔽起来。铁丝网本是用来防止供垂钓的鱼儿逃跑，但实际上却阻碍了洪水通过。更糟糕的是，坝体因不当施工而下陷，由此水位上升，漫到大坝边缘。约翰斯敦人并非不了解溃坝风险，但一直没有采取任何实质性的措施，也没太在意库区植被减少以及水土流失导致的径流增加、水位升高及流速加快的问题。不仅如此，城市工业发展也对小康莫夫河的疏浚造成压力，人们对河道进行改造，从而为建筑、公路、铁路挤出用地，这样做的结果是河道变窄，泄洪能力降低，洪涝灾害风险加大。

　　暴雨连日不止，南福克大坝最终在1899年5月31日下午3点10分溃决。坝后的水库长3英里，宽1英里，深60英尺，满库的水在40分钟内全部冲出决口的大坝，汹涌的波浪首先席卷了南福克镇的几个村落（Villages of South Fork），它们是米纳勒尔波因特（Mineral Point）、东康莫夫（East

Conemaugh）和伍德维尔（Woodvale）。在冲毁这些村子后不到 1 小时，洪峰就抵达了约翰斯敦。整个下午，南福克镇的紧急电报一直发不出去，约翰斯敦人对这突如其来的洪水措手不及。斯托尼克里克河（Stony Creek）在约翰斯敦市呈直角汇入小康莫夫河。由于地势险峻，洪水交汇时激流涌荡，水势逆斯托尼克里克河而上，顺小康莫夫河而下。由于分流所致的水势减弱，洪峰虽然已经难以对小镇南部的铁路桥造成威胁，但洪水中漂浮了 30 英亩的堆积层，厚度达 30 英尺。下午 6 点左右，堆积层中的可燃物发生自燃，大火烧了 3 天 3 夜。

约翰斯敦市被汹涌的洪水围困，市民们度过了一个恐怖的夜晚。当幸存者在忐忑不安中等待黎明到来的时候，洪灾的消息终于被外界获悉。紧急救援随即展开，举国上下乃至全世界都在为约翰斯敦市捐钱捐物，然而由于铁路不通大批量的救援物资，没有办法运达灾区。夏季来临时铁路抢通，救援物资终于送到灾民手中，恢复重建由此展开。康比亚钢铁公司（Cambria）作为该市的龙头企业，安然挺过洪水威胁，其恢复生产释放出积极信号，就业形势出现好转，救援物资源源不断送进灾区。除突发性流感夺去数十人生命外，重建工作进展基本顺利，市政基础设施于 1889 年秋基本恢复，但重建工作直到几年后才完成。

灾后一些人出现各种不适症状，这大多是由于灾后常见的心理问题所致。[12]虽然重建家园有助于心理健康的恢复，但是许多人在这场洪灾中失去了太多，他们宁可选择永久逃避，而留下来的人的内心也有了些许变化。约翰斯敦是拥有议员选举权的自治市镇，有着政治上对立的左右翼政党。洪灾使政治对立荡然无存，各党派一致通过 11 月份新颁布的约翰斯敦市政纲。各党派团结一致的情况在大灾大难后实为常见，各种社会力量通力协作，推动救援和重建工作的开展。同时，各种社会团体相互配合，组织私下或公开化的悼念活动。就约翰斯敦灾后的情况来看，悼念活动是恢复重建工作的重要组成部分。

灾后不断有新的遇难者遗体被找到，而救灾委员会没有条件逐一确认他们的身份。从现实需要出发，有必要找一块墓地，掩埋数百具无人认领的遗体。为解燃眉之急，救灾委员会买下格兰德维尤墓园（Grandview Cemetery）一块 2 万平方英尺的墓地。人们将这处新墓园建在了康莫夫峡谷的最高点，使亡灵们再也不用担心洪水的到来。接下来的 3 年时间，共有 755 具无人认领的遗体从临时停尸房被送到这里，从而形成了后来的"无名墓地"（Plot of Unknowns）。人们在墓园中刻意添加了二十几块大理石碑，使墓碑数变为 777 块，这样看起来比较对称（图 3—7）。墓园前端有一座 21 英尺高的花岗岩纪念碑，碑身上有象征着信念、希望和仁爱的浮雕。

图 3—7　宾夕法尼亚州约翰斯顿市格兰德维尤墓园"无名墓地"上的墓碑。大约有 800 名在洪灾中遇难的无人认领的遗体被埋葬在这处无名墓地。这处墓地的海拔高于约翰斯顿市，因此再也不会受到康莫夫河洪水的侵扰。

　　1892 年 5 月 31 日，几乎全部约翰斯敦市的幸存者都齐聚"无名墓地"，参加洪灾三周年祭，见证"无名纪念碑"（Monument of the Unknown Dead）揭幕仪式。宾夕法尼亚州州长致悼词，总结了洪灾带给人类的教训，他认为："我们要学会应对风雨雷电等自然之力，必须采取必要的灾害预防措施，保障人们的生命安全。"[13]纪念碑落成意味着重建工作正式收尾，当地一份报刊的编辑对此评论道："纪念碑落成仪式是为约翰斯敦洪灾死难者举行的最后一次大规模的社会化悼念活动。"[14]

　　对于约翰斯敦市的人们而言，他们不愿一直沉浸于悲痛中，哀伤只会使痛苦的回忆挥之不去，是时候放下过去向前看。因此，这座无名纪念碑成为仅有的一座纪念 1889 年洪灾的公共纪念物。《约翰斯敦论坛报》（*Johnstown's Tribune*）主编乔治·斯旺克（George Swank）写道："自怨自艾无济于事，再多泪水也不能挽回逝去的亲人。让生活回归常态，反而能够帮助我们找到一丝安慰。所以，让我们向前看，走向新人生。"[15]

约翰斯敦市的公共广场上矗立着与这座城市的创始人以及美国南北战争牺牲烈士有关的纪念雕塑，然而洪灾纪念碑却不在市中心，而是位于偏远的格兰德维尤墓园。正可谓"城中远眺，墓园难觅；墓园回望，城不可见"。洪灾纪念碑远离市区，位置偏远，这样的安排折射出约翰斯顿人对洪灾的态度，反映出人们希望淡忘这场洪灾的想法——哀悼逝者固然重要，但不能因此让未来蒙尘。

灾后的人们将矛头直指南福克狩猎与垂钓俱乐部（South Fork Fishing and Hunting Club），但最终俱乐部也没有被追责，自然也没有人因为大坝坍塌受到惩处。追责难的主要原因在于：灾难降临前，负责大坝改造项目的监理工程师已经过世，而俱乐部也濒临破产。因此，几个起诉俱乐部的案子都无疾而终。辩方律师称：洪水是天灾，即使大坝防洪功能完备，也会因为遇到当地有史以来最强的降水而溃于一旦。这样的观点恰好印证了部分人的看法——天灾无情，难以避免，这也与圣经中关于上帝降下大洪水灭世的预言不谋而合。如果说人们可以从这场灾难中学到什么，那或许就是，当现代文明从各方面挑战大自然的时候，让我们祝那些相信人定胜天并将命运交给愚人之手者好运……[16]

纪念 1889 年 5 月洪灾的纪念碑由于种种原因地处偏远，但让人感到奇怪的是，另一座纪念 1977 年 7 月 20 日洪灾的纪念碑却位于约翰斯顿中央公园内（图 3-8）。时逢 1979 年国际儿童年，当地少年儿童发起募资活动，南阿列格尼洪灾救援会（South Allegheny Flood Recovery Association）和约翰斯顿神职人员协会（Greater Johnstown Clergy Association）积极响应，所得捐款修建了这座体量适中、外观简朴的方尖碑。碑身上镌刻着遇难者的姓名、捐建者的名字，以及旧约中的一段话（见《以赛亚书》第九章第二段）。纪念碑折射出约翰斯顿人对待洪水肆虐的态度，他们相信洪水会持续困扰这座城市，但我认为，若非人们在 1889 年至 1977 年间对待洪灾的态度发生了明显转变，这座方尖碑是不会出现的。这两座纪念碑分别传递出两种非常矛盾的信息：宿命论的观点认为，无论防洪措施多么完备都无法阻止洪水的到来；从理性的角度出发，人们

图 3—8　约翰斯顿中央公园内有一处纪念 1977 年 7 月 20 日
洪灾的纪念碑。这是第一座在约翰斯顿市中心为洪灾而修建
的纪念碑。人们没有为 1936 年洪灾建碑，却在 20 世纪 70 年
代建了一座洪灾博物馆。这座博物馆距离约翰斯顿中央公园
广场仅几个街区。

终于承认洪水一直伴随着约翰斯顿的过去、现在与未来。

约翰斯顿处于洪泛区,南福克大坝在 1899 年溃决后的几十年间,这座城市仍然面临洪患的巨大威胁。让我们看看约翰斯顿人在 1936 年圣帕特里克节洪灾(St. Patrick's Day Flood of 1936)后的反应,以进一步了解人们对于洪水认识的转变过程。1936 年的这场洪水致 25 人死亡,1 600 人无家可归,77 座建筑被毁,4 500 处房子受损,造成 4 400 万美元经济损失(占城市总资产的 1/3)。灾后的约翰斯顿再一次成为举国上下关注的焦点。这年夏天,富兰克林·罗斯福(Franklin D. Roosevelt)总统到现场考察灾情,讨论联邦政府救灾计划。

罗斯福总统考察的结论是,天灾无情地再次降临约翰斯顿,但人们对待 1936 年洪灾的态度与 1889 年截然不同。1936 年正值大量灾害防治项目和防洪工程上马,人们希望通过坚固的城市防洪工程来迎接自然的挑战。罗斯福总统视察约翰斯顿后的一个月,国会为东康莫夫山区防洪工程拨款 760 万美元。工程于 1938 年启动,5 年后完工,总投入 830 万美元。1943 年 11 月 27 日,防洪工程通过美国陆军工程兵团①的竣工验收,约翰斯顿市从此告别水患。

人们为防洪工程竣工,为能够战胜洪水,欢庆了整整六个月。庆祝活动接近尾声时,大家清除了房子外墙上的高水位线(High Water Mark)。抹除房前屋后的水位线宣告着这座城市终于告别洪水,不再受洪灾侵扰。这些像小尺子一样的高水位标志,一度在东康莫夫山区非常普遍。同时,人们借庆典之机成立了约翰斯顿防洪委员会,并在全美范围内大肆宣传防洪成效,承揽防洪工程。约翰斯顿人将 1936 年的洪水视为有待克服的挑战,而不是一次值得纪念的事件。由此,防洪工程项目被置于城市管理者们的首要议程,而纪念 1936 年洪灾的声音则被湮灭在一片鼓噪声中。

随后的几十年间,约翰斯顿地方政府在洪灾危害的报告中总是避重就轻,而这种遮掩的行径纯属自欺欺人。1977 年夏天,随着一场大暴雨的到来,一切再也掩盖不住了。宾夕法尼亚州西南部的降雨量在 8 小时内累计达12 英寸,汹涌的洪水冲毁了康莫夫泄洪区的 7 座大坝。当洪水涌向约翰斯顿时,其流速比 1889 年的那场大洪水还要快 44%。官方报道称 20 世纪 40

---

① 译注:美国陆军工程兵团(United States Army Corps of Engineers,USACE),又称美国陆军工兵队、美国陆军工程师兵团,是隶属于美国联邦政府和美国军队的机构,也是世界上最大的公共工程、设计和建筑管理机构。

年代的防洪工程将洪峰降低了 11 英尺，但这次洪灾仍然造成了 77 人死亡以及 8 人失踪的重大人员伤亡。突然之间，约翰斯顿不得不面对这样一个现实：防洪工程并没能使城市免于水患，不论是一座城市，还是陆军工程兵团，都不可能战胜自然。基于这样的共识，人们开始正视洪水的破坏力，并讨论在城市中心公园修建一座纪念碑，而非像之前一样选择地僻人稀的公墓。1977 年，水灾中的罹难者在历史上第一次获得了与这座城市的创建者以及南北战争中牺牲英雄同等的祭奠地位。1977 年的这座纪念碑表明，约翰斯顿把水灾视为其历史的一部分，而不再选择逃避；纪念碑选址市中心的象征意义在于，人们不再骄傲自大，自欺欺人，而是从与水灾抗争的过程中学会尊重大自然，学会正视人类的渺小无知。

在离开约翰斯顿之前，让我们最后再到南福克大坝去走一走。1964 年，美国政府颁布了保护南福克大坝遗址的法案，拨款购得这处遗址的所有权，授予其"约翰斯顿洪灾国家纪念物"（Johnstown Flood National Memorial）的称号，并将其纳入美国国家公园管理体系。该法案在历经 1972 年和 1978 年的两次修订后，建立并不断扩大了约翰斯顿洪灾国家公园的面积。自 19 世纪起，大坝废墟基本保持原貌，唯一的变化在于有一条铁路从大坝决堤处经过（图 3-9）。由于南福克狩猎与垂钓俱乐部放弃对这片区域的经营，土地和资产经公开拍卖，由私人购得。在日后的岁月里，俱乐部及其周边的房屋得以保留，逐渐发展成一座小镇——圣·米迦勒镇（St. Michael）[①]，而大坝所在的位置却成为岁月凝固的区域。

南福克大坝的变迁和约翰斯顿的繁荣并进。为筹建一座与水患主题有关的博物馆，1970 年成立了约翰斯顿洪灾博物馆协会（Johnstown Flood Museum Association）。由于约翰斯顿深受钢铁产业衰败的影响，该协会把发展旅游业视作能够将"灾难遗产"变作"当下资产"的重要手段。1971 年，约翰斯顿公共图书馆搬到了新城区，图书馆旧楼随即被改成纪念洪灾的博物馆，并于 1973 年 5 月 31 日向公众开放。伴随着博物馆藏品的不断丰富以及展出质量的不断提高，博物馆协会新会员的人数也在不断增加。除了 1889 年洪灾相关的藏品外，还陈列了与约翰斯顿人日常生活与历史文化相

---

① 译注：圣·米迦勒或弥额尔是一位天使，他是神所指定的伊甸园守护者，也是唯一一提到的具有天使长头衔的灵体。米迦勒的意思是"谁似天主"。《圣经》记载，与撒旦的七日战争中，米迦勒奋力维护天主的统治权，对抗天主的仇敌。

图 3-9　从约翰斯敦市洪灾纪念碑远眺南福克大坝。大坝现由国家公园管理局负责管理。1889 年暴雨如注，南福克大坝出现溃决。灾后，南福克大坝被废弃。大坝后的水库中曾一度可以观察到当年强降雨留下的痕迹。

关的展品。例如，博物馆于 1982 年增加了关于煤矿业的主题展，以此突出采矿业对约翰斯顿繁荣发展的重要性。再如，1977 年洪灾发生后，洪灾主题馆的展品有所调整，更加强调洪水对约翰斯顿的影响。

我认为，筹建洪灾博物馆以及围绕南福克大坝设立国家公园这两项工作具有某种象征意义。约翰斯顿洪灾的意义在此后的几十年中逐渐被放大，演变成美国历史上的重要事件以及 19 世纪的重大历史事件，而不再只是一次具有地方意义的灾难。同时，新设立的洪灾国家公园所承载的历史意义也远比预想的要沉重。抗洪救灾彰显了约翰斯顿人乃至整个美国社会在逆境中团结一致的信念，展现出的英雄主义、奉献精神以及坚韧不拔的品格被全社会所认同，并逐渐成为经过精心塑造的美国史的重要组成部分。我将在第七、第八章中进一步探讨这种对灾难事件进行解读的传统，特别是在景观上映射出的地方性传统与全国性传统。综上可知，有关洪灾的国家纪念物与博物馆的出现，反映出人们对待 1889 年水灾态度的明显转变，约翰斯顿洪灾不再是需要忘却的悲痛与苦难，而是接受当地乃至全国赞颂的抗洪救灾事件。

第四节　怅然回望

　　某个对特定社会群体造成伤害的灾难事件发生后，事发地可能需要经过比较长的时间才会出现相应的纪念物，其中有些案例可能需要等待长达一个世纪之久。某些情况下，的确有必要经过岁月的沉淀，让人们更加积极正面地看待灾难性事件的意义；另一些情况下，与灾难有关的纪念物将伴随着群体性自觉而生，也即是当特定群体开始重视其起源与历史时，或者是在城市创建百年纪念日上，纪念仪式才会出现。威斯康辛州（Wisconsin）的佩什蒂戈（Peshtigo）建有一座火灾纪念碑和一座火灾博物馆（图3-10），它们与美国历史上最为严重的森林火灾有关。[17]1871年10月8日晚，一场大火席卷了威斯康辛州北部的伐木区。尽管此次火灾与芝加哥大火几乎在同一时间发生，但这场大火却始终没能受到与后者同等的关注。芝加哥大火（Chicago Fire）发生在10月8日晚的早些时候，所造成的经济损失大于佩什蒂戈大火，但是后者夺走了更多人的生命，死亡人数超过1 100人，破坏的范围也更广，达到2 400平方英里。这次大火之所以用佩什蒂戈这座城市的名字命名，仅仅是因为它是这次大火中被焚毁的最大居民区以及伤亡人数最惨重的地方。据当时的文献记载，佩什蒂戈大火的火速和火势异常凶猛。[18]相较而言，芝加哥大火中，火势从一个街区缓慢移向另一个街区，给了人们充足的时间逃生，更重要的是人们能够找到地方避险。而在佩什蒂戈大火中，大火烧光了周围的森林，在进入佩什蒂戈时，大火燃烧已经达到最疯狂的状态，整座城市都笼罩在一片火海之中。佩什蒂戈河成为唯一的避难所，火灾中的幸存者几乎在河里潜伏了长达6个小时之久才逃过一劫。

　　通过灾后重建，佩什蒂戈很快再次确立其作为繁荣的转运港口以及木制品与木材工业制造中心的地位。人们掩埋了遇难者的遗体，但却没有立刻为逝者修筑公共纪念碑，这与约翰斯顿20年后以较快的速度纪念逝者的做法大相径庭。直到1951年，人们才在埋葬遇难者的公墓区修建了一座朴素的纪念碑来纪念这次火灾。值得一提的是，一百多名幸存者出席了7月3日的纪念碑落成仪式。10年后，靠近这处纪念碑的一座老式教堂被改建成博物馆，并于1963年的火灾纪念日当天正式向公众开放。尽管佩什蒂戈火灾博物馆和约翰斯顿水灾博物馆修建的目的类似，但前者的规模要小很多。此案

图 3—10 佩什蒂戈火灾博物馆。此博物馆纪念在 1871 年森
林火灾中遇难的人们。博物馆修建于 1951 年，其左侧是一处
墓地。佩什蒂戈火灾是美国历史上最严重的森林火灾。

再一次印证了必须经历几十年的岁月沉淀，人们才会去纪念灾难事件的历史规律。

美国田纳西州（Tennessee）孟菲斯市（Memphis）的烈士陵园中，有一座与19世纪70年代爆发的黄热病（Yellow Fever Epidemics）① 相关的纪念碑（图3-11）。[19]今天几乎没有人知道18世纪、19世纪以及20世纪早期，美国人民与各种传染病所作的艰苦卓绝的斗争。美国南部尤其是密西西比河谷地带，常年流行黄热病、霍乱、天花、痢疾以及登革热等传染性疾病。一些学者认为，传染性疾病在南方肆虐的情况和这一区域的文化特征关系密切。[20]传染性疾病一般沿河流、铁路线和道路传播，而孟菲斯市作为重要的商业城市，受传染性疾病的影响尤为严重。从1827年起到19世纪末，它遭遇了一系列传染性疾病的困扰。这座城市崛起于美国南北战争后，每次传染性疾病的爆发都会带来更多生命的消亡，其中尤以19世纪70年代为甚。1873年，黄热病、霍乱、天花同时在这座城市横行肆掠，造成2 000多人死亡。1878年至1879年间，黄热病卷土重来，近2万人感染疾病，导致近6 000人不治身亡。[21]由于黄热病的发病原因在那时是一团迷雾，所以南方人只能采用放弃疾病流行的居民点的权宜之计。直到20世纪以后，科学家才发现黄热病是通过城镇或乡村中的蚊子传播的，因此成千上万的孟菲斯市人逃离作为病源地的城市在当时是明智之举。1878年到1879年间，孟菲斯被人们抛弃，直到19世纪80年代，田纳西州用"重拳"来重建这座城市，孟菲斯才恢复了往日的繁荣。

19世纪70年代，基于安全等现实问题的考虑，传染病人死后都被集中掩埋在孟菲斯的一处公墓，但那时没有为这些不幸的人们修建公共纪念碑。1955年，为纪念与传染病作斗争而牺牲的教会成员，天主教会在卡尔瓦利墓园（Calvary Cemetery）埋下了第一块纪念救护人员的墓碑。此后，一支由圣路易斯（St. Louis）修女组成的护士队，因其在1978年为孟菲斯市提供的志愿者服务而受到特别表彰。20世纪60年代起，人们对传染性疾病的认识发生了更为明显的转变。多年以后，当孟菲斯人回顾这座城市的历史的时候，他们才认识到，抗击传染病的这段经历以某种独特且积极的方式塑造了城市的社会、经济与政治面貌。此时，这段灰暗的历史才得以正面示人。

---

① 译注：黄热病是黄热病毒引起的急性传染病，临床以发热、黄疸、蛋白尿、相对缓脉和出血等为特征。

图 3—11 这处纪念雕塑位于田纳西州孟菲斯烈士陵园内，是纪念 19 世纪 70 年代因黄热病去世的人们。1878 年到 1879 年间，黄热病泛滥，孟菲斯市一度被放弃。人们在孟菲斯市的公墓，为黄热病逝者以及殉职的医护人员修建了一座规模不大的纪念碑。

60年代中期，孟菲斯人在市中区偏南的滨河路附近修建了一座小型纪念公园。1969年的奠基典礼上，政要们在讲话中歌颂了不同社会群体中坚持与病魔作斗争的杰出代表及其无私奉献精神所具有的社会意义。纪念委员会秘书长说："灾难见真情，这些人团结起来，共赴国难⋯⋯当其他人选择逃离时，他们为亲爱的朋友，为热爱的城市，为伟大的人民，抛头颅、洒热血⋯⋯此时此刻，纪念碑被赋予了特殊的含义⋯⋯既然人们能够在灾难来袭时团结一致，为什么在和平年代我们不能摒弃彼此的不同政见呢？"[22]时间到了1971年，这场传染病已经过去整整一个世纪，这时的人们才在公园内安放了一尊纪念在这场灾难中罹难的传染病人与救护人员的雕塑。传染性疾病的案例再一次印证了约翰斯顿洪水以及佩什蒂戈火灾所呈现的纪念活动发生规律。也就是说，灾难事件必须经历岁月沉淀，其历史意义才会为人所知，为人所忆。

悼念活动或纪念物的出现时间并不是一定会延后，人们也并不需要用非常宏伟的纪念碑来宣泄群体之殇，即使是简朴的小型纪念碑，也足以展现出人们所经历的磨难。让我们来看看俄亥俄州捷尼亚市（Xenia）的例子。捷尼亚市市政厅周边的建筑风格让人联想到美国中西部城镇中的旧式广场，但有一处地方稍显特别。对此，我将在后文详述。我们现在看到的市政厅建于1938年，它与1901年的旧市政厅隔着东市街（East Market Street）相望。在这两幢建筑物之间安放了一些纪念长椅，以及一块记载着1918年捷尼亚为"战时储蓄邮票"① 发行所做杰出贡献的功绩牌、雏鹰俱乐部（Eagles Club）捐赠的摩西十诫，以及美国退伍军人协会（American Legion）捐赠的一支旗杆。捷尼亚专门为该市在美国南北战争中阵亡的将士修筑了一座纪念碑。前文提到的特别之处在于：新市政大楼的墙角处安放着一块小石碑。这块石碑是为纪念1974年4月3日在捷尼亚龙卷风（Xenia Tornado of 3 April 1974）中死去的人们而立（图3-12）。碑身上刻有32位平民和2位在救援过程中牺牲的国民警卫队战士的名字。龙卷风每年都会夺走很多无辜的生命，一些极端天气系统，如1965年4月11日的圣枝主日（Palm

---

① 译注：战时储蓄邮票（Savings Stamp Campaign）是美联储在第一次世界大战期间为筹集战争经费而发行的特种邮票。

Sunday)① 暴风雨，催生了无数场龙卷风，在一天之内袭击了五个州，导致成百上千人死亡。然而，很少有一场暴风雨能够使一个城市受灾的惨烈程度堪比捷尼亚市。[23]龙卷风于 4 月 3 日中午在捷尼亚市登陆，它自西南向东北席卷了几座城镇，从郊区的温莎公园（Windsor Park）和埃洛海德镇（Arrowhead）直接杀入市区，最终抵达因克里斯特市（Pinecrest）附近区域。捷尼亚市被龙卷风刮得体无完肤，所幸来自俄亥俄州其他大城市的救援十分及时，所以死亡人数并没有呈直线攀升。灾后的清理和重建工作迅即展开，经过多年的建设，龙卷风肆掠过的痕迹在二十几年后已难觅了。因此，新市政大楼墙角边上的小石碑是仅有的一处官方纪念标识物，它作为集体伤痛的明证，理应在城市中心广场占有一席之地。

图 3-12　俄亥俄州捷尼亚市的龙卷风纪念碑。此碑纪念 1974 年 4 月 3 日在捷尼亚肆虐的龙卷风中遇难的人们。纪念碑身后是市政厅。

① 译注：圣枝主日亦译作棕枝全日、主进圣城节。《新约圣经》记载，耶稣"受难"前不久，骑驴最后一次进耶路撒冷城。据称，当时群众手执棕枝踊跃欢迎耶稣。为表纪念，此日教堂多以棕枝为装饰，有时教徒也手持棕枝绕教堂一周。教会规定在复活节前一周的星期日举行。

第五节　强忍悲伤

人们对待集体之殇并不只有上述几种比较直接的宣泄方式，也可能出现像芝加哥圣母学校火灾（Our Lady of the Angels School Fire）后的复杂情况。这场校园大火是本章讲述的最后一个案例，它说明了人们对于由灾难诱发的群体性焦虑的不完全反馈情形。1958 年 12 月 1 日中午，一场无明大火侵袭了这座教区学校，夺走了 92 名学生以及 3 位教师的性命，此外还有 76 位学生被烧伤，这无疑是对这个中等规模的天主教区的致命打击。学校位于芝加哥市城西的西爱荷华街 3814 号（3814 West Iowa），毗邻天主教堂。起火原因至今不明，但顷刻间，学校就灰飞烟灭。灾后，教会为遇难者举行了安魂弥撒[①]，随即就决定在学校原址上重建该校。这次校园火灾与新伦敦爆炸案和科林伍德火灾不同的地方在于，教会没有在新学校的地基上修筑任何纪念物。牧师说，重建学校是对那些在火灾中丧生的修女和学生们最好的哀悼。然而，1960 年恢复行课过去两年后，学校人门口的一块牌匾上对缅怀逝者却只字未提，反而在距离天主教堂颇远的圣母大教堂公墓（Queen of Eaven Catholic Cemetery）有一座纪念碑（图 3—13）。[24]圣母大教堂公墓位于伊利诺伊州希尔斯得市（Hillside），是这场火灾中丧生者的主要安息之地。

教会假装这场火灾从来没有发生过的态度以及自欺欺人的做法让我大感意外。让人难以接受的地方并不在于是否应该在火灾发生地纪念冤死的亡灵，也不是单纯地批评教会在偏远公墓纪念遇难者这种掩耳盗铃的行为，而在于教会租借了芝加哥西区的临时校舍，要求刚刚经历了生死考验的学生迅速返校复课。天主教会没有在新学校安放纪念碑，这从一个侧面反映出他们对于悲伤含蓄隐忍的处理方式。他们强忍悲伤，想要忘掉过去，却违反了哀悼逝者与平复悲伤的正常过程。这种情况的发生或许是由于大火焚毁的是一所具有鲜明宗教特色的教会学校，又或许是因为消防部门在火灾中没能救出更多的学生。诸多因素交织在一起，使得这次校园火灾笼罩在强烈的耻辱感

---

　　①　译注：安魂弥撒（Requiem）是天主教会为悼念逝者举行的弥撒，除用作葬礼仪式，也是每年 11 月 3 日的万灵节宗教祭祀活动的一部分。天主教徒相信为在炼狱中的逝者举行弥撒，可缩短他们在炼狱的日子，令他们早入天国。

图 3—13　芝加哥城西圣母天主教区。教堂位于图片的右侧，芝加哥圣母学校位于教堂左侧。这所新学校就建在老学校的旧址上面。该教区没有明显的纪念芝加哥圣母学校火灾的标识物。

之下，且较新伦敦爆炸案和科林伍德火灾更为浓厚。我并不想用"掩盖事实"一词来指责教会在灾后的不正常反应，但耻辱感确实无益于人们理性地正视灾难，以至于不能向其他地方的人们一样有效地化解悲痛，哀悼逝者。

　　在此，我仅引用芝加哥圣母学校火灾幸存者米歇尔·麦克布赖德（Michele McBride）所撰写的回忆录来结束本节。当时，米歇尔·麦克布赖德年仅 13 岁，她被大火困在教室里，身体大面积烧伤。20 年后，她写了一本讲述这场无情大火的书，以下是书中感人肺腑的引言部分：

　　　　多么希望我能够说，是超凡的勇气和力量以及与生俱来的坚毅品格帮助我克服了火灾带来的巨大伤痛。这些话我说不出口，因为是内心难以抑制的愤怒让我活了下来。我为没有人带领大家逃出教室而感到愤怒，也为消防员的救生梯够不到教室的窗户而愤怒，同时还为自己在火灾中被烧得体无完肤，不得不忍受炼狱般的伤痛而愤怒。我为自己活下来而感到愤怒，也对那些已经葬身火海而把我独自留在世上的朋友们感到愤怒。我目睹了地狱之火在一瞬间的爆发，而让我愤慨的是我所说的话仅被当作是小孩子的胡言乱语……世上最恐怖的场景在一念之间便呈现在我面前，让我意识到自己是如此不堪，终有一死。

当我在写这本书的时候，我不得不面对许多难以名状的恐怖场景和胡思乱想，这对我来说无异于煎熬。我自小接受的教育中，火是一种神秘力量，因此不能被非议或质疑……

历经了火灾洗礼及灾后的漫长岁月，我认识到灾难并不能产生人们在报纸或是书上读到的那些强大、乐观、谦逊的英雄人物。事实上，幸存者们会出现各种负面情绪——愤怒、恐慌、妒忌、羞愧、自我否定，这些难以启齿的情绪与勇气、善良、爱等一样强烈而真实……

我曾为各种负面的情绪所烦扰，还不明白袒露心扉才是正确的做法。我实在不喜欢人们称赞我勇敢，因为勇敢与否在于人的选择，我并没有选择面对灾难，而基本上是别无选择。我错误估计了火灾的危险性，不知道火烧得那么快，也不知道浓烟能够使人丧命，却一心认为能够等到消防员来救我。我意识到每分每秒对于成功获救都是如此珍贵，因此当老师让被困大火中的我们诵读天主教会中最长的《玫瑰经》① 时感到震惊。老师下达了一个绝对错误的命令，但除此之外她还能说什么呢？一些同学已经绝望地知道自己被大火围困在教室中，没有获救的希望了。[25]

麦克布赖德伤痕累累地躺在病床上，依然在讲述她劫后余生的经历。她曾目睹了同班同学在火海中挣扎，而大人们却不愿让她知道同学们是否生还，觉得她太脆弱，不能承受那些她在火灾中看到的惨状。这种刻意隐瞒、羞于面对现实的情况在灾后很长一段时间依然存在。当20世纪80年代麦克布赖德为她的书收集资料时，芝加哥天主教总教区和芝加哥消防部门都不允许她查阅火灾的相关记录。

本章讨论过的新伦敦等地区的几个案例中并没有出现像芝加哥圣母学校

---

① 译注：《玫瑰经》（正式名称为《圣母圣咏》）于15世纪由圣座正式颁布，是天主教徒用于敬礼圣母玛利亚的祷文。"玫瑰经"一词来源于拉丁语"Rosarium"，意为"玫瑰花冠"或"一束玫瑰"。"Rosa"即玫瑰。此名是比喻连串的祷文如玫瑰馨香，敬献于天主与圣母身前。玫瑰经是天主教敬礼圣母的一种方式，涵盖了耶稣的救恩史。

火灾这么强烈的耻辱感。我认为耻辱感是导致记忆湮灭发生的主要原因，这一点在第六章中有详细的讨论，但是芝加哥圣母学校火灾后的情况并不完全符合记忆湮灭的发展路径，不过是强忍悲痛，刻意隐瞒，羞于面对现实罢了。诚如麦克布赖德所说，"她周围的人们都认为，唤醒头脑中关于那场火灾的回忆，无异于往伤口上撒盐"[26]。在我看来，正是这种观点直接影响了当地灾难景观的面貌，于是教会试图在灰烬中重建一座新校园来遮掩那场惨烈的火灾现场，并将简朴的纪念碑安放到远离教区的偏远公墓。

麦克布赖德还写道："只有当我学会以正确的方式纪念在火灾中逝去的朋友以及正视我被大面积烧伤的皮肤时，我才能真正从火灾的伤痛中恢复过来。"[27]我认为铭记一场灾难和悼念亡者可以帮助治愈内心的创伤，抚慰悲伤的人们。纪念物饱含哀思，具有强大的治愈力，它不仅能够形象地展示出社会群体所遭受的损失，"其建立过程还可以帮助治愈伤口和消除人们内心的痛苦"。

第四章　英雄故事

　　人们修建了纪念碑、纪念园等各式各样的纪念景观，哀悼遇难者，怀念义士，缅怀勇士，表彰自由战胜暴政、正义战胜邪恶的功绩。只要有助于树立自由、正义、平等的社会理念与道德标杆的事件，不论舍生取义，还是抗击天灾人祸，都可能成为促使纪念景观出现的原因。然而，当多种原因交织在一起时，纪念景观的面貌便趋于复杂化。战场上的纪念景观主要是为了铭记英雄，缅怀烈士而建（图4-1），也有普通士兵为怀念昔日战友，追忆曾经战斗过的部队以及少数为纪念战争本身而建的纪念景观（图4-2）。对于最后一种类型的纪念景观，我将在本章重点讨论。

　　詹姆士·梅奥（James Mayo）在《政治景观中的战争纪念物》（*War Memorials as Political Landscape*）一书中指出："美国曾发起或参与过的国内外战争的原因各不相同，所以各地纪念战争的方式也多种多样。"由此，相关纪念碑也面貌迥异。[1]爱德华·宁内瑟尔（Edward Linenthal）与埃默里·托马斯（Emory Thomas）两人非常关注美国民众在战争遗址上所建立的形式多样的纪念物。[2]本章中，我最感兴趣的是与战争本身相关的纪念物，它们更多地关注战争的历史意义，而不单是为缅怀普通士兵、杰出将领、无畏勇士。探讨战争的历史意义时，难以避免地会涉及勇士们的牺牲精神。在我看来，战争既能造

图 4-1　图中的纪念雕塑是为乔治·米德少将而建。此类雕塑是纪念南北战争英雄人物的常见类型。类似于第二章中纪念总统的雕塑，此类雕塑的意义也在于缅怀英雄人物。此图选自由刘易斯·贝特勒（Lewis E. Beitler）主编的《葛底斯堡战役五十周年祭：宾夕法尼亚州委员会报告》（Harrisbrug, Pa：Wm. Stanley Ray, State Printer, 1913），166 页。

就英雄豪杰，也能造成重大人员伤亡，因此并不是所有的战争都一定有积极正面的历史意义。1862 年的半岛战役与弗雷德里克斯堡战役（Fredericksburg and Peninsular Campaigns of 1862）① 以及 1863 年的维克斯堡战役（Vicksburg）② 与葛底斯堡战役结束时，人们一边迎接胜利，一边争论这些重大战役的历史意义。1863 年的这两场战役是南北战争的转折点，

---

① 译注：1862 年 3 月，北军司令麦克莱（Maj. Gen. George B. McClellan）发动半岛战役，企图攻占里士满，罗伯特·李急率南军迎击。6 月 25 日至 7 月 1 日，罗伯特·李的 9 万军队同北军 10 万人展开"七日会战"，把北军逐出了里士满附近的半岛。1862 年 12 月，北军在弗雷德里斯克堡战役中再次被罗伯特·李击败。

② 译注：维克斯堡战役（1862 年 11 月—1863 年 7 月）发生于密西西比河畔小城维克斯堡，历时 9 个月，是美国南北战争的重要转折点。格兰特将军深入敌后，包围并攻克了南军在密西西比河上唯一的据点，迫降敌军 3 万，将南部联盟拦腰切为两段，打开了向南军后方进攻的大门。

图 4—2 葛底斯堡的一处纪念普通士兵的方尖石碑。此类纪念碑大多由退伍老兵出资修建。此图选自由刘易斯·贝特勒（Lewis E. Beitler）主编的《葛底斯堡战役五十周年祭：宾夕法尼亚州委员会报告》（Harrisbrug, Pa：Wm. Stanley Ray, State Printer, 1913），178 页。

因而相关纪念物数量较多。与印第安人战争（Indian Wars）[①] 相关的纪念对象主要是浴血奋战的英雄及为战斗做出牺牲的当地百姓，而没有很好地反省战争对于美洲印第安人文化破坏的恶果。

人们在古战场上修建纪念物的首要目的，是缅怀舍生忘死的勇士以及纪念为取得胜利做出重大牺牲的普通民众，其次才是从某次战役中汲取历史教训。历史教训总是在付出血泪代价后，在不断反思中才能有所体悟。战斗结束，枪炮声停息，人们开始反思维克斯堡战役与葛底斯堡战役的重要历史意义并追忆英雄们的光荣事迹。唯此，这两场战役作为美国南北战争转折点的历史地位才能够得以确立，并通过各种形式的纪念物固化到景观之上。当某场战役的历史价值尚处于热议阶段时，退伍老兵、烈士家属以及当地群众积极参与讨论，开展祭奠活动，他们留下的重要纪念景观也为后人从中汲取历史教训提供了基础。我所关注的正是战争遗址上具有教育意义的纪念景观。

---

① 译注：印第安人战争（1622—1890 年），指殖民的白种人和美洲大陆的原住民印第安人族群之间爆发的一系列冲突。

第一节 邦克山战役

美国境内与独立战争（Revolutionary War）有关的遗址大多建有纪念物。波士顿惨案（Boston Massacre）是独立战争的导火索（1775—1781年）；莱克星顿和康科德（Lexington and Concord）的枪声打响了独立战争的第一枪（1775年）；康华里（Cornwallis）[①] 带领英军在约克镇（Yorktown）投降，标志着独立战争基本结束（1781年）。[3] 人们往往对战争开始与结束的标志更感兴趣，因此当英军投降的消息传到费城（Philadelphia）时，大陆会议（Continental Congress）决定在约克镇尽早建一座纪念碑。一个多世纪过后，这座纪念碑才最终落成（图4—3）。在此期间，大陆各地纷纷在曾经战斗过的地方修建纪念碑。[4] 纪念莱克星顿和康科德战役的纪念碑在独立战争结束前就有了，约克镇大捷纪念碑体量较大，邦克山战役（Bunker Hill Battlefield）纪念碑的体量也非常大（图4—4）。由此，标志着独立战争开始与结束的两次重要战役都有了纪念碑。莱克星顿和康科德战役打响了独立战争的第一枪，但1775年6月17日马萨诸塞州查尔斯顿（Charlestown，Massachusetts）爆发的邦克山战役，是有组织的大陆民兵部队第一次在战场上与英军发生的正面激烈交锋，且美军取得了不俗战绩。当年，这场战役的历史地位还没有得到足够的重视，也许用"悬而未决"一词来描述这一情形较为恰当，这直接导致了在邦克山战役过去多年以后，美国民众才决定为这场战役建碑立祠。邦克山战役纪念碑于1825年破土动工，至1843年完工。此时，邦克山的流血牺牲在美国独立战争中的历史地位非常明确。就其重要性而言，逐渐取代了与此战有关的其他阵亡将士纪念碑石。

1775年春，英军舰船驶入波士顿港，企图攻占波士顿南部和北部的两处高地——多切斯特高地（Dorchester Heights）和查尔斯顿（Charlestown），从而达到从战略上控制城市的目的。英军计划泄露，大陆民兵趁着6月16日的夜色从剑桥赶到查尔斯顿，并提前做好布防，以逸待

---

① 译注：康华里（1738—1805），即查尔斯·康沃利斯，第一代康沃利斯侯爵，英国军人及政治家，美国独立战争期间出任北美英军副总司令，在约克镇围城战役遭到大败，率军投降。

图4-3　此碑纪念1781年美法联军战胜英军的约克镇大捷。
当英军投降的消息传到费城时，大陆会议决定在约克镇建一
座纪念碑，但直到1884年这座纪念碑才落成。1876年美国独
立战争胜利一百周年以及1883年英军投降一百周年期间，此
类战争遗址受到人们的特别关注。

图 4-4 马萨诸塞州查尔斯顿的邦克山战役纪念碑，是迄
今为止体量最大的美国独立战争纪念碑之一。此碑修建于
1825 年，是美国诞生的重要标志。

劳。邦克山是查尔斯顿村附近的制高点，而另一处高地布瑞德山（Breed's Hill）更靠近波士顿港。于是，民兵部队首先占领邦克山，同时在布瑞德山做好防御。

夜幕降临，英国人远远地望到港口的防御工事，于是改变了攻占多切斯特高地的计划，转而突袭布瑞德山，妄图快速歼灭立足未稳的民兵部队。天未破晓，英国舰艇就开始炮击港口，妄图打乱民兵部队的防御计划，破坏阵地工事，更重要的是借助炮火的猛烈攻势，阻止来自剑桥的援军赶到查尔斯顿，增援邦克山与布瑞德山守军。当天下午，2 000余名英军发动突袭，企图冲破邦克山与布瑞德山之间相对薄弱的防线。大陆民兵的坚固防御，让英军一举歼灭守军的如意算盘落空。英军经过三轮冲击，才最终突破防线。此时，大陆民兵成功退守邦克山，主力部队通过查尔斯顿后撤至剑桥。英国人付出了比美国人更大的伤亡代价，才最终于6月17日晚攻陷查尔斯顿半岛。至来年3月，英国人仍然牢牢地占据着波士顿，但由于遭到大陆民兵的围困，未能进一步扩大势力范围。英美双方在此战中都付出了较大的伤亡代价，因此这场战役既不是美国人的胜利，也绝不是英国人的成功。从邦克山战役到围困波士顿的结束，整整持续了8个月时间，双方各有得失，战争的胜负尚未决出。

邦克山一战，胜负未定，但纪念物却已然出现。最初，主要是为了缅怀一位名叫约瑟·瓦伦（Joseph Warren）的英雄，而并非为纪念这场战役。瓦伦少将是一名物理学家，也是献身于独立战争事业的革命家。作为共济会成员，他积极帮助反抗英军的部队在莱克星顿招募民兵。当日，瓦伦是布瑞德山守军的主要将领，他带领的部队最后一批撤出阵地，却由于掩护主力部队撤退而壮烈牺牲。1776年，美国人重新夺回对波士顿的控制权时，有人提议为瓦伦修建一座纪念碑。1794年，共济会在他殉国的地点修建了一座纪念碑（图4-5）。这座纪念碑造型简朴，是纪念牺牲将士的典型样式。砖砌底座上的题字歌颂了瓦伦少将的英雄事迹和大无畏的牺牲精神，底座上矗立着18英尺高的木质塔身，塔顶是一个大瓮。

1782年以前，除查尔斯顿的零星悼念活动外，瓦伦及其战友的纪念碑是独立战争后第一代人留下的对这场战役的唯一重要纪念物。直到19世纪20年代，民间组织才在此次战役的发生地修建了另一座规模较大的纪念碑。这座纪念碑由邦克山战役的退伍军人以及烈士家属共同提议修建，既是为纪念这场战役，更是为纪念整场独立战争。及至邦克山战役5周年纪念日，美

图 4-5 当邦克山纪念碑开始动工的时候，约瑟·瓦伦纪念碑
还位于布瑞德山。这座纪念碑由瓦伦的战友出资修建，是典型
的战斗英雄纪念碑。后来，约瑟·瓦伦纪念碑被拆除，这意味
着邦克山战役上升到了美国独立关键战役的高度。图片选自理
查德·福瑟林厄姆（Richard Frothingham）编写的《波士顿围
城以及莱克星顿、康科尔德与邦克山的枪声——邦克山纪念碑
记》（Boston：Little，Brown，1903），359 页。

国作为一个独立的国家，立国之基夯实，经济实力强盛，人们逐渐开始以一
种自豪的心态看待独立战争。美国人希望通过邦克山战役纪念碑向世界宣示
他们所取得的历史性胜利。1882 年，几位富有的波士顿市民联合出资，购
买了邦克山战役发生地的土地。为进一步筹集资金，邦克山战役纪念碑项目
筹委会于次年成立。

两年后，纪念碑项目正式启动。按照计划，这座宏伟的纪念碑由花岗岩
修造，碑身高达 220 英尺，整个纪念项目占地约 15 英亩，几乎覆盖整个战

场范围。建成后，它将成为当时最大的一座独立战争纪念碑，远高于巴尔的摩的华盛顿纪念碑（华盛顿纪念碑的修建时间稍晚）。体量上，它所耗费的石材可以再建一座波士顿海关大楼（Boston Custom House）。该楼是当时波士顿最大的一座公共建筑。1825年纪念活动期间，项目破土动工。然而，15.6万美元的工程造价远超预算，宏伟计划面临巨大的资金缺口。因此，为该项目筹措资金成为首要任务。接下来的18年间，资金逐步到位，这座方尖碑已现雏形。按照原计划，筹委会主要通过捐赠募集资金，然而至1830年，筹集的善款仅够支付一半的工程开销。大部分善款来自个人捐赠，马萨诸塞州也象征性地出了一笔钱。值得一提的是，妇女爱国组织通过义卖活动，为纪念碑项目筹集了大量经费。1834年，由于资金特别困难，曾有人建议将纪念碑的高度降低到159英尺。最终，纪念碑筹委会出售了邦克山战役发生地的部分土地，虽然举步维艰，但渡过了资金难关，保持了纪念碑原有的设计高度。邦克山战役纪念碑于1843年完工。1844年12月31日，建筑承包商将纪念碑移交给筹委会。

当年，筹委会雄心勃勃地希望修建一座宏伟的纪念碑，而现在看来，的确也有重要的历史意义。作为同时代体量最大且主要由民众出资修建的一座纪念碑，它有利于缅怀英雄岁月，有利于团结群众，也有利于强化国家认同。修建纪念碑的捐款主要来自波士顿及其周边地区，参加过邦克山战役的其他州也纷纷慷慨解囊。几十年前，退伍军人、烈士遗孀首先为瓦伦修建了纪念碑，积极促成邦克山战役纪念碑筹委会的创立。邦克山战役纪念碑修建的时机非常重要。当其落成之日，仅有少数参加过此次战役的人在世。在此期间，独立战争的英雄故事早已代代相传，成为一段犹如圣经中"大卫与歌利亚之战"[①]式的传奇。邦克山战役纪念碑落成典礼盛况空前，远比此前悼念英雄瓦伦及其战友们的活动规模更甚。值得一提的是，为修建邦克山战役纪念碑，人们拆除了瓦伦少将的纪念碑，且后者再也没能回到原址。

早在1825年，人们对独立战争的认识就开始发生转变。对此，能够从邦克山战役纪念碑上的铭文中窥出端倪——"谨以此碑向吾国之先贤致敬。1775年6月17日，先烈们为国家独立、人民自由，在邦克山一役浴血奋战。先烈们的流血牺牲为生活在这片土地上的人们换来了富足幸福的新生

---

① 译注："大卫与歌利亚之战（David-versus-Goliath tale）"记载在圣经《撒母耳记》第17章，是以小胜大、以弱胜强的代名词。

活。"⁵铭文中歌颂了牺牲精神，却对战斗的正义性语焉不详。丹尼尔·韦伯斯特（Daniel Webster）① 在 1825 年的纪念碑奠基仪式与 1843 年的揭幕典礼上的演讲，能够反映人们对于独立战争态度的某种变化。韦伯斯特生于 1782 年，是邦克山战役纪念碑项目的早期支持者。他曾担任纪念碑筹委会主席，其演讲体现出第二代美国人迎接独立战争胜利果实的意愿。

韦伯斯特在邦克山战役纪念碑奠基仪式和揭幕典礼上演讲的主旨，是对参加过美国独立战争的老兵以及烈士的歌颂，向参加战斗的勇士以及为此战做出牺牲的民众表达敬意。他在奠基仪式上说道："烈士们曾在这里浴血奋战，抛洒热血；而此刻，我们正站在这片先辈们流血牺牲的热土之上。"⁶他认为，邦克山战役纪念碑不仅缅怀了在 1775 年战斗中牺牲的烈士，它对于新诞生的美利坚合众国也具有重要的象征意义：

> 那些无所畏惧、视死如归的勇士们，是他们让大家记住了这个国家诞生的不凡历程以及先烈们为此付出的巨大牺牲。这场战争是美洲大陆上最重大的历史事件，是当代社会的壮举，也是世界战争史上的奇迹。今天，我们生活富足、幸福安康；今天，生为美国人，我们倍感荣幸、骄傲自豪；今天，拳拳赤子之心、殷殷爱国之情以及大无畏的牺牲精神，让我们齐聚在这里，举行纪念美国独立战争的活动。⁷

韦伯斯特进一步指出，美国独立对于整个人类社会具有重要的意义：

> 邦克山战役纪念碑是千秋功业的凝结。它宏伟壮观，体现了后人对先辈们的敬意，彰显了革命理想……此碑是主权的象征，唯愿它能够永久沐浴和平曙光；此碑是信仰的化身，它护佑着这片土地；此碑是幸福的体现，它彰显了人类共同的追求。⁸

韦伯斯特在邦克山战役纪念碑奠基仪式上的演讲，回顾了世界形势，分析了革命爆发的原因，指出了独立战争对于美国人民以及全世界的重要意义。18 年后的纪念碑揭幕典礼上，韦伯斯特进一步阐释了上述观点，将该纪念碑的象征意义置于世界历史引领者的高度。他没有在第二次的演讲中过多地强调战斗中牺牲的英雄、生还的退伍老兵，而是引经据典，剖析世界文

---

① 译注：丹尼尔·韦伯斯特（1782—1852），美国著名政治家、法学家和律师，曾三次担任美国国务卿，并长期担任美国参议员。1957 年，美国参议院将韦伯斯特评选为"最伟大的五位参议员"之一。

明史、新大陆殖民史以及美利坚合众国和美洲西班牙后裔们遭受的苦难，以此深化邦克山战役纪念碑所具有的历史意义。韦伯斯特以邦克山战役纪念碑为线索，将上述宏大命题串联起来。他讲道：

> 纪念碑让人们反思 1775 年 6 月 17 日对于民众、国家乃至世界的意义。今天，我们确知邦克山一役对人类历史造成了深远的影响；明天，站在这座纪念碑前的人们将是今日聚集在此的革命志士的后裔；他日，纪念碑前的演讲定当洋溢着爱国之情与勇武之气，将推崇民族独立与信仰自由，将赞美国家民主，将颂扬人类道德上的成就，将缅怀为国家独立抛头颅、洒热血的烈士们。[9]

演讲中的这些溢美之词印证了我的观点，邦克山战役纪念碑不仅缅怀了 140 位牺牲的将士，更是对独立战争及其历史意义的肯定。1843 年时，这座纪念碑的意义已经远远超越了邦克山战役本身，它是有史以来美国人民为纪念一场胜负未决的战争而修建的第一座巨型纪念碑。虽然美国人输掉了这场战役，但却赢得了独立战争的胜利。这一点是韦伯斯特试图阐明的道理，也深深地印在了查尔斯顿的纪念景观之上。

第二节 葛底斯堡——南北战争的转折点

美国南北战争期间的大小战场几乎都被完整地保留下来，用以纪念曾参加过战斗的将士。葛底斯堡是其中的一处重要战场，这里有许多发人深省的纪念景观，因而受到了特别关注，位列全球最受瞩目的战场遗址之列。人们在战场上修建纪念碑的目的主要是缅怀牺牲的英雄、将领、士兵、烈士，并向军烈属致以崇高的敬意。上至兵团、军、师、旅，下至团、营、连、排，退伍军人在曾经战斗过的地方修建了数量众多的纪念碑。不论是葛底斯堡，还是美国内战的其他大小战场，都可以看到方尖石碑、青铜雕像等战争纪念碑矗立于曾经坚守过的战壕。南军和北军也在双方鏖战的同一块阵地上修建了纪念碑。游客在纪念碑中间穿行，能够真实地感受到战场上曾经的腥风血雨。此种纪念格局与南北战争作为美国历史上最为血腥的一场战争的地位相匹配，但葛底斯堡等少数战争纪念地的景观还多了一层含义，呈现出美国人民从战争中汲取的教训，揭示了战争爆发的直接原因及其终极意义。

　　葛底斯堡的与众不同之处正是基于以上原因。美国内战中许多场战斗的正义性模糊不清，但葛底斯堡战役结束不久，这场战斗的重要意义就得到了参战双方的共同确认。南北战争结束后，人们对于这场战役的反思进一步强化了此战的重要历史意义。葛底斯堡战役被誉为南北战争的转折点，甚至是战争胜负的分水岭。正是基于这一历史性的论断，双方参加过此役的退伍老兵纷纷将葛底斯堡的战斗遗址作为南北和解的重要场地。由此，硝烟散尽的战场上出现了诸多纪念物——1863 年的葛底斯堡国家公墓（National Cemetery）、1892 年的叛军最高水位点纪念碑（High Water Mark of the Rebellion Monument）及 1938 年的永恒之光和平纪念碑（Eternal Peace Light Memorial）。上述纪念物是我想要着力讨论的纪念景观。至于葛底斯堡数以百计的其他纪念物，虽然在部分文献中有详尽的记述，但它们不是本书关注的重点。[10]

　　葛底斯堡国家公墓的揭幕仪式掀开了一系列纪念活动的序幕（图 4-6）。出于实际的考虑，南北战争期间的多个重要战场都建有军事墓园。战后，人们尽量将寻到的战士遗骸送回家乡下葬，但许多无人认领的遗骸只能就地安埋。这些新的墓地往往出现于战斗结束后的数周或数月之内，而葛底斯堡是南北战争期间设立的墓园中最为著名的一处。能够邀请到时任美国总统的林肯亲自参加某处墓园的揭幕仪式是非常特别的。林肯不但参加了葛底斯堡国家公墓的揭幕仪式，还发表了著名的《葛底斯堡演说》。这篇简短的发言被誉为演说中的经典。事实上，林肯并没有受邀发表主题演说，这一殊荣由来自马萨诸塞州的爱德华·埃弗里特（Edward Everett）[①] 获得。虽然此战中北方联邦军并没有取得绝对的胜利，但是林肯在揭幕仪式上的演讲确立了葛底斯堡战役在南北战争中转折点的历史地位。

　　1863 年 7 月初的这场战役持续了三天时间。战斗打响前，北方联邦军和南方联盟军的大批部队在宾夕法尼亚州的一座小镇集结。双方在丘陵与平原地带交战，势均力敌，僵持不下。1863 年 7 月 3 日，随着南方军发动的

---

　　① 译注：爱德华·埃弗里特（1794 年 4 月 11 日—1865 年 1 月 15 日），美国政治家，曾任马萨诸塞州州长（1836—1840 年）、哈佛大学校长（1846—1849 年）和美国国务卿（1852—1854 年）。他于 1863 年 11 月 19 日在葛底斯堡发表的演说，不仅在当时引起了巨大轰动，而且流芳于世。他首先用动人心魄的语调表达了面对英灵时虔诚惶恐的心境，而后精辟地阐释了内战的原因和葛底斯堡战役的景况，并斥责了分裂分子的残暴罪行。埃弗里特的演说充满雄辩和激情，充分体现了他过人的辩才和民族主义精神。

图 4—6　葛底斯堡国家公墓修建于 1863 年。林肯曾参加该公
墓的落成典礼。修建这座公墓的初衷是就近掩埋战死的士兵。
林肯在致辞中将葛底斯堡战役的历史意义推到了捍卫国家信
仰的高度。

"皮克特冲锋"落下帷幕，南方军转攻为守。防守阵型维持了一天左右的时间，随后罗伯特·李将军下令向南缓慢后撤。由此，罗伯特·李将军的北伐行动宣告结束。然而，北方军乔治·米德少将成功抵御南方军北伐的军事行动并没有受到太多的褒扬。非但如此，他还因为追击敌寇不力，没有能够全歼敌军主力而受到强烈指责。在大多数人看来，北方军通过此战不但再一次成功地挫败了南方军大规模的军事入侵，还使得南北战争胜利的天平在此后两年里快速倾斜。

战后不久，质疑乔治·米德少将战略部署的声音发生了改变。米德少将的部队从战斗打响的第一天起就牢牢地控制着战场东部的高地。在这场战役的三天期间里，北方军一直保持统一部署，一直坚守阵地，毫不退缩地与战斗经验丰富的南方军周旋。事实上，北方军在早期的一些战役中往往处于战略上的劣势，总是被动挨打，甚至溃不成军。相比而言，罗伯特·李将军在葛底斯堡的指挥远不如他在早前的一些战役上的表现出色。罗伯特·李将军的步兵部队尚未完成集结且在没有骑兵足够支援的情况下，匆忙与敌方交火，没能成功抢占战略高地。在战斗的第二天及第三天，他放弃了从侧翼包围敌方阵地的战术，却派出一支步兵部队在开阔地带反复冲击严阵以待的敌方阵营。葛底斯堡一役打破了罗伯特·李将军不可战胜的神话，让北方军看到了胜利的希望。对阵双方都付出了巨大的伤亡代价，而南方军的伤亡人数远比北方军更惨重。经过两年鏖战，南方军已显颓势，而北方军则越战越勇。葛底斯堡战役耗费了南方军大量的军力，几天后的维克斯堡战役再一次让南方军尝到失败的苦果。对于北方军而言，维克斯堡战役是一次重大的战略胜利，此战成功地将南部联盟拦腰切断，打开了从西面向敌军后方进攻的大门，为逐一瓦解南部联盟打下了基础。因此，葛底斯堡战役被看作是北方军转运的开始，也是北方联邦军在东部战区获胜的标志。

1863 年 11 月 19 日举行的国家公墓揭幕仪式为反思这场战争提供了重要契机。爱德华·埃弗里特在两个小时的演说中有充分的时间表达对受伤及牺牲将士的崇敬之情，而林肯则在简短的致辞中将重点放在了战争的历史意义上。虽然在本书第一章中曾全文引用过林肯的这段演讲，但不妨让我们重温这段精彩的演讲：

> 八十七年前，先辈们在这个大陆上创立了一个新国家。它孕育于自由之中，奉行人生而平等的原则。现在我们正从事一场伟大的内战，以考验这个国家，或者任何一个孕育于自由和奉行上述原则的国家是否能

够长久存在下去。我们在这场战争中的一个伟大战场上集会，烈士们为使这个国家能够生存下去而献出了自己的生命。我们来到这里，是要把这个战场的一部分奉献给他们作为最后安息之所，这样做是完全应该而且是非常恰当的。

但是从更广泛的意义上来说，这块土地我们不能够奉献，不能够圣化，不能够神化。那些曾在这里战斗过的勇士们，活着的和去世的，已经把这块土地圣化了，这远不是我们微薄的力量所能增减的。我们今天在这里所说的话，全世界不大会注意，也不会长久地记住，但勇士们在这里所做过的事，全世界却永远不会忘记。毋宁说我们这些还活着的人，应该在这里把自己奉献于勇士们已经如此崇高地向前推进但尚未完成的事业；我们应该在这里把自己奉献于仍然留在我们面前的伟大任务；我们要从这些光荣的死者身上汲取更多的献身精神，来完成他们已经为之献身的事业；我们要在这里下定最大的决心，不让这些死者白白牺牲；我们要使国家在上帝保佑下得到自由的新生，要使这个民有、民治、民享的政府永世长存。[11]

盖瑞·威尔斯（Garry Wills）、菲利普·孔哈特（Philip Kunhardt）及弗兰克·克里门特（Frank Klement）等著名作家、学者均认为，林肯在葛底斯堡发表的简短演说对南北战争及其历史意义做出了全新解读。[12]林肯指出："北方的将士们为共和制，为独立宣言所倡导的平等信念而捐躯。南北战争是对民主政府的一次考验，它考验着少数人是否有所谓的'权利'违反大多数人的意愿，实施让民主政府出现分裂的行为。"而这种分裂政府的行径在法国以及拉丁美洲的一些新兴民主国家身上曾经出现过。林肯在演讲草稿中刻意使用"联邦"一词，没有采用"国家"一词来指代美利坚合众国。在葛底斯堡的正式演讲中，他仅用"国家"一词，并将这场战争视为对这个国家生死存亡的一场考验。他的讲话将一场惨烈战争转化为一段需要记取的充满坚持、信仰与骄傲的历史记忆。正是这些积极正面的情感，才让葛底斯堡平添了一份特殊的历史底蕴。

南北战争停火后，美国各地经历过战火洗礼的诸多战场开始出现一系列纪念物。葛底斯堡作为南北战争期间的主战场也不例外。退伍老兵们纷纷回到曾经战斗过的地方，参加不同城市、团体、部队等为牺牲战友举行的纪念碑揭幕仪式（图4-7）。战火熄灭初期的30年间，葛底斯堡的所有纪念碑几乎都是北方人所立。北方的退伍军人将葛底斯堡战役视为南北战争的重要转折点。来自宾夕法尼亚的退伍军人最为积极，他们纷纷来到葛底斯堡集会。来自南方的退伍军人则基本不到这里来，他们选择在南方修建纪念碑。大约到了 19 世纪八九十年代，葛底斯堡作为重要战役发生地被赋予了新的意义，北方一头热的情况开始转变。南北战争结束后不久，退伍老兵们非常积极地购买了多处历史战场的土地。葛底斯堡战场纪念委员会（Gettysburg Battlefield Memorial Association）成立于 1864 年，是第一个购入此类土地的民间组织。在此期间，内战联邦退伍军人协会（Grand Army of the Republic）等全国性退伍军人组织为地方退伍军人协会提供指导，同时迫切希望联邦政府对其授予战争纪念地管辖权。政府则要求退伍军人组织摒弃成见，在战场遗址上的纪念行为能够更加公正地体现内战的意义。

早期对于葛底斯堡战役等南北战争主要战役历史意义的评价是："南方联盟军在葛底斯堡一役后无力北伐，至 1863 年年底，战略物资消耗殆尽，李将军的部队只能在匹兹堡（Petersburg）、里士满（Richmond）一带采取守势。1865 年春的阿波麦托克斯战役（Appomatox）是南方军最后绝望的一搏，而葛底斯堡战役则被视为南北战争的转折点。"然而，南方退伍军人对于上述历史评价不以为然，有着恰巧相反的认识。由此，对葛底斯堡战役的历史意义进行重新解读是有必要的。换言之，有必要将其作为南北双方同等重要的战争遗址，而不是单方面地视作北方联邦军的胜利，从而能够让南方的退伍军人也能够参与到纪念活动中来，为曾经参加过南北战争而感到自豪。如果葛底斯堡战役是南北战争的转折点，那么这场战役也是南方人军事抵抗的高潮。这场战役是南北战争期间，李将军带领下的南方军向北前进最远、规模最大的一次军事行动。他们骄傲地宣称南方军虽败犹荣，自己曾经英勇无畏地突入敌方阵营。

正如奥斯卡·哈丁（Oscar Handlin）所写，葛底斯堡战役的象征意义远远大于实际意义，因为"人们相信这场战役有值得为之牺牲的理由"。[13]哈丁进一步指出：

> 反思南北战争的时候，人们感到这场战争是美国人共同的珍贵历史记忆，而不是让国家分裂的不堪回首的过去。跨区域人口流动的增加、国民意识的增强以及地区观念的弱化等，使得人们在回望这场战争的时候，普遍愿意相信南北战争是弥合南北双方裂隙，让大家再次团结在一起的必经过程。

> 一夜之间，南北战争所具有的象征意义让人们不再关注战争的胜

负、根源等问题。此时，残酷鏖战转变为一曲浪漫的英雄主义赞歌，与战争杀戮有关的种种被一笔带过，唯有崇高的精神力量永存。[14]

图4—7　从墓地岭方向远眺葛底斯堡战役纪念地。19世纪末至20世纪初，美国为南北战争修建了大量的纪念碑。大多数纪念碑由北方联邦军出资。当对于这场战争的解读更加理性、公平之时，南方联盟军也积极地参与到了纪念碑的营造过程中。

然而，美国人对于战争的浪漫主义情结，"扭曲了一段真实的战争史，过度强调战争的象征意义，掩盖了奴隶制、种族歧视等战争背后的一系列矛盾"。[15]这样的结果不利于实现美利坚合众国所追求的建立民主、平等社会的宗旨。

叛军最高水位点纪念碑修建于1892年，是南北双方将士英勇无畏作战精神的象征（图4—8）。这座纪念碑被打造成一本摊开的书卷样式，上面镌刻着参加过1863年7月3日下午"皮克特冲锋"南北双方师团的名字。南方军想要夺取位于墓地岭（Cemetery Ridge）的一处小灌木林。在接近小灌木林的地方，南方军集结最后的兵力，冲击敌方阵地，与北方军短兵相接。最终，"皮克特冲锋"被击溃，李将军的主力部队也随之败下阵来。该处纪念碑是1895年美国战争部在接手葛底斯堡战役发生地的土地管理权以前，在这处战场上修建的最后一个大型纪念碑。这座纪念碑了不起的地方在于，它虽由北方出资修建，却缅怀了参战双方的将士，迈出了重新解读葛底斯堡战役的重要一步，让这处战场遗址成为全体美国人为之骄傲的地方。

图 4—8 叛军最高水位点纪念碑于 1892 年落成。随后，葛底斯堡战役纪念地交由战争部管理。此碑由北方出资，不仅纪念北方军，也对"皮克特冲锋"中牺牲的南方军士兵予以缅怀。因此，这座纪念碑第一次平等地纪念了南北双方的士兵。南北战争结束 50 周年之际，南北双方的士兵曾齐聚于这座纪念碑前。此图选自由刘易斯·贝特勒（Lewis E. Beitler）主编的《葛底斯堡战役五十周年祭：宾夕法尼亚州委员会报告》（Harrisbrug, Pa：Wm. Stanley Ray, State Printer, 1913），167 页。

　　叛军最高水位点纪念碑及其对于双方将士的铭记，标志着对葛底斯堡历史意义评价的变化，却并不能弥合南北双方对于这场战争认识上的差异。美国政府关于纪念碑修建的规定对北方有特殊照顾，这是南方军人不愿意在葛底斯堡为战友修建纪念碑的原因之一。按照规定，南方退伍军人只能在师团驻扎过的地方修建纪念碑，而不允许将纪念碑置于其冲锋过的阵地。事实上，双方在葛底斯堡鏖战的三天中，北方军主要处于守势，一直在阵前坚守；相较而言，南方军则主要处于攻势。南方退伍军人想让后人铭记的英雄壮举主要发生在距离己方阵地 1 英里外的地方,特别是"皮克特冲锋"抵达的区域。因此,美国政府的上述规定对南方非常不公,这直接导致了葛底斯堡鲜有民间为南方联盟军将士修建的纪念碑。

新成立的联邦战场委员会对上述情况非常关注。威廉姆·罗宾斯(William Robbins)是该委员会的早期成员,也是一位南方联盟军的退伍军人。罗宾斯履任委员期间,希望尽绵薄之力,改变这种南北方纪念碑数量不平衡的局面。为此,他几乎考察了葛底斯堡南方军曾经战斗过的所有地方,并采用纪念牌以及解说性文字一一予以标识。这些纪念物的设立过程虽说没有其他南方退伍军人的参与,但罗宾斯的义举在一定程度上平衡了南北双方纪念碑数量上的差异。罗宾斯为南方军修建的纪念碑体量虽小,但在他的努力下,数量上竟然比北方军所立的还稍多一些。葛底斯堡战役 50 周年的时候,此地举行了大规模的退伍军人集会活动。这次活动持续了一周时间,是在南北战争相关纪念遗址举办的最大一次集会,吸引了 5 万多名南北双方的退伍军人参加。此时,正值美国新南方崛起,位于梅森-狄克逊线(Mason-Dixon Line)① 两侧的美国人希望更多地强调美利坚民族的共同性而不是差异,因此南北和解的精神贯穿于整个活动期间。

这一系列纪念活动使得葛底斯堡所承载的历史意义愈加深远,"团结、和平"成为新的需要记取的历史经验,由此在葛底斯堡出现了第三处重要的战争纪念碑——永恒之光和平纪念碑(图 4-9)。1913 年葛底斯堡战役 50 周年集会时,有人提议修建永恒之光和平纪念碑,但响应者寥寥。直到 20 世纪 30 年代,葛底斯堡战役 75 周年纪念日筹备期间,永恒之光和平纪念碑项目才有了实质性的进展。[16]一开始的时候,计划向所有参加过葛底斯堡战役的州筹集善款,但募捐活动进行得并不顺利。值得庆幸的是,南北方各有一个州愿意慷慨解囊,分别是宾夕法尼亚州与弗吉尼亚州。纪念碑选址于葛底斯堡古战场的西北角,靠近 1863 年 7 月 1 日战斗打响的位置。1938 年 7 月 3 日,时任美国总统的富兰克林·罗斯福参加了纪念碑揭幕仪式。著名建筑师保罗·克瑞(Paul Cret)担任纪念碑设计师,碑身浮雕由李·劳里(Lee Lawrie)设计。浮雕图案中,两位女性人物并肩相携,其中一人持花环,一人持盾牌,两人正前方是一只飞鹰。纪念碑上的一段题词点名了浮雕

---

① 译注:梅森-狄克逊线是美国宾夕法尼亚州与马里兰州之间的分界线,美国内战期间成为自由州(北)与蓄奴州(南)的界线。

图4-9　永恒之光和平纪念碑修建于1938年，由南北双方共
同出资建造。碑身上镌刻着这样一句话："唯愿合众国和平永
驻，永恒之光指引团结之谊"。

图案所具有的象征意义——"唯愿合众国和平永驻，永恒之光指引团结之谊"。碑的顶部是一处火盆，燃烧着不灭的圣火。这座纪念碑是美利坚合众国在经历南北战争撕裂后，成功实现团结与和解的明证。

1913年至1938年间，南方各州开始在葛底斯堡修建各式各样的纪念碑，首先是1917年的弗吉尼亚州，随后是北卡罗来纳州。后者还于1929年聘请格曾·博格勒姆（Gutzon Borglum）的建筑设计团队，修建了美国总统山纪念雕塑（Mount Rushmore Memorial）。1933年，葛底斯堡古战场的土地管辖权交由美国国家公园管理局负责。按照新的规定，国家公园管理局不再只是负责保护美国境内的自然遗产，其工作范围拓展到美国的历史纪念碑。由此，以葛底斯堡为代表的美国境内的南北战争遗址不再置于美国军方及其战争部的管辖范围，而是交由美国国家公园管理局的历史专家负责管理。

本章所提及的两处纪念碑以及一处公墓不过是葛底斯堡上百个同类纪念景观的代表，因而不会让观者有突兀、傲慢之感。这三处纪念景观的与众不同之处在于其修筑动机。葛底斯堡战场上数以百计的纪念碑主要为缅怀英烈而立，为歌颂勇猛的战斗连队而建，但上述三处纪念景观的出现却是为了昭示战争的历史意义，并且三者所承载的意义各不相同。简言之，1863年的葛底斯堡国家公墓预示着深陷战争泥潭的北方军即将迎来胜利的曙光；1892年的叛军最高水位点纪念碑指明了葛底斯堡战役作为南北战争转折点的重要意义；1938年的永恒之光和平纪念碑是和平、团结与友谊的象征。不仅如此，这三处纪念景观的不同之处还体现在它们建立的过程之中。例如，修建葛底斯堡国家公墓是联邦政府单方面的行为；叛军最高水位点纪念碑由北方各州出资修建，但这座纪念碑同时也向光荣牺牲的南方军人致敬；永恒之光和平纪念碑由南北双方共同出资修建。综上，对这三处纪念景观进行比较，能够让我们更好地理解如何通过公众祭奠活动将道德理念附着于纪念景观之上。

第三节 干草市场之难

除邦克山、葛底斯堡等战役后能够出现一系列纪念景观外，其他类型的流血事件也具备类似的塑造人文景观的潜力。美国历史上曾出现过多次与民权、人权、社会正义、经济纠纷等相关的流血事件，工人运动、民权运动引发了较多有关道德层面的思考。不是所有的冲突事件都会对人文景观造成影响，但 1886 年 5 月发生在芝加哥干草市场的秣市惨案，影响却非常深远。今天，人们将秣市惨案视为工人运动的重大挫败、芝加哥市政治史上的重大事件以及美国司法审判的倒退。有意思的是，这次暴动后出现了两处相互矛盾的纪念物。芝加哥工商界及警方在镇压暴动的干草市场为殉职的警察修建了一座名为"芝加哥捍卫者"的纪念碑。作为回应，工人群众在芝加哥市郊购买了一处墓地，纪念英勇就义的工人运动领袖。不难看出，双方都希望通过各自的纪念物来表达对秣市惨案及其历史意义的不同理解。

19 世纪，工人运动取得了一系列进展，但也经历了诸多挫折和失败。工人们每一次争取权益的过程都受到工商界以及警察、军队的残酷镇压。秣市惨案是 1877 年铁路大罢工（Great Railroad Strike）被镇压后的一次重要的工人运动事件，其他还包括 1892 年美国霍姆斯达特钢铁工人罢工以及 1894 年普尔曼铁路工人罢工（Pullman and Homestead Strikes）。19 世纪末，工人运动声势渐弱。直至 20 世纪，再次迎来工人运动的另一波高潮。

秣市惨案是全美产业工人为争取 8 小时工作制运动的一部分。麦考密克工厂（McCormick factory）是芝加哥当地规模较大的一家工业企业。为声援全国性的争取 8 小时工作制运动，这家工厂的工人们也组织了罢工活动。1886 年 5 月 1—2 日，工人们在麦考密克工厂以及芝加哥市内的几个地方开展和平游行。5 月 3 日，游行示威出现暴动苗头。厂方叫来了防暴人员对罢工活动予以干预，阻止部分工人撤离示威队伍，这引发了工人们的强烈不满，和平游行随之演变为一场暴动。由于警察使用武力镇压，至少造成两名示威者身亡。示威人员及其支持者出于愤怒，决定举行报复性集会。5 月 4 日，工人们号召在芝加哥市的干草市场举行集会。干草市场位于伦道夫街（Randolph Street）西侧，芝加哥河对面，是芝加哥市较大的一处市政广场。

1886 年 5 月 4 日白天，集会一直处于和平状态。约有 3 000 人聚集在干草市场，聆听演讲者公开谴责警方在前一天杀害工人群众的暴行，表达对游行示威的声援。芝加哥市市长卡特·哈里斯（Carter Harrison）也来到现场，加入到聆听演讲的队伍中。夜幕降临，气温下降，雨滴飘落，人群开始骚动。晚上 10 点，当最后一位演讲者出现在人群面前时，和平集会出现向暴动转变的苗头。防暴警察在附近的车站整装待发，密切关注集会现场的一举一动。当听到示威群众中有人使用煽动性语言时，警方找到了武装干预的理由。约 200 名警察开赴现场，要求游行队伍立即撤离。此时，已经接近游行集会的尾声。正当双方僵持不下的时候，一枚炸弹被扔进了警察队伍。时至今日，是谁扔出了炸弹仍然是未解之谜，但这枚炸弹威力巨大，炸死炸伤多名警方人员。随即，警方向人群开枪，并逮捕了部分示威群众。由于害怕警察的报复行动，很多伤者选择沉默，因此没有办法统计到底有多少参加集会的人受伤。据估计，集会群众中至少有 4 人被杀害，100 多人不同程度受伤。就警方而言，7 人牺牲，60 人受伤。但需要注意的是，并非所有伤亡都是由炸弹爆炸造成的。有证据表明，混战中某些警察被自己人的子弹击中。不论投掷炸弹的出发点是什么，由于惨痛的人员伤亡，爆炸的威力足以让工人运动的成果倒退好几十年。

事后，有 8 人以谋杀罪被逮捕，然而他们被捕的原因并不是由于投掷炸弹，而是因为领导了游行示威活动。8 名嫌疑人全部被定罪，其中 7 人被判死刑，1 人被判监禁。如今，上述判决被认为是美国司法史上颠倒黑白的典型案例。整个庭审过程都对被告非常不利，就连执法官也设法打消陪审团对被告的同情。执法官直言："这起案子由我审理，我知道该怎样判。鉴于这些人一定会被判绞刑，我希望参与庭审的人们（陪审团）作有罪裁决。"[17]州检察官在结案陈词中的话表明，司法正义不再是庭审追求的目标。他说："法律受到了挑战，无政府主义受到了审判。8 名被告的罪行并不比数以千计的游行示威者更重，但这些人是由大陪审团挑选出来接受审判的，因为他们是群体骚乱的领导者。陪审团诸君做出的有罪裁决起到了杀鸡儆猴的效果，挽回了当下混乱的局面，止住了社会不正之风。"[18]

这 7 位被判处死刑的工人领袖中，有 4 人于 1887 年 11 月 11 日被执行绞刑，这一天恰巧是"黑色星期五"（Black Friday）。面临着来自地方、全国乃至世界各地的舆论压力，伊利诺伊州政府在另外 2 名死刑犯人行刑的前一天，将他们改判为终身监禁。余下的 1 名在绞刑当日自杀身亡，但死因存疑。1883 年，3 位幸免一死的工人领袖在被羁押 6 年后赦免出狱。

当一切尘埃落定，芝加哥不只干草市场一处有纪念碑，还有另一处。为悼念牺牲的英雄，工人领袖的支持者们举行了一次芝加哥历史上规模极为盛大的公共葬礼。1887 年 11 月 13 日，5 位烈士集体下葬（其中 4 人被绞死，1 人自杀）。政府有关部门不允许将这几位烈士葬在芝加哥市区范围内的墓地。于是，工人群众只能在芝加哥市西郊森林公园内的瓦尔德公墓（Waldheim Cemetery）购买墓地。一位名叫威廉·布兰克（William Black）的代理律师在葬礼上致悼词。在悼词中，他阐明了烈士们为之奋斗牺牲的原因。他说："全世界都看到烈士们在最后的时刻是如此的英勇无畏，毫不退缩……没有丝毫犹豫，没有任何迟疑，他们为理想献出了生命。今天，我们绝不是站在罪人的尸首旁边，更不用为他们的离世而感到羞愧。因为，他们为民主而亡，为神圣的言论自由与人权而死。我为曾是他们的朋友而感到自豪。"[19]葬礼仪式的最后，另一位叫作阿尔伯特·科林（Albert Currlin）的律师以更为强劲有力的声音讲道："啊！芝加哥的工人们，让我们团结起来，积蓄力量。让我们在逝者面前庄严起誓：即日起，我们将万众一心，齐心协力推翻资本家压在我们肩头的枷锁，我们终获自由！"[20]这些慷慨激昂的话语在国内外激起热烈反响。评论家坦言："终有一天，在反思中能够发现，芝加哥的法庭判处这些无政府主义者死刑，就如同历史上新英格兰地区烧死巫师的行为一样荒唐和错乱。"[21]1887 年 11 月 13 日，烈士们的遗骸下葬在临时墓穴，次月安埋于永久墓地。

1893 年，由先锋援助支持协会（Pioneer Aid and Support Association）出资，在瓦尔德公墓修建了一座纪念碑（图 4-10）。该协会是秣市惨案烈士的一位遗孀发起成立的，援助、救济牺牲英雄家属的互助组织。纪念碑刻画了一位妇女将左手中象征着正义的花环戴在一位倒下的工人头上，她的右手正奋力抽出一柄匕首，目光远眺。1893 年 6 月 25 日，为悼念在秣市惨案中牺牲的英雄，数千人在芝加哥市游行示威，参加瓦尔德公墓举行的纪念活动。由于适逢芝加哥举办哥伦比亚世界博览会，因此这一系列活动受到了全世界的关注。人们在悼词中再一次阐明了秣市惨案的历史意义："当这个时代的仇恨、恩怨不再作祟，正义的审判必将到来，逝者必定泉下有知。那时，唯愿这座纪念碑能够告诉那些满腹疑虑、瞻前顾后、犹豫不决的人，烈士们曾为创造更加美好的社会付出了生命代价，他们的英勇壮举为捍卫民主、正义的朋友留下了宝贵的记忆。"[22]纪念碑的台阶上刻下了一位名叫奥古斯特·施派斯（August Spies）的烈士的遗言："终有一天，我们的声音将

图4-10　秣市暴动纪念碑位于伊利诺伊州芝加哥市郊森林公
园的瓦尔德墓地。纪念碑修建于1893年，刻画了一位妇女将
左手中象征着正义的花环戴在一位倒下的工人头上，她的右
手正奋力抽出一柄匕首，目光远眺。

更加嘹亮，远非尔等今日所能扼杀。"今天，这座纪念碑受到世界各地人们
的瞻仰、祭扫。

　　瓦尔德公墓内的这座宏伟纪念碑之所以出现，部分原因在于政府准备为
秣市惨案中殉职的芝加哥警察建一座意义完全不同的"芝加哥捍卫者"纪念
碑。政府部门将5月4日冲突中殉职的警官认定为烈士。调查发现，部分警
官从1889年起就有接受贿赂的行为，这让他们镇压暴乱的英勇事迹大打折
扣。即使曝出收受贿赂的丑闻，警方却仍不乏支持者。《芝加哥论坛报》一
直有亲商言论。该报力促1888年1月为殉职的警察人员建一座纪念碑，并
认为纪念碑的理想选址是干草市场。然而，修建警察纪念碑所需的资金筹措
却并不顺利，公众捐款非常有限。芝加哥市反对工会组织的商人，特别是外
地商人捐出大笔钱，从而让项目得以继续进行，并于当年年底完工。纪念碑
被设计成站立在基座上高高举起右手的警察形象。基座上雕刻着芝加哥市和
伊利诺伊州的徽章，周围由灯笼装饰（图4-11；图1-4）。来年的美国阵
亡将士纪念日期间，政府为这座芝加哥捍卫者纪念碑举行了揭幕典礼。芝加

哥市市长科瑞吉尔（Cregier）在典礼上讲道："唯愿这座纪念碑能够长久地相伴芝加哥市，并向前来瞻仰的数以百万计的观者宣示：这里是沐浴着自由与法纪的国度，欢迎来自世界各地的遵纪守法之民到此畅享自由之风，但绝不欢迎任何心怀叵测之人的到来。"[23] 碑座背面也有刻字："芝加哥市谨以此碑献给平息 1886 年 5 月 4 日骚乱的城市捍卫者。"多年以来，这座纪念碑一直是每年美国阵亡将士纪念日期间举行纪念芝加哥警察活动的焦点所在。

图 4-11　1890 年，位于干草市场的警察纪念碑。这座纪念碑由芝加哥工商界出资修建，但非常不受普通民众的欢迎。如今，警察纪念碑已经被搬离了干草市场。图片由芝加哥历史协会提供（ICH-16155）。

　　不少人都非常讨厌这座为芝加哥警察而建的纪念碑，特别反对在干草市场修建纪念碑，也不同意将这批警察视为"芝加哥的捍卫者"。对于那些见证了 1886 年秣市惨案以及参加过 1893 年普尔曼游行的人们而言，警察不过是工业资本家雇用的打手罢了。因此，芝加哥的警察纪念碑在此后的 90 年里屡遭破坏。威廉姆·阿德尔曼（William Adelman）研究了这段奇异的历史。他发现，早在 1890 年就有人试图彻底摧毁这座纪念碑[24]，而 1903 年基座上的徽章第一次被盗走。1927 年，时值秣市惨案周年纪念日，出现了戏剧性的桥段，一位有轨电车司机故意驾车撞向纪念碑。纪念碑虽然得以修复，但被转运到了伦道夫街（Randolph Street）西头的联合公园（Union Park）。至 1956 年，这座纪念碑一直位于联合公园内。此间，干草市场的面貌发生了非常大的变化。一条新建的高速公路从市场穿过，更有一座立交桥架设于高速公路之上，横跨于干草市场附近的伦道夫街。此外，纪念碑原来位置的一侧还专门修了一座平台。

1968 年，芝加哥以及美国各地的反越战游行示威活动进入高潮，也迎来了这座警察纪念碑的结局。纪念碑总是受到攻击，5 月 4 日，它首先被涂上了油漆。当年夏天，芝加哥民主会议期间发生了游行示威，对于纪念碑的破坏不断升级。类似于秣市惨案的情形，警察部队再一次与被指煽动暴乱的群众对峙。1969 年 10 月 6 日，作为对警察武力干预的报复，警察纪念碑被推倒。左翼学生党派——气象员民主社会党（Weatherman Faction of the Students for a Democratic Society）被指对此事件负责。芝加哥市市长理查德·戴利（Richard Daley）对于这起蓄意的挑衅行为立刻做出回应，发誓将修复警察纪念碑。1970 年 5 月 4 日纪念碑得以重建，然而当年 10 月 6 日它再次被炸毁。芝加哥市市长下令再次重塑纪念碑，并派警察日夜守护。虽然纪念碑再没有遭到破坏，但是派驻警察所需的费用太高，经费难以为继。出于保护的目的，这座纪念碑不得不再次搬家。1972 年，纪念碑被移到了室内，安置于芝加哥警察总部的一楼大厅处，1976 年被转移到郊区的芝加哥市警察学院新址。警察学院位于杰克逊大道（Jackson Boulevard），距离联合公园仅几个街区。如今，唯有遭受了多次破坏的基座仍位于肯尼迪高速公路上方的立交桥旁，还留在公众的视野中（图 4-12）。

通常，话语权掌握在胜利者手中，而秣市惨案中，冲突双方均试图将己方的看法表达于纪念景观上，这种情况非常少见。警察纪念碑蕴含的"法律与秩序"精神显得底气不足，导致其饱受质疑，以至于屡遭破坏，不得不选择搬迁。秣市惨案的工人领袖们没有白白牺牲，后来者继承了英烈的遗志。不仅如此，人们也能够在瓦尔德公墓中体会到革命先辈们的追求与信仰。有人提议，重新规划干草市场，以纪念秣市惨案炸弹爆炸一百周年。按照规划，干草市场将修建市政公园以及相关的纪念物，这不仅是向争取 8 小时工作制的工人群众致敬，更为重要的意义在于为言论自由、集会自由点赞。然

图4-12 位于伦道夫街的警察纪念碑基座。由于纪念碑
屡遭破坏，最终被转移到芝加哥市警察学院新址。如今，
伦道夫街仅存纪念碑的基座。

而，这份规划还停留在纸上，干草市场旧址一直没有动静。事实上，将宏大的纪念主题成功刻画于芝加哥市的城市景观，所面临的困难已经超越了纪念秣市惨案本身。我在第九章中提出，美国工人运动的历史总体上没有受到重视，故而也没有能够将工人运动的点滴成就刻画于纪念景观之上。秣市惨案纪念碑克服了种种困难得以修建，其出现的原因与邦克山、葛底斯堡等地的纪念碑类似。它们的共同点在于，希望通过事件发生地的纪念物，铭记英雄、烈士做出的牺牲，记取战争、惨案中所蕴含的历史意义，彰显自由、正义、民生等宏大主旨。上述历史意义超越了事件本身，将在一定程度上重塑纪念地的人文景观面貌。

第四节 余论

本章三起案例具有的共同的鲜明特征在于，相关纪念景观的出现过程都经历了漫长的岁月沉淀。葛底斯堡首个重大纪念景观的出现是在战役发生75年后，而干草市场上警察纪念碑的修建则用了更长时间。我将在本书最后一章回顾这种纪念景观延迟出现的情况。纪念景观存在的重要意义是有利于创造新的历史传统，成为故事、传说、典故创作的源泉，而这些新的精神财富有助于不同地方、区域以及国家层面的人们团结在一起。我特别强调这一点的原因在于，邦克山、葛底斯堡两处案例与国家认同之间的关系未能在本章中得以阐释清楚，因而在第八章中将作进一步讨论。

我无意让读者认为本章所讨论的纪念景观是19世纪的异类。伴随着美国民众逐渐重视历史记忆以及在历史中寻找自己的位置，自19世纪出现了大量的纪念碑刻，20世纪的同类纪念物也不少。我在本章以秣市惨案结尾，是因为该案例与19世纪的战争遗址有所不同，却与20世纪的诸多案例相同，特别是那场由美国发动却受到强烈抵制的越南战争，涉及劳工权益、民权、人权等问题。整体上，这个时代的大多数纪念遗址的景观面貌尚处于演化中，但它们超越了特定案例中个人牺牲所带来的历史价值和社会意义。某些情形下，美国民众仍在探讨诸如萨勒姆女巫案等时代久远的灾难事件。正如我在第一章中所讨论过的，萨勒姆女巫案一百周年祭的时候，争论的焦点主要集中于如何评价此案的价值和意义。

我将在第九章中对上述争议与过程作进一步深入细致的讨论。圣约之子会（B'nai B'rith Hillel）[①] 在肯特州立大学校园内，为 1970 年 5 月 4 日被国民警卫队射杀的 4 位学生修建了一座小型纪念碑。随后，由肯特州立大学教职工发起捐款，在这座小型纪念碑的基础上修建了一座更大的纪念碑，以此缅怀在整个越南战争期间的种种反战义举。肯特州立大学校园惨案 20 周年祭的时候，这座纪念碑揭幕。碑身上镌刻着"质疑、获知、反思"三个词。对于加利福尼亚州图里湖（Tule Lake）、欧文斯峡谷（Owens Valley）以及犹他州（Utah）托帕兹山（Topaz Mountains）等 7 处第二次世界大战期间为美籍日裔而建的集中营遗址而言，其存在的意义在于引起人们对战争状态中少数族裔美国公民所遭受不公正拘禁的重视。上述观点尚存争议，但图里湖的美籍日裔集中营遗址已经成为有关这段历史的一处代表性纪念地（图4-13）。在遭受过拘禁的美籍日裔看来，"铁丝网、瞭望塔后遭到拘禁的人们大多是没有受到公正调查、审理、判决的美国公民。集中营存在的意义在于提醒人们，美利坚合众国公民曾遭受种族主义压迫与政治迫害，被剥夺了经济、政治权利与人身自由。愿美籍日裔遭受到的社会不公与羞辱永远不再出现"。再举一例，马丁·路德·金在诺娜伊恩旅馆的走廊上被暗杀（详见第二章）。几十年后，诺娜伊恩旅馆被改建成一处民权教育中心。即使是在这样的案例中，纪念遗址受到保护的原因也是为传达更为宏大的主旨，而不限于纪念逝者本人。因此，诺娜伊恩旅馆不仅是缅怀民权运动的领袖，也致力于纪念由马丁·路德·金领导并为之献身的整个民权运动所取得的成就。请允许我暂且搁笔，让我们在第九章中进一步讨论上述案例经历的变迁与历史意义。

---

① 译注：该组织 1843 年成立于纽约市，是世界上历史最悠久、规模最大的犹太人服务组织。

图4-13 位于图里湖的美籍日裔集中营遗址。这里的一处纪
念碑上刻有如下文字：铁丝网、瞭望塔后遭到拘禁的人们大
多是没有受到公正调查、审理、判决的美国公民。集中营存
在的意义在于提醒人们，美利坚合众国公民曾遭受种族主义
压迫与政治迫害，被剥夺了经济、政治权利与人身自由。愿
美籍日裔遭受到的社会不公与羞辱永远不再出现。

第五章 无辜之地

　　大多数的灾难和暴力事件发生后都未出现公众祭奠，而是出现遗址利用的情况。换言之，相关遗址经修整再次投入使用。在我看来，这类遗址的命运可谓非常"无辜"，因为它们只不过是出现在了错误的时间、地点罢了。灾后，人们很少在意灾难带来的荣辱，而是将注意力放在寻找成灾原因以及补救措施方面。随着时间的推移，灾难遗址很快从人们的视线中消失，不再成为社会关注的焦点。今天，人们很难从美国历史上找到火灾、爆炸、沉船、空难和火车相撞等事故、灾难在人文景观上留下的痕迹。寻访过程需要耗费大量的时间、精力，即便有幸找到某处灾难遗址，现场也可能早已面目全非。

　　遗址利用可能在灾后马上出现，但延迟几年也是很常见的事情。灾后，对伤痛的抚慰、宽恕与释怀是比将灾难遗址重新投入使用更为重要的事情。此时，人们的关注点从灾难现场逐渐转向施救过程。在此，我将用美国历史上两起最为严重的事故，来说明人们对灾难遗址态度转变的过程。

第一节　易洛魁剧院火灾

　　易洛魁剧院火灾发生于世纪之交，那个时候戏剧和歌舞杂耍吸引了大量观众去市区观看，就像现在人们涌向郊区的多功能影院看电影一样。1903 年 11 月 23 日，易洛魁剧院（Iroquois Theater）作为芝加哥最大、最华丽的剧院开业了。剧院位于州政府和迪尔伯恩要塞之间，地处芝加哥北部的伦道夫大街中央，芝加哥剧院区的核心位置。为了更好地利用剧院的 L 形布局，门厅从伦道夫大街的入口开始，一直延伸至演艺大厅（图 5-1）。然而，演艺大厅的北墙对剧院中间的一条通道造成了堵塞。这条通道呈东西向，垂直于入口。剧院座位包括池座层、包厢和廊台三种类型。易洛魁剧院开业第一个月即大获成功，可谓是观者如潮。仅 1903 年 12 月 30 日这一天，日场的观众就达到 1 800 至 2 000人。不幸的是，当天夜幕降临前，大约三分之一的观众（582～602 人）在大火中丧生。易洛魁剧院火灾持续不过 15 分钟多一点，但由于伤亡巨大，是美国历史上最严重的剧院火灾。[1]

图 5-1 1903 年 11 月 23 日，易洛魁剧院发生大火。火灾中，大多数遇难者都在靠近紧急出口的位置被活活挤死。图片由芝加哥历史协会提供（ICHi-02590）。

调查发现，这场火灾是由一盏弧光灯突然破碎，溅落的火星点燃了座位上方的棉布帘而引起的。舞台管理人员所使用的灭火器根本无法靠近起火点。于是，他们试着放下石棉防火幕布，阻挡窜向逃生通道的火焰。理论上，防火幕布会将大火挡在舞台范围内，逃生通道上方的通风口则会自动打开，把火从通风口排出去。然而，防火幕布拉到一半就被卡住了，通风口也没能自动打开。演员打开舞台侧门逃生，从侧门涌入的新鲜空气将大火再次引向幕布。火势越演越烈，很快窜向观众席，大火和浓烟直接冲向廊台上方的通风设备，烟雾和热量沿着天花板聚集在廊台和下方的包厢。尽管有一位演员尝试着安抚观众，但收效甚微。人群由于惊慌失措而四处逃窜，这使情况变得更糟糕，因为剧院走廊狭窄，出口指示牌不清楚，有的指示牌还隐藏在幕布后面。不仅如此，多处安全门只能向内开启，甚至有的被锁上了。走道的设计也极不合理，必须经过一道急转弯才能通向出口。拥挤的人群在狭窄曲折的走道上相互推搡、踩踏，许多人在靠近紧急出口的位置被活活挤死。大火沿着演艺大厅的北墙一直烧到剧院中间的逃生通道。糟糕的是，紧急出口从外部安装了门架，这意味着逃生者奋力向内拉开紧急出口门的时候，必然会要求堵在门前的人向后退。更糟的是，逃生门被拉开时，消防通风口发生爆炸，火焰迅速撒落到挣扎的人群中。

剧院没有安装报警系统，所幸消防局就位于街角。大火燃烧约 10 分钟后，消防局收到火灾报警。消防员于下午 3：32 赶到，但他们到达时，大火几乎燃尽了。大火并没有持续太长时间，也没有给剧院造成巨大的财产损失。除了舞台、包厢和廊台被焚毁外，演艺大厅楼下只有前几排的座位被烧坏，而剧院的其他地方，包括华丽的大厅和剧院外部都基本完好无损。70%的伤亡人员坐在廊台，剩下的大多数坐在包厢中。演员、舞台人员和楼下池座层的观众全部成功逃出，仅数人轻伤。消防员进入剧院时，扑灭余火已毫无难度，但将阻塞所有安全出口的尸体搬走反而成了他们的首要任务。

芝加哥和整个美国都被这次火灾震惊，尤其是因为火灾发生在一个宣传为"绝对防火"的剧院。芝加哥市市长卡特·哈里森（Carter Harrison）呼吁民众当年不要举行新年庆祝活动，并宣布取消该市其他公共活动。他提议将 1904 年 1 月 2 日设为全市哀悼日。尽管许多人在大火中失去了生命，但易洛魁剧院却没有为此次惨剧设立任何纪念碑，并且剧院很快被重新投入了使用。易洛魁剧院火灾的遇难者来自芝加哥各地的不同社会阶层，因此这与某个特定社区遭受天灾人祸的情况不同。这场火灾的死亡人数是 1871 年芝加哥大火的两倍，芝加哥市几乎每一个街区都有人承受着失去亲人的痛苦。遇难者遗体由亲属认领并下葬。

灾后，公众希望彻查火灾发生的原因。安检人员发现，剧院违反了芝加哥现有的多条消防规范。剧院尚未竣工验收就开始营业，且施工监理和消防安检人员有渎职行为。剧院舞台没有安装自动喷水灭火系统、火灾报警器，也没有经屋顶自动排放烟雾和火焰的控制设备。由于观众席没有设置专门的灭火系统，火焰沿着观众席一直燃烧至最近的通风口——包厢上方的通风口。虽然剧院也安装了一些消防安全设施，如石棉防火幕布和手持灭火器，但它们要么无法正常使用，要么全无用处。当石棉防火幕布被卡住，其木质装置随即被引燃。同时，手持灭火器也无法扑灭舞台顶部熊熊燃烧的大火。除了剧院本身在消防安全方面的诸多问题以外，《消防条例 1903》（*Fire Code of 1903*）也存在缺陷，未能对部分严重危害公众安全的隐患加以排除。例如，易洛魁剧院同当时其他剧院一样，缺少紧急照明系统，安全出口没有明确标识，部分紧急出口的门是向内开的，另一些安全门被锁上或被幕布挡住，还有一些走道通向死胡同。

剧院的所有者以及部分政府官员在灾后被提起公诉。易洛魁剧院公司收到了 272 起要求赔偿的诉讼请求。[2] 然而，法院判决让人大失所望，所有被告都被判无罪，剧院破产导致赔偿无法兑现。同时，这场官司也没能裁定剧院的最终命运。如果剧院被大火彻底吞噬，也许更容易善后，但是剧院的主体结构基本保持完整，因此对于剧院固定资产的处置成为难题。就此，债权人和社会公众针锋相对，各不相让。债权人希望重新使用剧院，但公众认为这是对逝者的大不敬。新成立的易洛魁纪念协会（Iroquios Memorial Association）主席表示："吾之余生将反对剧院重新开业，它是这座城市的耻辱，没有哪个社区希望它开门营业。"[3] 然而，易洛魁剧院公司的破产使得该剧院落入了债权人的手中，而他们有着明确的财务目标，那就是使剧院重新开业。

在剧院新东家的要求下，政府出面平息了争议，同意剧院重新开业。易洛魁剧院在大火被扑灭不到一年时间就重新开门营业，这与福特剧院的情况完全不一样。政府在福特剧院大火后，要求其彻底关门歇业，直到 20 世纪 60 年代才勉强重新营业。我认为，易洛魁剧院应该关闭或是被拆除，但出于两个相对不重要的理由却被保留了下来：第一，即使剧院的消防安全设备完全符合那个时期的防火条例，火灾还是无法避免；第二，剧院重新开业后，是由新公司进行管理，而不是原来的易洛魁剧院公司。这两点理由的说服力虽然不足，但这意味着这场火灾出现的原因应部分归咎于消防安全条例的制度性缺陷以及剧院原来的管理方、消防人员和安检人员等的失职行为。事实上，火灾的发生的确有人为的疏忽成分，而并非全都归咎于建筑物的质量问题。理论上，剧院所有的建筑缺陷都可以采取措施进行补救，而使用这些补救措施可以保证今后不再发生类似的事故。

1904 年 9 月 19 日，易洛魁剧院大楼更名为海德比曼音乐厅（Hyde and Behman's Music Hall）。为防止外界干扰，特意在音乐厅附近安排了警察执勤。同时，音乐厅还安排了引座员，以防止好事者借"观光之名"四处游荡。尽管首演之夜座无虚席，但是海德比曼音乐厅还是因为经营不善，于 1905 年年底关门歇业，不久之后改名为殖民地剧院（Colonial Theater）。1924 年，大楼被停止使用。剧院被拆除后，在原址上修建了一座更大的剧院——东方剧院（Oriental Theater）。东方剧院是一座电影院，一直经营到 1981 年才停止使用，其大厅被改造成了服装店（图 5-2）。

伴随着东方剧院退出历史舞台，人们对易洛魁剧院火灾只剩下模糊的记忆。似乎除了当地的报纸偶尔有关于易洛魁剧院火灾纪念日的报道外，芝加哥其他地区几乎不再提起这场火灾，但事实并不是这样。易洛魁纪念协会募集了大量善款，将瓦克街（Wacker Drive）的一处小楼改建成急救医院——易洛魁纪念医院（Iroquois Memorial Hospital）。医院于 1910 年竣工，距离易洛魁灾难现场仅几个街区。这座医院被免费捐赠给芝加哥市。[4] 1911 年，人们在医院门口立了一块纪念牌，以此来表达对逝者的敬意。[5] 易洛魁纪念协会希望再建一座医院，但这个愿望一直未能实现。芝加哥市在 1935 年初由于经济原因把医院关闭了。

易洛魁纪念协会每年都举行纪念活动，且坚持了很多年。然而，纪念活动并没有选择在剧院的旧址举行，而是选在了芝加哥公共图书馆内。图书馆位于几个街区外的伦道夫大街（Randolph Street）。几十年来，遇难者家属和幸存者纷纷来这里参加纪念活动。作为一年一度纪念仪式的一部分，召唤第一批消防员到达火场的警笛，由消防员迈克尔·科里根（Michael J. Corrigan）于下午 3：32 再次拉响。1903 年的火警正是由他拉响的。因此，55 年来，每年的火警鸣笛仪式也都由他负责。

20 世纪 50 年代末，纪念活动与拉火警仪式没有再继续下去。此时，仅有少数幸存者还健在，而极少人还能坚持出席纪念活动。也许只有当最后一

图5-2　20世纪80年代的易洛魁剧院旧照。灾后，剧院更
名，重新开业。1926年，易洛魁剧院被拆除，在原址上修建
了一座更大的剧院——东方剧院。20世纪70年代，东方剧院
歇业。剧院门廊被改造成了零售商店。

位幸存者即将走向生命尽头的时候，纪念碑出现的可能性才会增加。为了防
止自己的悲惨遭遇随死亡的降临而消失，最后一位幸存者往往是纪念碑项目
的主要支持者。然而，易洛魁剧院火灾后，却一直没有相关的纪念碑出现。
最后一次举行纪念活动时，易洛魁纪念医院已经关闭，而纪念这次灾难的其
他方式也随之消失了。如今，当人们再次提到易洛魁剧院火灾时，仅是将它
与新近发生的火灾进行比较罢了。芝加哥消防学院内有一块关于易洛魁剧院
火灾的展板，展示了这场火灾对于芝加哥市消防安全的影响与意义。

第二节　东陆号邮轮沉没

芝加哥市第二起悲剧的发生地，距离易洛魁剧院仅几步之遥。1915 年 7 月 24 日早上，芝加哥河南岸，克拉克街（Clark Street）与拉萨尔街（LaSalle Street）之间，东陆号邮轮（Eastland）不幸侧翻，致 812 人丧生。[6] 时至今日，东陆号邮轮沉没事件仍是和平时期最严重的内河船难之一。美国历史上，堪比东陆号沉没的大概有两起沉船事件：苏丹娜号（Sultana）事件与斯洛克姆将军号（General Slocum）事件。美国南北战争刚刚结束的时候，负责运送刚获释联邦战犯的苏丹娜号在密西西比河失事。1904 年，洛克姆将军号起火燃烧，最终导致 1 000 人死亡。然而，东陆号邮轮沉没事件的惨烈程度并不亚于那个时期最大的航海悲剧。1912 年，泰坦尼克号（Titanic）于大西洋失事，约有 1 500 人丧生；爱尔兰皇后号（Empress of Ireland）于 1913 年在圣劳伦斯河（St. Lawrence River）河口沉没，近千人丧生；1915 年，卢塔尼亚号（Lusitania）在爱尔兰海岸被鱼雷击沉，超过 1 000 人遇难。事实上，东陆号邮轮沉没造成了巨大的人员伤亡，死亡人数跟泰坦尼克号几乎一样多，但遇难的船员人数却少很多。让人特别难过的地方还在于，这场悲剧虽然发生在大白天繁忙的城市码头，但人们却束手无策。我关心的不仅是芝加哥河吞没了无数条生命，还有这个地方的最终命运，因此我必须把目光转移至造成灾难的这艘游船。

东陆号建于 1903 年，长 246 英尺，是一艘又高又窄的船。东陆号兼具客轮和邮轮的功能，主要航行于当年繁忙的五大湖航线。东陆号通常从芝加哥出发，沿途经过密歇根州迷人的湖滩和印第安纳州的沙丘。东陆号的额定载人数为 2 500 名乘客，其载客量不是由游船的适航能力确定的，而是由船上的救生衣数量核定的。事实上，东陆号并不完全适合作邮轮使用，因为在早期的巡游中就发现其存在稳定性问题。大多数船只都依靠结实的压舱物来保持稳定，而东陆号却依靠给水箱加水或放水来调整其稳定性。如果水箱能够完全装满水并密封，那么使用压舱水和使用结实的压舱物的效果是一样的。然而，如果水箱只关闭了一部分，那么就会造成特殊的稳定性问题。水不但能够像钟摆一样很快灌满水箱，还会使船只在毫无防备的情况下发生不规律的倾斜。东陆号上的水箱并不容易调整。当船只超重时，船员在操作水箱的时候尤其容易处理不当。船员会把水箱的水几乎放完，尤其是在船只最不稳定的时候，会随着装载量的增加又把水加满。

东陆号的压载系统仅是设计缺陷之一，而不当操作却直接导致了故障的加重。由于舷梯舱门靠近水线，因此当船倾斜时就容易被水淹没。如果舱门一直都是关闭的，也不会造成严重的问题，但是船员总是让舱门一直开着。更糟的是，即使舱门关上了也会漏水。东陆号服役期间，曾被错误地改造，使船的稳定性更差。比如，混凝土甲板替代了一些木质甲板，上层甲板增加了很多救生艇和救生设备。乔治·希尔顿（George Hilton）在其关于东陆号历史的新书中，详细探讨了船只过度增加救生设备的问题，认为这完全是"拜泰坦尼克号所赐"（Legacy of the Titanic）。在他看来，泰坦尼克号事件在很大程度上被误读了，而正是这种误读加速了东陆号灾难的发生。对于泰坦尼克号这艘巨轮而言，它的方向舵太小，而且工作效率也太低。同时，让方向舵正前方的中央螺旋桨停转，也使船只变得难以操控。[7] 这就是为什么即使其他船只在黑暗中高速行驶仍然能避开冰山，但泰坦尼克号却不得不撞上冰山。泰坦尼克号沉没后，官方调查和公众关注的重点并不是这一致命的设计缺陷，而是当时船上救生装置的数量不足问题。在这次沉船事件的影响下，美国制定了新的救生设施配置的规定。按此规定，各地的船只均被强制要求翻修上层甲板，并增加救生艇、木筏及漂浮设备的数量。对此，船舶专家曾警告，携带更多的救生设备，使实际载重量超过了设计载重量，将会增加船只沉没的风险。就东陆号而言，原本已经是稳定性不佳的船只，在灾难发生前又进行了甲板改装并增加了救生设备。虽然东陆号沉没没有设计方面的缺陷，但救生设备超重可能是导致东陆号灾难发生的直接原因。由此，按照希尔顿的观点，东陆号必沉。

7月24日那天，当乘客开始陆续登船时，东陆号出现了不稳定的晃动。登上邮轮的乘客大约有2500人，主要是来自西电（Western Electric）的工人及其家属。这些工人大都居住在西塞罗（Cicero）的郊区。登上邮轮的乘客人数还不到一半时，船就已经出现了险情。船的一侧开始向码头倾斜，船身则像钟摆一样浮于河里。船员通过给另一边（右舷）压载舱加水来保持平衡，立即纠正了船身的倾斜，却使得船只的稳定性更差。尽管船越来越不稳定，乘客仍继续登船，而且准备起航。当踏板刚被收起，缆绳被扔到拖船上时，东陆号再一次出现倾斜。东陆号驶离码头大约50分钟后发生侧翻。上层甲板的乘客被抛进河里，甲板下面的乘客则被困在水中和船体残骸中（图5-3）。

图 5—3 1915 年 7 月 24 日，东陆号在芝加哥河侧翻后沉没，致 800 余人遇难。图片由芝加哥历史学会的钧·藤田（Jun Fujita）提供（ICHi—02033）。

附近船只和拖船上的船员、乘客以及岸上目睹了船身倾斜的人，都尽力营救落水的乘客。但东陆号倾斜得太快，摇晃了不到几分钟的时间就彻底翻了。东陆号上的大部分乘客都不会游泳，而芝加哥河沿岸很多游泳高手也不敢轻易跳入河里救人，因为他们害怕在救人的时候反被惊慌失措者拉入水中。落水者被湍急的水流带离船体，也远离岸边。水闸被关闭时，大多数落水者已被淹死。

日子一天天过去，遇难者的遗骸却还未完全从河里和东陆号内打捞出来。在此期间，芝加哥市开始着手安慰遇难者家属，并调查灾难发生的原因。如果要把船只沉没的原因归咎于压载舱操作问题，这是很容易的，但究竟谁该为监管疏忽、设计缺陷、违规改造以及超载问题负责呢？人们对于责任划分一直没有定论，甚至闹到了华盛顿。当时，美国商务部的调查机构对内陆航运拥有管辖权，但该机构既没有制定相关的安全条例，也缺乏独立、专业的调查人员。该机构既没有测试船只的稳定性和适航性，也没有评估客货装载量是否已经超标。这样的调查结果毫无意义，甚至让遇难者家属聘请的代表律师一直无法证明东陆号的超载问题。船难发生当天，检查员刚对东陆号的载客量做了评估，但评估的依据跟船的实际载客能力没有多大关系，而是根据当天已经登船的旅客数量大致估算得出的结论。灾难发生前不久，东陆号刚刚添加了救生衣数量，船主以此向船舶运营监督机构提出增加载客量的请求。

东陆号邮轮沉没事件中，有很多地方可以把责任归咎于他人。首先，东陆号出事前，海员工会和船主之间发生了摩擦。芝加哥劳工联合会（Chicago Federation of Labor）一年前就在华盛顿发表了惊人的预言，警告将可能发生船舶倾覆的灾难，因为很多客船在超载运营。工会希望扩大对东陆号邮轮沉没事件中相关涉案人员的调查范围，而不仅仅涉及船员和船主的疏失。他们要求美国商务部船舶事故调查机构进行改组，并全面提高船舶安检标准。遗憾的是，工会力促联邦政府相关机构进行改革的提议并没有在合适的时机提出。两个月前，卢西塔尼亚号刚在爱尔兰海岸被鱼雷击沉，而国家正慢慢滑向战争边缘。时任美国总统的威尔逊正被国际外交和其他更紧迫的问题困扰，无暇亲自过问东陆号邮轮沉没事件。于是，威尔逊总统派商务部秘书长威廉·雷德菲尔德（William Redfield）前往芝加哥进行调查。然而，商务部秘书长此行不过是走走形式罢了。由于这位秘书长非常反对公开、全面彻查此事，因此他在芝加哥的做法并不受大家的欢迎，差一点就因自己的不当言行而被总统紧急召回。在离开芝加哥前，他提交了一份临时调查报告。报告中，他仅提出了两项非常小的建议：第一，修改船只载重限制时，检查员必须登船检查；第二，如果对船只的稳定性有疑问，检查员有权要求测试船的稳定性。

公众的愤怒并没有因这些建议而得到平息。密歇根州和美国联邦大陪审团对圣约瑟芝加哥轮船公司（St. Joseph-Chicago Steamshio Company）的高层（东陆号的所有者）、东陆号的船长和轮机长、船票预订中介公司的总裁和驻密歇根州的联邦安检人员等相关涉案人员提起了刑事指控。1916年初，此案在圣约瑟芝加哥轮船公司的总部所在地密歇根州开庭，但一开始进展缓慢。联邦法官拒绝将此案移交伊利诺伊州审理的请求，理由是沉船事故发生在联邦水域之外的芝加哥河，联邦法院对此案没有管辖权。审理中，法官裁定导致事故发生的唯一原因是7月24日船员等的不当操作行为。鉴于事故与安检工作之间没有因果关系，联邦安检人员无需对沉船事故负责。同时，法官还驳回了对东陆号船主蓄意隐瞒船舶风险的指控。由此，联邦法院驳回了对所有被告的指控，并间接地对伊利诺伊州地方法院的审理造成了干扰。伊利诺伊州法院累计收到了超过 700 份关于此案的诉状，但没有任何一次判决彻底地支持了遇难者、幸存者的诉求。像易洛魁剧院公司一样，圣约瑟芝加哥轮船公司因为灾难而破产了，只留下一点点资产来解决赔偿问题。

尽管法庭判决并不尽如人意，但东陆号邮轮沉没事件还是对当局有所触动，一定程度地促进了安检制度方面的改革。当然，改革的力度和范围远不如易洛魁剧院火灾事后那么彻底。例如，美国国会分别于 1918 年和 1919 年通过法案，制定了新的船舶安检规定。按照新规，如需更改载客人数的上限，安检人员必须向上级报告，而不能仅凭自己的判断就做出决定。同时，任何个人或组织都有权对船舶安全问题提出疑问与质疑。由此，新规让安检人员更加认真地履行职责，弥补了法律方面的漏洞。与此同时，美国商务部则继续以极狭隘的眼光来看待灾难发生的原因，将东陆号灾难归咎于船体设计方面的缺陷和船员的操作失误。雷德菲尔德秘书长没有及时总结灾难的惨痛教训，抵制安全检查方面的改革，因而错过了改进船舶安全运输质量的机会。

对于这场旷日持久的社会辩论而言，灾难地不过是旁观者的角色。无论人们是如何看待东陆号灾难发生的原因，船在任何地方都可能会倾覆，而某处只不过是碰巧罢了。东陆号沉没于克拉克街和拉萨尔街之间的芝加哥河，然而这并没有产生持久的耻辱感。东陆号沉没的原因较为清晰，且人们做出了有效补救。如同易洛魁剧院大火后的情况，人们关注的是灾难本身，而对纪念地营造的兴趣不大。理论上，一家公司、一个郊区有如此大规模的人遇难，本可以唤起人们纪念逝者的想法，但实际情况是大规模的集体纪念活动并没有发生。西塞罗的市民和西电的员工选择私下哀悼逝者。

结束本节前，让我们最后看看东陆号的命运。东陆号从芝加哥河被打捞出来并重新投入使用。圣约瑟芝加哥轮船公司破产，美国政府将其收购，并将其拆装成威尔米特号海军训练船（USS Wilmette）。第一次世界大战和第二次世界大战期间，威尔米特号由海军后备役和预备军官队驾驶，用于训练驻扎在五大湖区海军训练中心的炮手。1946 年，威尔米特号寿终正寝，仅剩下一堆废铁，在芝加哥河南某地被拆解。自 1915 年，距离东陆号沉没地最近的地块经历了一系列商业开发，但事故现场还是有迹可循（图5-4）。

图5-4　从拉萨尔街大桥远眺东陆号沉船地。图片最左边的
楼宇曾在图5-3中作为背景出现。20世纪20年代，此段河
岸被用作商业地产开发，逐渐变成了居住区。沿岸的码头、
船坞等均已不存在。

　　伊利诺伊州数学与科学学院（Illinois Mathethtic and Science Academy）
以及伊利诺伊州历史协会（Illinois State Historic Society）在当年的沉船现
场立了一块牌匾（图5-5）。这是多年后对这场灾难重要历史意义确认的
明证。

第三节　责任转移

　　本章前述两节中讨论的两个例子，为我们呈现了遗址利用的一般过程。
观察发现，数百起其他类型的案例中，其遗址利用出现的过程也大多如此。
多年来，我一直非常关注爆炸、火灾、撞车等有史可查的最为严重的一系列
事故，但相关灾难现场并没有出现任何标识物。我甚至不需要离开芝加哥，
就能找到一些新近发生的、在灾后销声匿迹的案例。例如，1950年5月25

图 5—5　这处历史地标位于克拉克街与拉萨尔街之间的芝加
哥河南岸，是东陆号邮轮沉没事件后唯一的一处纪念标识。
这处地标并非由遇难者家属或是幸存者设立。

日，芝加哥市第 63 街和政府街交界处，发生汽车和油罐车相撞的交通事故，致 33 人死亡，多人受伤。1972 年 10 月 30 日，两列伊利诺伊州中央火车在 27 街站相撞，45 人遇难，322 人受伤。1977 年 2 月 4 日，湖滨街（Lake Street）—沃巴什大道（Wabash Avenue）的环线上，两列高架火车相撞脱轨，致 11 人死，200 人伤。1979 年 5 月 25 日，发生在奥黑尔国际机场（O'Hare International Airport）的麦道 DC−10 坠机事件，致 258 名乘客、13 名机组和 2 名地面人员遇难。这些都是随机发生在某处的交通事故，相关的事故现场都没有任何标识物。全美各地都会发生多起类似的交通事故，而事故现场大多被重复利用。不过，仍有少数事故由于发生在地僻人稀之处、残骸大而无用，或是不便于搬运等原因而留在了原地。例如，1963 年，位于洛杉矶的一处水库溃坝，洪水淹没的城市面积达 5 平方英里，造成 3 人死亡（图 5−6）。灾后，这处水库既没被重新使用，也没有被移除。

图 5−6　1963 年 12 月，位于洛杉矶的一处水库溃坝，洪水淹没的城市面积达 5 平方英里，造成 3 人死亡。灾后，这处水库既没被重新使用，也没有被移除。

事故发生地所扮演的角色对成灾原因以及责任认定的问题有着直接的影响。如果要重新使用某处灾难遗址，首先需要明确该地毫无过错。诸如东陆号邮轮沉没事件这类交通事故中，交通工具本身并非是灾难发生的直接诱因。[8] 不仅如此，灾难地的命运也取决于灾后调查的结果以及公众对调查结论的态度。事故责任将指向机械故障、操作失误以及安全程序问题等，从而为残骸利用创造条件。调查结论竭力为灾难现场"漂白"，将责任推卸给船舶设计、不当操作等外部因素。灾难之所以在某处发生完全是出于偶然，运气不好罢了。就车祸及沉船事件等而言，灾难的发生属于随机事件，因此事故现场与事故发生的原因大多不相干。

灾难地的命运不仅由事故调查决定，也可能受到其他因素的影响。从现实的角度出发，人们非常关注残骸的有用性，即还有什么东西是可以重新使用的。例如，很多火灾现场都可能像易洛魁剧院的情况一样，被大火烧毁后其结构仍然保持完整。即使地面建筑被烧毁了，但留下的土地还是可以供二次开发的。因此，如果剩余资产的价值越大，那么重新使用该地点的可能性就越大。易洛魁剧院受损并不特别严重，还曾是芝加哥市中心最大、最新的剧院。同时，拆除该剧院需要投入大量资金。再如，1981 年，堪萨斯城凯悦酒店（Hyatt Regency）中庭对面的人行天桥发生坍塌，砸死 114 人，超过 200 人受伤。由于酒店是一笔巨大的资产，因此业主并不想关闭酒店。灾后，酒店被重新装修，人行天桥遭拆除。入口处修建了一处不大的门厅，从这里可以俯瞰大堂。再举一例，我试图查阅 1945 年 7 月 B-25 轰炸机在帝国大厦（Empire Sate Building）坠毁以及 1919 年 7 月另一架小飞机在芝加哥市中心的伊利诺伊州信托和储蓄银行（Illinois Trust and Savings Bank）坠毁这两起事故的相关资料。我注意到，档案中无一例外地讨论了应该如何修复和重新使用事故发生地。1929 年发生在克利夫兰诊所（Cleveland Clinic）的火灾，是由医用 X 射线胶片自燃引起的。虽然火灾导致 100 余人死亡，但该建筑物仍被重新使用，而且现在这栋建筑是俄亥俄州一家大型医院的一部分（图 5-7）。尽管建筑物的残留价值往往会导致遗址利用的出现，但在下一章中，我将会讨论部分资产由于强烈的羞耻感，不得不面对记忆湮灭的结局。

遗址利用的重要先决条件是业主不会因灾难而牟利。如果灾难发生的原因与其过错有关，那必须由他们做出赔偿，补偿受害者，并承担相关法律责任。例如，易洛魁剧院火灾、东陆号邮轮沉没直接导致相关公司破产。再如，凯悦酒店的业主为坍塌事故支付了近 1.4 亿美元的赔偿金。即使业主对事故没有责任，要对这些资产修复使用也非易事。人们担心业主会因为事故

图 5-7　1929 年，克利夫兰诊所发生火灾，致 100 余人死亡。这栋建筑物仍被重新使用，现在是俄亥俄州一家大型医院的一部分。火灾由医用 X 射线胶片自燃引起。一系列胶片自燃事故最终才让阻燃的安全胶片成为行业标准。如今，现场没有丝毫火灾发生过的痕迹。

而谋取保险或诉讼赔偿等意外之财。

　　某些极端的情况下，灾难事故的责任人一直找不到。1993 年纽约世界贸易中心爆炸案和 1995 年俄克拉荷马市默拉联邦大楼爆炸案均属恐怖袭击，它们都不是美国历史上第一起恐怖袭击爆炸案。这些事件如同 1970 年发生在威斯康辛大学数学研究中心的爆炸案一样，恐怖分子实施爆炸是为着某个"理由"，并且这些安放炸弹的恐怖分子最终都被找到了。然而，1920 年发生在华尔街的巨大爆炸案却并非如此。9 月 16 日这天，一辆装满炸药和金属铁片的马车停在了华尔街金融中心的位置。中午的时候，炸弹被引爆，炸死 32 人，约 200 人受伤，财物损失惨重。没有任何人或组织声称对这起爆炸案负责，警察的调查也毫无头绪。由于一直找不到犯罪分子，这起愚蠢的恐怖袭击案也就不了了之，爆炸现场很快被清理干净。如今，细心的人仍然可以在当年的爆炸现场找到弹片在附近楼宇表面留下的痕迹（图 5-8）。

　　相比而言，世界贸易中心和俄克拉荷马市两起爆炸案的情况不同，均引

图 5-8　1920 年，犯罪分子在纽约金融中心华尔街引爆了硝
酸甘油炸药。时至今日，对爆炸案的调查一直没有确切结果，
也没有任何机构或个人宣称对此事件负责。随着时间的流逝，
此案逐渐淡出公众视野。爆炸地点经过清理之后回归常态。

发了相关的纪念活动。从长远来看，这两起案例未来的变化情况还有待进一
步观察。其中，世贸中心已经被修复。每年，人们都会在这里举行悼念仪
式。有人建议在俄克拉荷马市的爆炸现场修建一座小型纪念公园。虽然公园
是否能够落成还不可知，但是这一提议却从一个侧面反映出看似一样的事件
却有着微妙的差异。正是这些微妙的差异影响了公众对灾难现场的态度，从
而做出了公众祭奠与记忆湮灭两种截然不同的选择。

第四节　其他结果

　　遗址利用与灾难纪念地以及被遗忘的灾难遗址之间有着一条明显的界
限。为了说明这一问题，让我们看看斯洛克姆将军号船难的案例。斯洛克姆
将军号船难与东陆号沉没的相似之处在于，人们均在灾难现场立起了一块小
纪念牌。1904 年 6 月 15 日，斯洛克姆将军号在东河（East River）行驶过

程中突然起火，但船长没有立即下令将船驶向岸边，而是将船停在了北兄弟岛（North Brother Island）。这一错误的决定导致数百人丧生。下面，让我们将斯洛克姆将军号的情况与本章其他遗址利用的案例以及第三章涉及的相关纪念地的案例作对比。首先，人们分别为德克萨斯州新伦敦校园爆炸案（1937年）和俄亥俄州科林伍德校园大火（1908年）设立了纪念碑，这两起火灾可以与易洛魁剧院火灾相对比。1922年1月，位于华盛顿特区哥伦比亚大道的尼克波克剧院（Knickerbocker Theater）发生屋顶坍塌事故（图5-9）。由于安装不当，剧院屋顶被积雪压垮，致100多人丧生。灾后，剧院得以重建，并使用了新名字，于1923年重新开业。1969年，剧院被拆除，原址用于新的地产项目开发。

图5-9　1922年1月，位于华盛顿特区哥伦比亚大道的尼克波克剧院发生屋顶坍塌事故，致100多人丧生。灾后，剧院得以重建，并使用了新名字，于1923年重新开业。1969年，剧院被拆除，原址用于新的地产项目开发。

为什么相似案例会出现迥然不同的结果，这让人百思不得其解。在所有条件相同的情况下，某个社区的集体之失更可能导致公众祭奠的出现。这一论断引出的问题是，为什么某些事故的伤亡结果被社区视为重大"牺牲"，而另一些只不过是一群陌生人遭受了相同的悲惨命运罢了？后者正如桑顿·

怀尔德（Thornton Wilder）笔下圣路易斯雷大桥（Bridge of San Luis Rey）中的人物一样。我曾在第三章中提到了多处纪念碑。他们大多是人数少于 1 万人的社区建立的。某些灾难的悲剧性极强，受害者来自某一城镇中的特定群体。例如，德克萨斯州新伦敦校园爆炸案、俄亥俄州科林伍德校园大火、伊利诺伊州樱桃镇矿难。灾难发生地涉及的城市越大，受害群体就越复杂，而灾难地就越有可能被重新利用。按此理论，由于飞机坠毁常常导致人数众多的相互不认识的陌生人死亡，因此大多数坠毁地点都没有纪念碑出现（图 5-10）。

图 5-10　1982 年 1 月 13 日，一架从华盛顿机场起飞不久的
波音 737 客机在位于波多马克河的十四街大桥坠毁。飞机撞毁
了大桥，并伤及骑摩托车的路人。历史上，虽然有几处与坠
机事件有关的纪念碑，但总体上都像这次事故一样，淡出了
人们的记忆。

　　现在看来，公众祭奠的情况似乎比过去更常见了。1987 年 8 月，西北航空公司（Northwest Airlines）255 航班从底特律韦恩郡大都会机场（Detroit Wayne County Metropolitan Airport）起飞后不久坠毁。机上 156 名乘客遇难，仅 1 人生还。空难发生后不到一年的时间，人们在坠机现场修

建了一块小纪念碑。这块混凝土石碑上镌刻了坠毁飞机的航班号，周围摆放了鲜花和木质十字架。每年，遇难者家属纷纷来到这里，悼念逝者，寄托哀思。为纪念美国航空 427 航班（USAir Flight 427）在匹兹堡坠毁（1994年），宾夕法尼亚州塞威克利（Sewickley）的一个公墓里也有一处纪念碑。这样的纪念碑曾经极为少见，但现在却不时可以看到。甚至在下一章涉及的充满耻辱感的大屠杀发生之后，也偶有纪念碑出现。加利福尼亚州的圣西罗和德克萨斯州的科林曾发生了美国历史上最大的两起大屠杀事件。如今，还可以找到纪念碑的身影。我不清楚这两个地方出现的情况是否属于个案，还是预示着人们对于此类灾难态度的彻底转变。过去的一二十年，美国人以更加开放的心态看待灾难的发生，也能更加娴熟地善后。

不论是心理创伤，还是身体上的伤害，或是丧亲之痛，都会产生心理压力。如今，心理学家、精神病医生、心理咨询师等，都会定期对幸存者和遇难者家属进行心理干预。伴随着对灾后心理问题的重视，人们逐渐认识到定期举行的悼念活动和聚会也具有心理疏导的作用。纪念馆和纪念碑必将伴随着公共悼念活动而出现，并逐渐成为纪念活动的焦点所在。从此意义上，当再次听到要为俄克拉荷马爆炸案（1995 年）修建纪念碑的时候，也就不必感到那么惊奇了。不久以前，这种类型的纪念碑还被视为与社区积极正面的形象相互矛盾，因而是很突兀的提议。现在，此类纪念碑的出现被看作是向受害者及其家人致敬，是对社区顽强不屈生命力的赞美。

随着时间的推移，人们对灾难的态度越来越宽容，开始希望为多年前发生的灾难事件建碑立祠。如前所述，东陆号在沉没了 73 年后，才于 1988 年有了第一块纪念牌。但是这块纪念碑只能算作遗址标识，与公众祭祀还相去甚远。为了更好地说明问题，我们不妨来看看下面这个案例。1994 年 7 月 6 日，康涅狄格州哈特福德市议员以及消防部门聚集到 50 年前的一处火灾现场，举行哀悼仪式。这场火灾发生在林林兄弟巴纳姆－贝利马戏团（Ringling Brothers and Barnum & Bailey Circus）的表演期间，共有 169 人丧生。如今，一所小学修建在这片土地上。消防人员在当年的灾难现场放置了一块小的木质牌匾。牌匾上写着以下两句话："真诚怀念那些在这里失去生命的人们。""谨向遇难者亲属致以最诚挚的问候。"[9] 我在第三章里提过，直到 20 世纪，威斯康辛州佩什蒂戈的人们才为美国历史上最严重的森林火灾修建了第一座纪念碑。1871 年 10 月 8 日，这场森林大火发生在威斯康辛州北部的伐木区。虽然佩什蒂戈森林火灾比芝加哥大火还早一天，但正是由于芝加哥大火过于惨烈，这场大火反而不那么引人注目。直到佩什蒂戈被烧尽，大火才被扑灭。大火席卷了近 2 400 平方英里的森林和农场，共有 800 多人丧生。让我们再看下一个例子。19 世纪 60 年代，孟菲斯市爆发了黄热病。许多人因黄热病而去世，孟菲斯市几乎成为一座空城。直到 19 世纪 80 年代，这座城市才逐渐恢复了生机和活力。早在 20 世纪 60 年代末，就有人开始纪念这场大灾难。1971 年，孟菲斯市为战胜黄热病修建了一座纪念碑。许多因病去世的人被集体下葬于无名墓地。1955 年，无名墓地立了一座小纪念碑。不仅如此，密西西比河沿岸的烈士陵园内还有一座更大的纪念碑。

　　某些灾难事件很有可能在多年后被人们重新提起，成为纪念的对象。同时，另一些事件则可能走向记忆湮灭的结局，特别是对于那些可以避免的灾难，或是因他人付出生命代价而牟利的案例。我将在下一章着重探讨上述类型的案例。需要注意的是，可可林夜总会大火（1942 年）和比弗利山晚餐俱乐部大火（1977 年）等类似于易洛魁剧院火灾的案例往往会走向记忆湮灭的结局。其中，比弗利山晚餐俱乐部在灾后已经被夷为平地。在这两起事故中，不论是夜总会的经营者，还是俱乐部的所有人，因为全然不顾既有的建筑安全规范，最终酿成惨剧。与其说这两起灾难是"天灾"，不如说是"人祸"。因此，当案件更接近于蓄意谋杀和大屠杀的性质时，就难逃记忆湮灭的命运。

第五节　景观补救——别样哀思

　　突发性事件通常很少在灾难现场留下痕迹，却可能会对其他地方产生深远影响。让人感到既有趣也非常具有讽刺意味的地方在于，灾难地即便是已经被清除干净了，相关救援经验、补救措施等也可能对其他地方产生广泛、深远的影响。这些救援经验、补救措施等往往是灾难记忆的重要组成部分。灾后，往往会出现新的建筑标准、安检程序、消防规范等。如果达不到新规范的要求，建筑物则可能被拆除，相关设备面临停用。

　　易洛魁剧院火灾后，美国修改了建筑物的安全规范。按照新规，美国各地的城市建筑都必须使用加固的石棉或金属防火卷帘，配备应急照明系统、舞台防火设备、灭火器、消防警报和自动洒水装置，在舞台上方安装快开通风口，并加宽通道。舞台管理人员和引座员必须参加消防安全培训，绝不能再发生像易洛魁剧院员工那样对消防安全知识一片空白的情况。同时，剧院等公共建筑必须接受定期的消防检查。事实上，芝加哥市除一座剧院完全符合消防安全条例外，其余的剧院均在易洛魁剧院火灾后停业整顿。上述安全规定在经过时间考验后被证明是行之有效的。大火偶有发生，但美国境内再也没出现过类似于易洛魁剧院火灾的事件。

东陆号沉没虽然没有起到立竿见影的效果，没有直接对航海安全产生影响，但这起船难和其他一系列的沉船事件，有力地促进了 20 世纪航海安全条例的完善。1904 年至 1915 年间，乘船旅行就像今天乘飞机旅行一样普遍。成千上万的人不幸搭乘了泰坦尼克号、爱尔兰皇后号、斯洛克姆将军号和东陆号，在船难中失去了生命。早在 19 世纪 90 年代，数以百计的人们就因为重大海难而失去生命。当年在海难中死亡的人数远比今天最严重的空难造成的死亡人数更多。就像今天的空难能够促进飞行安全的改善，过去 20 多年一系列船难的结果是让邮轮和客船更加安全。

按照上述观察得到的可悲推论是，今日的安全措施在某种程度上都可追溯到过去的一场灾难。某些安全措施能够在城市建筑环境等大尺度的景观中体现出来。美国城市的一大重要特色是城市住宅和中心商业区的建筑物均为砖石结构，而城郊则是以木结构建筑为主。城市建筑采用砖石、混凝土作为建筑材料，是 19 世纪晚期和 20 世纪早期城市火灾频发的结果。今天，很少有人意识到 19 世纪的火灾是多么常见，多么具有毁灭性。很多人都知道芝加哥大火（1871 年），也知道旧金山地震（1906 年）后城市发生了大火，但很少人了解几乎每个美国大城市在 19 世纪都经历过一次或多次火灾。直到 19 世纪末，木材不再因价格便宜而成为城市建筑首选。巴尔的摩、纽约、芝加哥、波士顿、费城、萨勒姆等地发生的大火，证明了选择木材作为建筑材料是多么危险。由此，建筑材料选择标准才有了改变。

洪水等自然灾害类似于火灾，能够促进安全标准的完善。全美各地的城市都修建有防洪工程。不论是河渠、河堤，还是水坝、蓄水池，都是防洪工程体系的组成部分。同时，这些防洪工程兴建的原因大多是为防范历史上某次威力巨大的洪灾。为此，美国陆军工兵部（Army Corps of Engineers）和垦务局①规划建设了多处大型防洪工程。然而，历史上仅有少数防洪工程演

---

① 译注：美国垦务局（Bureau of Reclamation）创建于 1902 年，下属于美国内政部。垦务局建设了 600 座大坝和水库，包括著名的胡佛大坝等。

变成了纪念地，并对人文景观的面貌造成了深远的影响，这其中就包括宾夕法尼亚州的约翰斯敦洪灾纪念地。地震、飓风、海啸和龙卷风有关的案例的情况类似。灾后，人们关注的焦点是汲取教训，而不是缅怀逝者。因此，人们往往通过修改安全标准等方式汲取灾难中得到的教训，但很少为逝者修建纪念碑。例如，1875年和1886年的两场飓风，使人们被迫放弃德克萨斯州的印第安诺拉市（Indianola）。作为该州最大的定居点和港口，灾后的这座城市被彻底废弃，仅有一处纪念牌见证了曾经的辉煌。

对于普通的公众而言，不会刻意关注飞机、轮船、火车、汽车等安全措施的改进。例如，克利夫兰诊所火灾发生前，尽管安全胶片早已发明出来，但一直没有被广泛推广，直到克利夫兰诊所和纽约电影发行中心的胶片发生自燃，这才让阻燃的安全胶片成为行业标准，促使人们弃用易燃的硝酸胶片，而改用更加安全的胶片。再如，1911年，纽约三角衬衫工厂发生大火，推动了工业安全法的更新。[10]

某些安全规范的改变与日常生活密切相关，因此更易于被人察觉。多年来，我一直不太理解为什么一些城市全面禁止燃放烟花爆竹，而只能在城市高速公路以外的区域燃放。后来我逐渐意识到，这是颇有远见的城市管理者所制定的安全规定。这样做是为了让未成年人远离危险的烟花爆竹，防止每年美国国庆日发生烟花爆炸的悲剧。随着研究的深入，我进一步了解到，烟花爆竹在世纪之交的时候，曾是许多次城市火灾的罪魁祸首。仅1902年至1908年间，至少有1 300人因燃放烟花爆竹而死亡，28 000人受伤。1908年，俄亥俄州克利夫兰某商店发生烟花爆炸，伤亡惨重。这让市政府痛下决心，由此克利夫兰成为首个禁止燃放、销售和储存烟花爆竹的美国城市。随后，华盛顿特区于1909年禁止销售烟花爆竹。1910年，纽约、波士顿、巴尔的摩、托莱多、芝加哥和堪萨斯城明令禁止燃放烟花爆竹。[11]

出于类似的安全考虑，建筑标准中也强制要求采用一些同样重要，但又不太容易被普通人注意到的安全措施。出口照明标识、应急照明系统、向外开的安全门、自动喷水灭火系统等安全创新措施，都是血泪换回的经验。某些情况下，上述安全措施还需做进一步的改进。例如，为防止大楼的主供电系统断电，需要安装应急照明系统备用电池；为防止内部供水系统失效，需要修建独立的自动喷水灭火供水系统。下一章中，我将讨论可可林夜总会火灾的案例。由于夜总会入口处的旋转大门被卡住了，被困的人们无法逃脱。这场大火让安全门安装标准发生了革命性的改变，旋转门两侧都必须设置向外开的安全门。今天，诸如此类的安全措施无处不在。事实上，没有人能够准确预见自然灾害、新技术、错误判断和人为疏失等到底有多么的危险。当大家以为问题已经解决时，意外却发生了。新技术带来的危险常常挑战着人们的信任。不论是"防火剧院""不沉之船"，还是"安全航空器""绿色核反应堆"，都不是百分之百的安全，灾难总是不期而至。

部分学者提出，工业化的资本主义社会引入了"事故"的概念来解释可以避免的灾难，同时把许多悲剧的发生解释为"天灾"。这不单纯是公司为省钱而刻意规避现有安全法规的问题，事实上是盈亏平衡计算的结果。例如，雪佛兰克维尔（Corvair）系列和福特斑马（Pinto）系列汽车存在致命的安全缺陷。汽车制造商通过计算，得出了汽车爆炸产生的维修费用比因召回而支付的赔偿金更低的结论。因此，对这两款汽车采取了不作为的态度。一些评论家甚至认为，埃克森·瓦尔迪兹号原油泄漏①、印度博帕尔（Bhopal）工厂爆炸等工业灾难并不是真正的"事故"，而是对人类生命和安全"底线"的嘲讽。历史上许多事故的发生，都可以看作是对人类的嘲讽，特别是科学和技术方面的灾难，让人感到特别痛心。1986 年，挑战者号航天飞机失事，这让人类的自信心备受打击。人类的能力是非常有限的。无论个人和公司是多么尽心尽责，小心谨慎，一个小小的纰漏就会酿成无法挽回的大祸。

当人们回想起这些灾难的时候，尽快采取补救措施才是对逝者最好的纪念方式。多年前，人们会在交通事故现场放一枚小十字架（图 5-11）。在一些特别危险的弯道，往往可以看到一排十字架，提醒人们这里曾发生过连环交通事故。20 世纪 50 年代至 60 年代，随着州际高速公路系统在全国铺开，道路旁的"野祭"逐渐消失了。高速公路两旁没有安放十字架的位置，但这并不代表高速公路的安全问题得到了有效控制。高速公路采取了一些安全警示措施，以减少交通事故的发生，具体包括增设护轨、拓宽路肩、修建倾斜的转弯道等。有些人可能会认为，道路两旁十字架的消失似乎意味着美国民众已经对频发的交通事故麻木了，不希望让十字架提醒大家每年有数万人死于交通事故。事实上，人们并没有遗忘交通事故的惨痛教训。并不是每次事故都需要立碑纪念，也可以采用更为含蓄、隐晦的方式寄托哀思。从此

① 译注：1989 年 3 月 24 日，埃克森·瓦尔迪兹号（Exxon Valdez）超大型油轮在阿拉斯加州威廉王子海峡（Prince Willliam Sound）撞上岸礁，致使 1 100 万加仑原油溢漏至该水域。

意义上说，新护轨、宽路肩等既是对交通事故的警示，也是对逝者的缅怀。通过此种形式，公众有效地分担了个人的伤痛。事故现场也再次被打扫干净，逐渐恢复常态。虽然这些地方淡出了公众的视野，但灾难记忆并没有完全被遗忘。

图5—11　位于奥斯丁市26街路旁的一处十字架。十字架的位置毗邻德克萨斯大学，是为纪念1933年一起交通事故而立。当年，美国公路两旁随处可见此类十字架，但如今政府不鼓励，甚至不允许再有这样的做法。

第六章　耻辱印记

记忆湮灭与公众祭奠出现的情况完全相反。简言之，公众祭奠伴随着哀悼、纪念以及缅怀行为，而记忆湮灭则是源于希望掩藏灾难或暴力印记的动机，它无意使一切恢复常态，而是想要洗净景观之耻的所有痕迹。耻辱感是人们想要消除灾难或暴力印记的重要驱动力。1983年，我到位于奥斯丁市的德克萨斯大学（University of Texas）任教，这让我第一次有机会认识耻辱感的影响力。我对1966年发生在德克萨斯大学校园内的枪击案知之甚少，因此想要一探究竟。向知情者了解情况时，他们会毫不客气地打断我。他们的回答要么是"不要问"，要么是"没什么可看的"。他们相互靠拢，压低声音，以近乎耳语的方式议论："你知道，那天我在场……""我有个朋友认识查尔斯·怀特曼（Charles Whiteman）"，又或者"你可以在学校购物街南墙上找到一处弹孔"。当年，我没有觉得人们这样的反应有何不妥，但当探访了许多类似的谋杀案发生地之后，我有了一些新的思考。我曾经见到过部分幸存者以及遇难者的亲属，看到他们因承受巨大的痛苦而潸然泪下。某些灾难或暴力事件如此恐怖，令人不齿，以至于让相关的场地永久蒙羞。对此，活着的人们宁可通过消除事发现场的证据，否认那段不堪回首的往事。然而，很多地方一旦沾染上了耻辱的痕迹，就很难清洗干净。因此，不论多么努力，耻辱之印都是不容易消除或遗忘的。对于某些特别可憎的地方，我甚至都不愿再去看那么一眼。

让我们先看看威斯康辛州沃沙拉县（Waushara County，Wisconsin）的连环杀人案，稍后再回到德克萨斯大学校园枪击案。记忆湮灭的过程能够从连环杀手爱德华·盖恩（Edward Gein）的案例中一窥究竟。普莱恩菲尔德镇（Plainfield）位于沃沙拉县西边，曾是威斯康辛州中部一座默默无闻的宁静小镇。1957 年 11 月 16 日，连环杀人案东窗事发，让沃沙拉县普莱恩菲尔德镇处于全美关注之下。被害人伯妮斯·沃顿（Bernice Worden）经营当地的一家五金店，她的突然失踪引起了警方的注意，案发现场的血迹让警方怀疑这是一起谋杀案。[1] 随着刑侦工作的展开，当地一位名叫盖恩的农民有重大作案嫌疑。案发几小时后，他被抓捕归案。同时，另一组干警被派往距离镇子几英里外嫌疑人居住的农场小屋进行搜查。警察从柴房进入房间，发现沃顿的头部被割，内脏被掏出，而尸体像猎物一样被倒吊在房梁上。这一恐怖的场景不过是令人发指的一系列罪证之一。随着调查的深入，警方发现这座小屋简直是一座人间地狱。屋内随处可以看到骷髅、人骨、人皮等人体器官和人体组织；炉子上的平底锅内发现了沃顿的心脏，她的生殖器是盖恩的私人收藏，与另外 8 个"藏品"一起被放在卧室的鞋柜中。

盖恩不止屠杀受害者，还将尸体做成装饰品，甚至将人皮制成衣服和面具。警察在屋内发现了人皮绷成的沙发、灯罩，人骨刀柄匕首，以及床柱上用头骨做成的碗。通过辨认这些遗骸，警方破获了普莱恩菲尔德地区以及国内多起悬而未决的失踪案、谋杀案。据供述，嫌疑人盗掘了普莱恩菲尔德以及附近地区的墓地，并将尸骨作为战利品收藏。他偷获的尸体数量远多于遇害者人数，但由于技术原因，警方无法确认全部的受害者遗骸，难以完全验证他供述的真实性。镇里人非常厌弃掘尸者。然而，仅有几处新墓地保留了偷尸的罪证，多数墓地则对此行径视而不见。不凑巧的是，我自己的几位亲属就下葬在盖恩曾经光顾过的墓地。

盖恩所犯罪孽与平素忠厚老实的形象形成了鲜明对比。51 年来，他几乎一直生活在普莱恩菲尔德地区，住在父母过世后留下的农场小屋中。他为人低调，稍显木讷，偶尔到附近农场打打短工，做做手艺活，替人照顾小孩，以此换点零花钱或是混顿饭吃。人们很难相信这么一个老实人会干出如此不齿的勾当，而证据表明他已作恶多年。盖恩被捕后，因精神疾病暂时免于被起诉，被强制送到位于沃潘的州立医院（Central State Hospital in

Waupan）接受治疗。10 年后，精神状态经诊断达到出庭条件，于 1968 年出庭受审，但未被判处死刑。出狱后，他在威斯康辛精神病院度过余生。

盖恩被判处长期监禁，但这并不能偿还他所犯下的罪孽，洗净恶行所产生的辱名。普莱恩菲尔德的人们不得不面对这样一个事实——身边最著名的人物是一个连环杀手及恋尸癖者。更让人尴尬的是，盖恩曾被视作一位勤劳的人，被当地人接纳为当地社区的一分子。东窗事发后，小镇居民不可能将他当作外人一样置之不理，最多只能尽量与他保持距离，与恶人划清界限。因此，人们想要切断与盖恩的一切联系，妄图以"记忆湮灭"为当地洗刷辱名。盖恩在不同的地点杀人，却在农场中肢解并存放尸块，因此农场可谓是血迹斑斑，恶名远扬。盖恩被捕后，农场受到全国各地游客的持续关注，好事者甚至破门而入，在屋内彻夜狂欢。为防止不法分子进入，警长只能派人日夜把守。

1958 年，盖恩的资产由法定监护人予以拍卖。谣传有竞标者想将农场小屋变成一处旅游点。3 月 27 日，拍卖会前三天，房子突然起火，化为灰烬。事后，既没有人因纵火罪被起诉，也没有人为连环杀手住过的房子消失而心存遗憾。然而，这起突发事件没能够阻止盖恩余下资产被拍卖的命运。4 月 1 日，一位外乡买家拍下了农场。农场占地 160 多公顷，种了许多制作木浆的松树，土地日后被分割出售（图 6-1）。拍卖会上，盖恩的其他资产也找到了买家，包括 1938 年捡回的卡车，1949 年出厂的一辆汽车——他曾使用这辆汽车四处犯罪。有人想要把这辆老破车运到乡村集会上展出，但不知何故，它从人们的视野中突然消失了。

这些能够让人联想到盖恩的物品及资产均得到了处置，但这并不能清偿所有的罪孽。这样做的结果不过是人们与连环杀手划清界限的权宜之计罢了。盖恩于 1968 年出庭受审，这引发了新一轮的社会关注。随着人们对连环杀手兴趣的降低，小镇又恢复了往日的宁静。1984 年盖恩死后，小镇面临的最后一道难题是在哪里埋葬他。盖恩家位于普莱恩菲尔德地区，家族墓地是顺理成章的选择，而这处墓地也受到了他本人的洗劫，因此人们拒绝将他埋在受害者附近。假若盖恩的墓前立有碑石的话，有人担心他会被挫骨扬灰。有人提议将他匿名埋在州里的公共墓地，但最终还是葬在了普莱恩菲尔德，他的墓也没有遭到好事者的报复（图 6-2）。

图 6-1 威斯康辛州连环杀手爱德华·盖恩家的农场。农场小屋于 1958 年被拆除。此后，农场变成了松树林，土地被分割出售。

图 6-2　爱德华·盖恩被秘密下葬于威斯康辛州普莱恩菲尔
德镇的一处墓地。许多人反对将盖恩葬在家族墓地，因为这
处墓地也曾被盖恩光顾过。然而，盖恩没有被挫骨扬灰。

第一节　充满戾气的连环杀人案

　　如前所述，连环杀手盖恩家的农场被分开出售，另作他用。这种让记忆
湮灭的做法与前述章节中关于公众祭奠或遗址利用的案例形成了鲜明对比。
公众祭奠的产生需要经历一种仪轨化的过程，形成有清晰边界的可受献祭的
纪念遗址，类似于宗教式的仪轨通过祷告、赞颂、哀悼、宣泄等形式彰显特
定群体的价值观，是公众祭奠的重要组成部分。然而，当希望遗忘某个附着
了耻辱印记的事件时，人们并不会选择类似于宗教式的仪轨活动来实现。美
国社会没有清洗杀人罪或漂白相关地点耻辱印记的宗教式仪轨，这一点可能
区别于其他不同文化的国家或地方。人们可以借用现有的仪式性活动来纪念
历史上的荣耀时刻，但对于暴力犯罪等让人蒙羞的事件却难以通过这种仪式
来释怀。这种矛盾性可以体现在如下两个方面：
　　首先，记忆湮灭是基于某种特定状况而出现的随机事件。在普莱恩菲尔

德的连环杀人案中，记忆湮灭的随机性使其难以归入任何现有的模式。这种特质体现在多个方面，其中最为显著的特征在于，记忆湮灭的随机性不由任何社会群体所主宰。通常，公众祭奠活动的主导者往往是来自上层社会或者是与事件相关的幸存者、受害者。这一点与记忆湮灭出现的情形迥异。因为一旦时机成熟，警察、政府官员等任何群体或个人，都可能成为耻辱印记的清除者。在普莱恩菲尔德发生的连环杀人案中，不知道是什么人烧毁了连环杀手家的农场。当然，警方也没有必要通过找出纵火者来理解实施这一行为的动机。

其次，记忆湮灭阻断了悲伤宣泄的渠道，而宣泄悲伤正是公众祭奠中极为重要的部分。我曾在第三章中提到，纪念碑的重要意义在于其情感宣泄功能，它同时也是悲怆与内疚之情释放的对象。公众祭奠活动中，人们通过各种纪念仪式向逝者致哀，以此平复灾难事件带来的伤痛。然而，记忆湮灭必然要求对灾难事件予以否认，这不利于人们缓解丧亲之痛。如果人们得知被害人遭到残害的过程让人难以启齿，一般不会举行追悼活动。这时，公众对于事件的看法将会非常不一致。一方面，通过破坏杀人犯的房屋等私人财物来达到报复的目的；另一方面，不敢面对亲友被残忍杀害的事实，哀悼活动也难以举行。因此，人们在消除耻辱记忆与纪念逝者这两个选项之间犹豫不决，而这种矛盾性是地方及其景观变迁的重要驱动力。为了淡忘不好的过去，让人不忍直视的地方可能被遗弃、忽略、废除、破坏，但这些举动往往都是徒劳的。因此，我倾向于使用"病态"一词来描述这一过程。

事实上，记忆湮灭与遗址利用存在某些相似之处，二者的主要区别在于最终结果。遗址利用是采取一系列措施恢复事前原貌。当灾难现场无关事发原因时，常常利用遗址。此时，现场犹如无端受害的旁观者，不会有任何耻辱感与之联系起来。记忆湮灭的不同之处在于，它会对景观面貌造成一定影响。人们不只是简单地清洗或恢复现场，而是彻底地抹除一切。即使现场被重新使用，其使用目的也会发生改变。例如，盖恩家的农场就被改造成一处松木林。由此，人们对灾难发生的原因以及罪责的认识，是理解灾难地出现记忆湮灭或者遗址利用这两种不同处置方式的关键。如果灾难发生的原因清楚，利用遗址；反之，灾难原因不清楚或不可知时，为消除现场残留的耻辱痕迹，记忆湮灭随之发生。

人们非常急迫地想要知道连环杀人案发生的真实原因，这与第三章和第五章曾讨论过的突发性自然灾害事件后，人们渴望了解真相的社会心理类似。通过调查杀手过去的全部经历，一方面寻找其实施犯罪动机的蛛丝马迹，另一方面也为当地群众减少疏于防范、没有早一点检举揭发嫌疑人的负罪心理。然而，单纯从个人经历入手，并不能找到真正的杀人动机，因为杀人犯的精神健康状况通常会阻碍关于真相的讨论。精神性疾病发作是连环杀人案发生的重要动因，但更为深层次的问题在于，是什么刺激性因素让人发疯，而后者往往归咎于家庭因素或者社会因素。法庭调查表明，盖恩患有严重的精神性疾病，这是他杀人的重要原因。该结论足以让刑事司法审判为其定罪，但这使人不再想要进一步了解盖恩是如何患上精神病的。普莱恩菲尔德的人们不清楚他们应该为盖恩的案件负多大社会责任。他们为没能够早发现盖恩有精神病并阻止他犯罪而内疚，也为盖恩有病而感到难过。另一个让人既感到震惊又羞于启齿的地方在于，这么一位"极端正常"的社会成员却犯下如此的滔天罪孽。[2] 由于缺乏对犯罪动机的清楚解释，诸如普莱恩菲尔德这样的社区饱受负罪感的煎熬，促使人们不遗余力地清除那些明显的耻辱印记。如果杀人犯来自外乡，连环杀人案可能被当作是超越了社区控制力的一种灾难事件，人们对于遗址处置的结果可能稍有不同，遗址利用甚至公众祭奠都有可能发生，但是后者仅出现在极少数希望悼念逝者的案例中。

一个关键之处在于，记忆湮灭的过程其实并不会真正完结，程式化仪式活动的缺失意味着耻辱感并没有完全从某地清除干净。遗弃、清除等策略往往事与愿违，因为耻辱之地仍然会受到人们的持续关注。俗话说"沉默是金"。语言学家比普通人更加敏锐地注意到了沉默之力在沟通过程中的作用，认识到沉默不仅是语句之间的停顿。[3] 托马斯·布鲁诺（Thomas Bruneau）认为，沉默通常是对批评、责难、打压等所产生的情绪压力的反馈。[4] 沉默不是语言沟通的必备要素，却与社会文化准则所定义的身份与地位息息相关。[5] 他进一步指出："置身于教堂、法院、学校、图书馆、医院、灵堂、战争遗址、精神病院、监狱等需要保持安静的地方时，人们都会自觉地选择保持安静……"[6] 也许，记忆湮灭正如同演讲中的短暂停顿，正所谓"此时无声胜有声"。

约翰·韦恩·盖西（John Wayne Gracy）是与盖恩齐名的连环杀手，曾犯下多起命案。[7] 他的案例强化了上述观点。盖西于 1978 年年底被捕，他累计杀害了 30 多名成年男子和男孩。他选择的作案对象多为离家出走的年轻人和男妓。这类人群失踪鲜有新闻报道，也不太会引起警方注意。盖西的犯罪动机是性饥渴。他在拷打和杀害受害人前，会强迫他们发生性关系。盖西不是美国历史上唯一的臭名昭著的同性恋连环杀手。在他案发前几年（20世纪70年代初），休斯敦就出现了一位名叫迪恩·克罗尔（Dean Corll）的同性恋连环杀手（详见后文）。盖西不同于克罗尔这类普通连环杀手的地方在于，他将被害人埋在自己家中，而不是在别的公寓或租住房屋中杀人埋尸。盖西是从事建筑工程的自由职业者，他假装对自己的房屋进行装修改造，实则为埋藏尸体提供掩护。不论是屋内地板下面的狭窄空间，还是车库地，或是房前屋后的水泥地，都是他用作藏尸的地方。

调查工作首先从屋内地板下的狭窄空间开始，在这里发现了大量遗骸，这让刑侦人员感到非常震惊，他们当机立断，决定切开地板。现场搜查行动没有放过任何蛛丝马迹，持续了近3个月的时间。警方搜查了地板、家具，甚至是供水管与污水管。警方怀疑尸体被掩埋在房子附近，因此车库内的混凝土地面成为搜查对象。当尸体在车库地下被发现时，人们清楚地意识到，有必要仔细搜查房前屋后的每寸土地，包括屋外的混凝土车道和露台。

随着搜查行动的持续深入，盖西的律师和家人注意到房子正被一点点拆除。他们反对当局破坏私人财物，但反对意见被法庭驳回。当搜查完成时，房子已成为一处废墟。州法院公诉人提请对房屋予以拆除，理由是房屋及附属建筑不安全，地基在搜查行动中受到结构性破坏，房屋存在危险等。对此，被告律师和家人提起上述，遭法院驳回。几小时后，房屋及附属建筑被夷为平地。然而，即使是一片空地，这处藏尸之地仍然吸引着不少路人和好事者前往（图6-3）。盖西于1994年在狱中被执行死刑。服刑期间，他喜欢上创作油画。被处决后，遇难者家属搜集并焚毁了他的许多画作。这样做的目的一方面是报复凶手，另一方面也是确保没有人能收藏他的油画。人们对于盖西案的反应与1991年发生在密尔沃基的杰弗里·达默（Jeffrey Dahmer）连环杀人案类似。达默谋杀并残忍地肢解了多名受害者，其实施犯罪的公寓楼被拆除，他本人也在狱中被处决。[8]

图 6-3　连环杀手约翰·韦恩·盖西的旧居曾位于芝加哥郊区诺伍德公园镇萨默代尔街 8213W 号。

第二节　失火留下的辱名

　　我在本章一开始就讨论盖恩和盖西两起连环杀人案，是由于此类案件为社会带来的耻辱感比其他类型的暴力和灾难事件更甚，但这并不是说连环杀人案是唯一能够产生强烈耻辱感的案例类型。让我们暂且将连环杀人案放一放，来看看两起出现记忆湮灭的火灾事故。它们分别是 1942 年可可林夜总会大火（Cocoanut Grove Fire of 1942）和 1977 年比弗利山晚餐俱乐部大火（Beverly Hills Supper Club Fire of 1977）。这两起火灾并非人为纵火或蓄意谋杀，而是由于人为疏忽所致。施工方、业主及经营者对安全问题疏于防范，使小隐患变成大灾难。

　　1942 年 11 月 28 日深夜，波士顿经历了美国历史上最具破坏性的火灾之一。[9] 这就是著名的可可林夜总会大火。周末晚间，顾客盈门，大火肆掠，伤亡巨大。这场大火共造成 490 人丧生，数百人受伤。可可林夜总会有着近 15 年的历史，经过几家公司的经营，逐渐成为波士顿夜生活的一大亮点，成为这座城市最受欢迎的夜总会之一。星期六晚上，俱乐部内人潮涌动，大火偏偏在此时发生，且火势迅猛，但起火原因至今不明。大火从负一层的休息室燃起，飞速蹿上一楼的门厅和用餐区。慌乱逃离的人群纷纷涌向一楼的单向旋转门。在众人的挤压下，旋转门卡住不能动弹，而其他出口要么被锁，要么不易找到。消防队员在几分钟内赶到火场，但他们在人员被困的最初7分钟内无所作为，而最初几分钟造成了巨大的人员伤亡。从晚上10点15分起火，到深夜11点00分火势才被控制住，除烟雾、火苗外，室内装饰材料燃烧释放出大量有毒气体，极具杀伤力。燃烧释放的有毒气体的危害直到近年来才受到人们注意。

可可林夜总会大火造成的伤亡人数不亚于一场小规模战争，引发了全国民众的愤怒。虽然这间夜总会没有因为违反多个安全及防火条例而受到处罚，但民众的怒火直指那些罪责难逃的人们，这包括夜总会老板、员工，以及对违反安全规定失察的政府工作人员，特别是一个曾在起火点附近停留的餐厅服务生。夜总会老板巴尼·维兰斯基（Barney Welansky）受到警方羁押讯问。他被判过失杀人罪，入狱三年，保释出狱后不久即离开人世。其他被告人无罪释放，包括帮助巴尼·维兰斯基打理夜总会的家人、大楼的设计师和施工人员、市政建筑监理员、消防检查员、起火现场的警察队长。幸存者通过民事诉讼得到的赔偿非常少。一方面是由于这间夜总会投保金额不足；另一方面是因为维兰斯基除夜总会这处废墟外，没有其他可供用于赔偿的资产。

庭审期间，可可林夜总会因无人看管，渐渐杂草丛生。夜总会于1945年初被出售，次年夏末遭拆除。夜总会被拆得片瓦无存，伴随着城市发展，如今更是踪迹难觅。夜总会旧址位于公园广场（Park Square）附近，其主入口在皮埃蒙特街（Piedmont Street），整栋楼一直延伸到肖马特街（Shawmut Street）与百老汇大街（Broadway）交界的拐角处。如今，这两条街交界处的面貌与往日大不相同，矗立着一栋多层停车楼，背后是一座高层酒店。停车楼现在的位置原来是夜总会大门入口，酒店大堂也在夜总会旧址范围内（图6-4）。开发商并非对这场大火一无所知，也不是因行政命令才决定对夜总会所处地块进行二次开发。事实上，波士顿紧急颁布了一条城市法令，责令"可可林夜总会"这一名称永远不能在该市的公共建筑上使用。

图 6-4 图中所示位置为可可林夜总会旧址。1942 年 11 月
28 日，可可林夜总会火灾是美国历史上最为严重的火灾之一，
夺走了 500 多人的生命。夜总会旧址被彻底铲平，没有留下
丝毫痕迹。

　　让人感到羞愧的地方不只是灾难造成的巨大伤害，更是由于这次火灾原
本是可以避免的。灾后事故调查表明，哪怕是使用一些极为简单的预防措
施，都能够有效挽救许多生命。正是由于经营者唯利是图，疏于防范，以及
安检人员对火灾隐患失察等，才使得伤亡如此惨重。诸如此类的因素导致防
火措施缺位，这让波士顿人谈到这场大火时感到非常羞愧。从此意义上说，
记忆湮灭似乎是必然出现的结果。对于可可林夜总会大火的调查结果，直接
促使波士顿乃至全美各地安全规范与安检标准的更新。同时，这场大火也让
全美的建筑标准发生了改变。具体而言，公共建筑如果安装旋转门，则必须
配备向外开启的传统铰链门。这样的规定是汲取 1942 年可可林夜总会大火
发生时，由于旋转门失灵，阻塞逃生通道惨痛教训的结果。

　　比弗利山晚餐俱乐部是肯塔基州绍斯盖特（Southgate，Kentucky）的
一家豪华俱乐部。1977 年 5 月 28 日，这家俱乐部发生大火，造成 165 人丧
生。[10]起火原因是内墙或者小型会客室天花板上方的电线短路。一开始时，
仅是一小团火焰缓慢燃烧，当晚上 9 点左右发现着火时，现场的温度已接近

闪燃点①。顷刻间，一团火球从小房间飞速冲向大房间，现场顿时陷入一片火海之中。于是，数百名食客被要求紧急疏散。大火烧到歌舞表演厅时，晚上的表演刚刚开始，大厅内座无虚席。有人察觉到燃烧所产生的烟雾时，火魔已快速席卷整个大厅，许多人根本来不及逃生，伤亡人数迅速上升。

公众感到难以接受的地方在于，这场火灾竟是由于唯利是图、疏于防范以及不作为等因素造成的。灾后调查清楚地表明，并非上帝降灾，而是在建造和经营过程中埋下的安全隐患使然。首先，俱乐部经营者不遵守建筑和消防规范，聘用不合格的建筑工和电工，随意修改设计方案，偷工减料。其次，由于工程监理与消防安检等执法人员经验不足且超时工作，没有及时发现火灾隐患，责令改正。第三，经营方没有制订紧急疏散方案，也从未对工作人员进行必要的消防安全培训，这是在夜间大火发生时的致命错误。最后，俱乐部经常超额出售歌舞表演厅的门票，这意味着大厅内的人数常常超过应急出口的疏散能力。虽然没有对俱乐部老板以及相关政府部门提起公诉，但这场火灾所产生的羞耻感与连环杀人案后的结果无异。最终，这间豪华俱乐部被彻底拆除，土地多年闲置（图6-5）。

第三节 洗刷辱名的不同方式

1692年发生的萨勒姆女巫案为我们提供了认识耻辱之力的不同视角。女巫案所产生的耻辱感以一种非常被动的方式，多年后才促使记忆湮灭发生。保罗·博耶（Paul Boyer）和史蒂芬·尼森堡姆（Stephen Nissenbaum）两位学者一针见血地指出：萨勒姆女巫案是由社会变动期不同群体之间的摩擦引起的，而不应归咎于超自然因素。[11]女巫案盛行的时期，也正是萨勒姆镇和周边广阔的农村地区——塞勒姆村之间处于社会分裂的时期。这两个地区的居民在政治和宗教问题方面长期意见不一。博耶和尼森鲍姆通过研究这两个地区的社会关系，得出的结论是，初期，大多数指控他人是女巫的原告来自萨勒姆镇一边，而被告大多来自另一边的塞勒姆村。当女

---

① 译注：闪燃（flashover）现象一般发生在一个密封火场，因现场积聚大量易燃气体，当密封燃烧下令温度持续上升至超过500℃时，火场会在一两秒内因场内所有可燃物体被高温点燃自动燃烧而全场起火。

图6-5 比弗利山晚餐俱乐部是肯塔基州绍斯盖特的一家豪华俱乐部，位于俄亥俄河的南岸，毗邻辛辛那提州和俄亥俄州。比弗利山晚餐俱乐部于1977年5月28日发生大火，夺走了165人的生命。

巫案结束时，已有20人被处以绞刑。

　　萨勒姆地区审判女巫的做法仅维持了很短时间。对于巫术和超自然力量的信仰很快在新英格兰地区衰落，人们不再相信指责和控告他人是恐怖女巫的原因，法庭也不再采信巫行证据，司法正义最终得到声张。[12]女巫案让萨勒姆地区的社会结构四分五裂。塞勒姆村脱离萨勒姆镇，加入丹佛斯镇（Danvers），而萨勒姆镇发展为18世纪中期新英格兰地区的重要港口。审判女巫被认为是社会斗争的结果，因此人们希望这段非常不堪的历史从记忆中消失。正如我在第一章提到的，今天的萨勒姆地区仅留下了为数不多的几处与女巫案有关的历史遗迹。例如，修建于1642年的"女巫之家"（Witch House）。这里曾是主持女巫案的当地治安官的房子，预审在此进行。再如，位于丹弗斯镇的丽贝卡·纳斯的家（Rebecca Nurse house in Danvers）。纳斯在被捕并执行绞刑前曾住在这里。感兴趣的游客还可能找到其他几处与女巫案有关的地点，但可看性不强。游客一般会去看女巫博物馆，但它与1692年的女巫案并没有直接联系，不过是一座由废弃教堂改建而成的多媒体剧场罢了。

没有任何证据表明，萨勒姆地区和丹佛斯地区的居民曾竭力抹去当年残害女巫的罪证，他们不过是没有刻意地保留这些证据罢了。萨勒姆镇演变成繁荣的港口城市，这一过程逐渐改变了整个小镇的建筑风貌。人们没有专门拆除那些与女巫案相关的房屋，但它们慢慢消失在流淌的岁月中了。在第一章中，我曾引用戴维·洛温塔尔的观点："景观所具有的诸多耻辱性特征可能被忽略或删除……"[13]本章开篇，我也对这种忽略或掩盖景观之耻的案例做了探讨。然而，萨勒姆地区的污名并没被刻意掩盖，只不过是受到忽略罢了。不论是主动掩盖，还是被动为之，其结果是一样的。如今，仍然没有人确切知道女巫们被执行绞刑的地点。我所搜集到的第一手资料表明，沿着一条崎岖不平的山路，来到萨勒姆镇西边的一处高地，这里应该就是一处女巫们被集体绞死的刑场，因此得名"女巫山"（Witch Hill）或"绞架山"（Gallows Hill）（图6-6）。令人遗憾的是，关于女巫案的多数推断都缺乏有力的证据支持，因此我们不能从留存下来的文献资料中找到刑场或埋葬女巫尸骨地点的相关资料，用以佐证这段历史的真实存在。查尔斯·厄本（Charles Upham）是19世纪描写萨勒姆女巫案最权威的作家。他推测，山脊最高处曾是绞刑场，因此提议在山脊上修一座纪念碑。[14]西德尼·珀利（Sidney Perley）在1921年出版的专著中，对萨勒姆女巫案有了更为详尽全面的研究。该书几乎涵盖了关于此案的文献资料以及考古学证据。[15]珀利通过对1692年以来的口诉史以及文献资料的细致分析，研究了行刑地之间的空间关系，得出了与厄本不同的研究结论。他认为，绞架山山麓下更可能是当年的刑场。同时，他还在地图上将推测出的多处刑场分别标示出来，而不是结论性地圈定某个地点。

如前所述，不论是主动掩盖，还是被动为之，都难以彻底消除耻辱之名。萨勒姆地区的情况也不例外。萨勒姆镇长期以来被大家看作是新英格兰地区的"女巫城"（Witch City）。尽管这一看法在今天已经淡化了许多，但人们依然可以在小镇的标徽上找到女巫形象的设计图案，小镇甚至任命了一位"官方"的女巫作为形象代言人。1992年举办萨勒姆女巫案300周年纪念活动时，人们发现巫术的魅力能够为旅游业发展所用。然而，这次周年纪念活动再次让关于女巫案的不好记忆回到了公众的视野，将一系列关于纪念与否的问题置于热议之下。小镇是否应该举办萨勒姆女巫案300周年纪念活动？到底应该如何来纪念这段历史呢？一些人认为，应该小规模地举行纪念

图 6-6　此照片拍摄于 1905 年的马萨诸塞州萨勒姆镇。距离
此地不远处是噶勒斯山。在 1692 年的女巫案中，有 90 名
"女巫"在此被绞死，但确切的行刑地已成为历史之谜。照片
由马萨诸塞州萨勒姆镇皮博迪·埃塞克斯博物馆提供
（18502）。

活动，这样可以最大限度地减少负面影响。萨勒姆镇晚间新闻报道的一位记
者认为："将萨勒姆打造成女巫城，像万圣节那样作商业推广，将卡伯特小
姐（Miss Cabot）选为官方女巫并允许她公开表演巫术，这些都是病态且愚
蠢的做法，也无疑在继续指责那些可怜的受害者是恐怖女巫。"[16] 对此，另一
篇社论则提出不同看法：

> 对萨勒姆镇而言，否认女巫案这一历史遗产不仅毫无益处，反倒有
> 害。每年有超过 100 万游客来到萨勒姆地区观光，他们中的绝大部分都
> 是被骑着扫帚的女巫形象吸引而来。
> 当然，萨勒姆镇的旅游吸引物远不止这一段关于女巫的恐怖历史。
> 如果将女巫品牌弃之不用，也许很多游客就不会到这里来了，因此突出

"女巫城"的形象完全是出于吸引游客的需要。

　　唤起这段尘封已久的女巫之殇，并不意味着宣扬巫术或者恶魔崇拜。这不过是一道历史试题，帮助人们认识一段生动鲜活、激情澎湃的美国历史。

　　部分人强烈反对为发生在1692年的萨勒姆女巫案举行纪念活动，认为这有宣扬巫术之嫌。而事实上，这种观点恰巧反映出多年前的女巫之殇并没有完全愈合。

　　女巫纪念活动组委会如果尽责的话，他们应该借此机会说明1692年的历史真相，并帮助人们了解这段惨痛历史发生的原因。唯有此，也许女巫之殇才会最终真正痊愈。[17]

这篇社论所表达的观点让双方辩论的胜负出现倾斜。300周年纪念活动不是为庆贺什么，而是为纪念女巫之殇，并借此机会揭示巫术盛行的尘封往事所具有的独特历史价值。

　　如今，在萨勒姆镇与丹佛斯镇都可以看到与女巫之殇有关的纪念物。不仅如此，围绕宗教间的不容忍现象（宗教偏执）、宗教迫害行为、美国司法体系完善等命题，人们组织了一系列讲座、研讨会和演讲活动。与其说这些举动是记忆湮灭，不如说更像是公众祭奠。虽然萨勒姆女巫案发生三百年后才出现纪念活动，但这仍然表明，对于让人们深感耻辱的事件而言，记忆湮灭并不是唯一的选择。

第四节　遗址利用的替代性选项

　　对于有着耻辱印记的事件而言，遗址利用出现的次数也许与记忆湮灭一样多。为说明二者的差异，让我们看看另一起连环杀人案。这起案件发生在休斯敦，它与盖西案类似，但事后的处置结果以及人们的态度稍有不同。1973年8月8日，一通报警电话让整个事件曝光。报案称，一位名叫埃尔默·亨利（Elmer Henley）的少年刚刚在德克萨斯州帕萨迪纳市（Pasadena，Texas）与休斯敦市交界的一处民宅枪杀了他的朋友迪恩·克罗尔（Dean Corll）。[18]亨利枪杀克罗尔的原因是他意识到自己可能成为下一名被害者。亨利被拘留后，招认了全部罪行。过去三年，他伙同克罗尔和一位名叫戴维·布鲁克斯（David Brooks）的少年，杀害了至少27名未成年男性。他们灌醉被害人，疯狂实施性侵，经过一番折磨后，残忍地将其杀害。8 月的一个夜晚，警方带亨利指认现场。亨利等人将被害人的尸体大多藏匿于休斯敦市西南部远郊多处偏僻的地点，其中有 17 具尸体被埋在克罗尔家船坞的砂石地面之下。此后，警方又陆续发现了另外一些藏尸地点，包括墨西哥湾的沙滩、山姆雷伯恩水库（Sam Rayburn Reservoir）的堤岸边，以及休斯敦市东北部。为便于实施犯罪，克罗尔等人经常搬家，他们在休斯敦市及其周边区域不断变换租住地，这解释了在克罗尔本人被枪杀的房子里仅发现 6 名遇害男孩尸体的原因。

除船坞外，克罗尔等"休斯敦杀人三人组"行凶的地方没有受到像盖西的农场小屋那么大的社会关注。大多数房东均否认曾将房子租给过克罗尔，拒绝承认出租房中发生过凶杀案。我去过克罗尔在休斯敦租住的几处房子。过了这么多年，房子的变化还是不大，甚至他被枪杀的那所房子也基本保持了原貌。不过，船坞看起来与 20 多年前报纸上的照片略有不同。结案之后，公众没有反对继续使用这处船坞（图 6-7）。因此，克罗尔、亨利、布鲁克斯三人行凶的地点被当作普通凶杀现场予以处置。换句话说，人们允许这些地点重新投入使用。也许，由于犯罪地点众多，耻辱感被分散到不同地点，从而并没有出现某个特定地点受到特别关注的情况。克罗尔被当作是一名流窜凶手，他的犯罪行为一直没有得到当地的谅解。

我所搜集到的多起凶杀案例表明，遗址利用的情形并不局限于休斯敦连环谋杀的案例，而是经常出现。贺姆斯（H. H. Holmes）是 19 世纪 90 年代最臭名昭著的杀手之一。[19]1894 年被捕时，他供认了 27 起谋杀案。警方怀疑受害人数远不止于此，但仅找到了少数几起案件的罪证。贺姆斯在芝加哥南区 66 街与华莱士街交界处修了一间名为"博览会旅馆"的三层小楼，他以低廉房租吸引参加芝加哥哥伦布纪念博览会①的年轻女性入住。这座小楼既有商店和客房，也暗藏着酷刑室。如今，贺姆斯的"杀人堡垒"（Holmes's Castle）早已荡然无存，踪影全无。1896 年案件被侦破时，"杀人堡垒"没有被立即拆除。通过查阅芝加哥市的城市电话通讯簿发现，数年间，好几家商户曾将一楼用作铺面，从事零售业务。直到 20 世纪 30 年代，这座"杀人堡垒"才被彻底拆除，清理出的土地归联邦政府所有。自 1938

---

① 译注：芝加哥哥伦布纪念博览会（World's Columbian Exposition），也称芝加哥世界博览会，是 1893 年在美国芝加哥举办的世界博览会，以纪念哥伦布发现新大陆 400 周年。

图 6-7　同性恋连环杀手克罗尔、亨利、布鲁克斯曾将许多
受害者的遗体埋在克罗尔家船坞的砂石地面之下。1973 年 8
月，此案东窗事发后，警方全面搜查了克罗尔家。然而，房
子并没有被拆除，而是继续使用。

年起，政府在旧址开设邮局（图 6-8）。

霍华德·安鲁（Howard Unruh）是一位经历了第二次世界大战的退伍
士兵。1949 年 9 月 6 日，他站在新泽西州卡姆登市（Camden，New Jersey）
瑞沃大街（River Road）与 32 街交汇的路口举枪乱射，枪杀了 13 名邻居、
路人，并击伤 5 人。虽然已经过去了半个多世纪，但是枪案现场的变化不
大，只不过随着岁月的变迁，周围的房子略显陈旧罢了（图 6-9）。安鲁和
家人曾住在街角小卖铺的楼上，这座小楼与紧邻的其他房子大都被保留了下
来。安鲁归案后，也没有证据显示人们曾计划拆除这座见证了枪案的老
房子。

1966 年 7 月 15 日凌晨，悲剧再次上演。[20]一个名叫理查德·斯佩克
（Richard Speck）的男子闯入了芝加哥南区第 100 街 2319E 号楼，残忍地杀
害了租住于此的 8 名实习护士。芝加哥南部社区医院宿舍楼是卢埃拉街
（Luella）至克兰登街（Crandon）之间联排楼宇中的一栋。8 名实习护士住
在楼内的两间寝室，楼管阿姨单独住一间。案发后，该楼没有被拆掉，仍被

图 6-8 贺姆斯的"杀人堡垒"位于伊利诺伊州的芝加哥市。
此地现为邮政大楼。贺姆斯是美国 19 世纪臭名昭著的连环杀
手。19 世纪 90 年代，他犯下了多起杀人分尸案。

用作居民房（图 6-10）。然而，这栋楼房确实因为发生过杀人案而留下了
污名，即使多年以后，仍然恶名难除。我向当地人打探情况，还没等我念出
这栋楼的门牌号码，人们已经知道我想要打听的是什么地方了。

　　芝加哥凶案发生不过三周时间，美国社会再一次被另一起重大校园枪击
案所震惊。1966 年 8 月，德克萨斯大学奥斯汀分校（University of Texas at
Austin)① 发生枪案。一位名叫查尔斯·魏特曼（Charles Whitman）的学生
爬上了位于学校中央的塔楼，他从顶部瞭望塔的护栏后向校园内的人员开火
（图 6-11），在被击毙前，总共打死了 14 人，这起惨剧成为美国校园内发生
的伤亡最为惨重的枪击事件。[21] 人们发现，魏特曼在潜入校园前的当晚，还
杀害了他的妻子和母亲，由此遇害者人数增加到 16 人。

　　在搜集到的资料中，我没有发现人们试图掩盖此案曾经发生的证据，由
此推断人们并没有刻意让相关地点消失不见。魏特曼向无辜师生射击的钟

---

　　① 译注：德克萨斯大学奥斯汀分校（University of Texas at Austin，简称 UT-Austin），成立
于 1883 年，是德克萨斯大学系统中的旗舰校区，也是德克萨斯州境内最顶尖的高等学府之一。

图6-9　1949年9月6日，霍华德·安鲁站在新泽西州卡姆登市瑞沃大街与32街交汇的路口举枪乱射，枪杀了13名邻居、路人，并击伤5人。虽然已经过去了半个多世纪，但是枪案现场的变化不大，只不过随着岁月的变迁，周围的房子略显陈旧罢了。

楼，曾是德克萨斯大学最高的建筑，兼作办公楼和图书馆。枪击事件平息后，学校修复了被子弹打烂的部分墙体，并在一年后重新向公众开放瞭望塔。由于瞭望塔吸引了部分自杀者的注意，于是几年后它被关闭。魏特曼在其母亲所居住的公寓内杀害了她。这处高层公寓距离学校仅几个街区，也没有因为凶案产生的耻辱感而遭到拆除，而是被再次利用，一直作为公寓楼使用至今。魏特曼和他的妻子在奥斯汀南面租房，他在出租屋里杀害了妻子，这处沾满了鲜血的房子日后又再次出租。

　　在我亲自考察过的以及搜集到的诸多与杀人案有关的案例中，仅有两处出现了公众祭奠。1984年7月18日，魏特曼的屠夫行径被加利福尼亚州圣伊西德罗市（San Ysidro）的詹姆斯·休伯蒂（James Huberty）超越，短短的75分钟时间，21名在麦当劳餐厅用餐的顾客永远地倒在了罪恶的枪口

图 6-10　1966 年 7 月 15 日凌晨，理查德·斯佩克闯入芝加哥南区第 100 街 2319E 号楼，残忍地杀害了租住于此的 8 名实习护士。如今，这栋楼依然在使用。

之下，另有 19 人受重伤。最终，休伯蒂被警方的一名狙击手击毙。残忍杀戮让人们对这处麦当劳餐厅产生了心理阴影，尽管清理及维修耗资不菲，但不到一个星期，餐厅还是被永久关闭；不到 3 个月，餐厅被拆除（图 6-12）；不足 6 个月，清理出的土地被过户到圣地亚哥市，用地性质随之变为公共用地。

以上种种迹象表明，圣伊西德罗市的麦当劳餐厅经历了大面积的遗址湮灭。相比较而言，在盖恩和盖西的案例中，虽然整栋建筑都被拆毁，但是拆除的面积没有麦当劳的规模大。杀戮事件让圣伊西德罗市蒙羞，也迫使当地麦当劳餐厅的经营者及麦当劳集团放弃了一个功能齐备的餐厅以及价格不菲的地块。麦当劳作为一家连锁企业由于杀戮事件导致公众形象严重受损，与其勉强开业，面对公众的指责，不如关门大吉，顺应民意。麦当劳在将土地转让给圣地亚哥市（圣伊西德罗市隶属于圣地亚哥市）的附加条件中规定，该宗土地不可用于商业开发，也不能再出现麦当劳的名字。这次惨剧发生还不足一年时间，距离这家餐厅几个街区外，出现了一家新的麦当劳。

接下来的五年里，人们的注意力集中在如何处理这个沾染了杀戮事件污名的地块。在众多不同意见中，有两条似乎更有道理一些。一种意见认为，

图6-11　1966年8月，查尔斯·魏特曼爬上了位于德克萨斯大学奥斯汀分校中央的塔楼，从顶部瞭望塔的护栏后向校园内的人员开火。虽然这里发生了枪案，但是学校从来没有拆除这处校园标志性建筑的想法。

图 6-12　位于加利福尼亚州圣伊西德罗市的麦当劳餐厅，由
于曾发生了屠杀案，于 1984 年 7 月 18 日遭拆除。图片由贝特
曼档案馆（Bettmann Archive）提供。

只要是将地块用于修建公共建筑，不论何种公共用途都将有效地消除杀戮事
件所带来的阴霾；另一种意见倾向于使用公共用地为受害者修建某种形式的
纪念物。虽然为惨遭枪杀的普通市民修建纪念物的动议可谓在美国社会上史
无前例，但并非空穴来风，而是理由充分。圣伊西德罗市西班牙裔聚居的边
境小镇，距离墨西哥的蒂华纳（Tijuana）非常近。镇上很多西班牙裔的小
孩遭到枪杀，被当地社区视为极其严重的损失，确有必要哀悼逝去的人们。
休伯蒂不是西班牙裔，他刚从俄亥俄州搬到加利福尼亚，因此被看作是一个
当地社区以外的人。从此意义上说，麦当劳血案似乎更像是一次意外，一次
无妄之灾。基于以上原因，如果不举行祭奠活动似乎说不过去，反而让整个
西班牙裔社区抬不起头。

　　当地人匿名在麦当劳餐厅拆除后留下的空地上搭建了一处纪念遇难者的
小神社（图 6-13），并在通往这块空地的道路两旁种满了鲜花。尽管圣地
亚哥市一再以清理地块为名，威胁要将其拆除，但是这处纪念物还是被保留
了好些年。城市管理者为平息争议，希望低调处理，但稍有动作就会引起小
镇居民的强烈反对。当地人强烈呼吁在此修建一座社区活动中心，兼具纪念

21名遇难者的功能，或者专门为逝者造一块纪念碑。20世纪80年代，政府与民众终于达成一致，决定用这块土地为社区学院修建教学楼。在此之前，当地学生曾长期在临时搭建的教室上课。如今，学校终于有了固定的教学楼，并在教学楼前专门为麦当劳血案立有一小块纪念牌（图6-14；图6-15）。

1991年10月16日，罪恶的枪声再次让世人震惊，且遇难者人数超越了麦当劳血案。这一次血案发生在德克萨斯州克林市一家自助餐厅内。人们在经过了一番激烈争论之后，最终还是允许这家餐厅重新装修，恢复营业。同时，人们在距离案发地数英里外的社区中心为遇难者修了一块纪念碑。当地人对于这次血案的态度与同类案例不同，其非比寻常之处在于，他们对于这家餐厅能够恢复营业以及设立纪念碑这两件事感到非常自豪，似乎人们想以此证明当地没有笼罩在血案的阴霾之下，且有能力积极有效地应对这次惨剧。从此意义上，此举成为社区精神力量的象征（图6-16）。

第五节　辱名之地的不同命运

耻辱感不仅是记忆湮灭出现的动因，也可能导致遗址利用的出现。耻辱感的产生不只由暴力事件或重大过失引发，正如连环杀手出现的原因也是多种多样，每一起大案对于地方的影响力也有其独特性。杰克·莱文（Jack Levin）和杰姆斯·福克斯（James Fox）将杀人案分为三种类型：犯罪对象限于家人和亲友，为满足物欲实施犯罪，为满足性心理和性掠夺实施犯罪。[22]按照杀戮事件发生的次数，杀人案又可分为两种类型：一次性突然爆发的杀戮事件称为"同时性杀人案"（simultaneous），跨越较长时间的多次杀戮事件称为"连环谋杀案"（serial）。本书所选择的案例大多可归入莱文和福克斯所谓的第三种类型——为满足性心理和性掠夺而发生的非常罕见的同时性杀人案。研究表明，由于同时性大规模杀戮行为（simultaneous mass murders）集中发生在某个特定地点，因此更能够影响人们对犯罪现场的态度。相较而言，除非连环谋杀案涉及的杀戮地或者藏尸地集中在一个地方（例如盖恩和盖西的案例），则更可能被看作是孤立的凶杀案。换言之，惨案很快被遗忘，而案发地被再次使用。综上，不论何种暴力事件产生的遗址利用与记忆湮灭都将遵循以下原则：特定场所死者的人数越多，则遭到记忆湮灭的可能性越大；否则，更可能出现遗址利用。

图 6—13　麦当劳餐厅拆除后留下的空地上，有人搭建了一
　　　　　处纪念遇难者的小神社。这处神社保留了大约 5 年的时间。

图6-14 圣伊西德罗的教育中心建在了发生大屠杀的麦当
劳餐厅旧址。如今，教学楼前专门为麦当劳血案立有一小块
纪念牌。图片由斯图尔特·艾特肯（Stuart Aitken）与莫
娜·多摩西（Mona Domosh）提供。

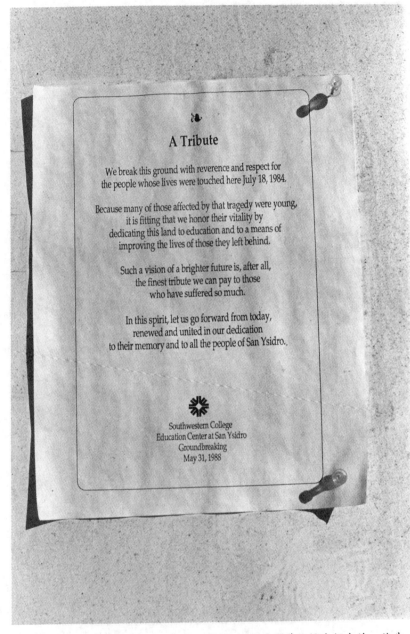

图 6—15　加利福尼亚州圣伊西德罗学院通告栏内的一处告示。告示内容与 1984 年发生在此地的大屠杀事件有关。图片由斯图尔特·艾特肯（Stuart Aitken）与莫娜·多摩西（Mona Domosh）提供。

图6—16　克林大屠杀纪念碑位于克林社区中心。餐厅在停业
整顿后重新开业。克林大屠杀纪念碑与圣伊西德罗的情况类
似，均是例外。当地人似乎想通过这处纪念碑表达对大屠杀
的谴责以及对逝者的缅怀。

半数以上凶案由家庭中的人际冲突或情绪问题所致，归入莱文和福克斯所划定的第一种类型，属于同时性谋杀。对于这类案例，遗址利用的情况比较常见，记忆湮灭也时有发生。下面让我们通过比较查尔斯·魏特曼与乔治·班克斯（George Banks）这两起杀人案，以理解凶案之后案发现场的不同命运。魏特曼在前往德克萨斯大学的当晚，先在出租屋内杀害了自己的妻子；1982 年 9 月某日，班克斯在宾夕法尼亚州威尔克斯·巴里市（Wilkes-Barre）① 的家中杀死了数位家人。这两起杀人案的遇害者都是家庭成员，但两处凶宅的命运截然不同。魏特曼在德克萨斯大学制造了严重的命案，但他杀妻的小屋得以保留，日后被再次出租；班克斯弑杀家人的房子在案发后数月被拆。

人们非常讨厌黑手党、犯罪团伙以及恐怖分子，这类案件属于莱文和福克斯所谓的第二种类型的杀人案。大多数情况下，人们对这类案发地的态度是遗址利用。1929 年 2 月 14 日，发生在芝加哥的情人节大屠杀是美国历史上具有传奇色彩的有组织的犯罪事件。[23]乔治·莫兰绰号"臭虫"，是黑手党北方帮的头目（"Bugs" Moran's North Side Gang），他与黑手党的另一个头目艾尔·卡彭（Al Capone）有过节。在卡彭的指使下，"臭虫"的 7 个副手在芝加哥市克拉克街 2122 号（2122 N. Clark Street）的一处车库被集体枪杀。车库后墙纵然布满弹痕，四十多年后仍被继续使用。1967 年，由于市政改造，它最终被拆除（图 6-17）。1933 年 6 月 17 日，堪萨斯市的联合车站也发生了一起黑社会暴力案，伤亡人数不亚于情人节大屠杀，而车站也被继续使用。[24]当时，警方准备将纳什押运至利文沃斯监狱（Leaven-worth Penitentiary）。绰号"漂亮男孩"（Pretty Boy）的弗洛伊德·亚当瑞提（Adam Richetti）和佛恩·米勒（Vern Miller）密谋劫持押送弗兰克·纳什（Frank Nash）的囚车，但这伙暴徒笨手笨脚，行动宣告失败。混乱中，纳什被击毙，4 位负责押运的警官被射杀。事后，除了墙面上几处难以辨清的弹痕外，这次交火的一切痕迹都被迅速清除干净。

通过研究大屠杀、黑社会犯罪、突发性暴力事件等大量案例，我认识到，没有任何一种方法可以准确地预测哪起案例产生的羞耻感最为强烈，哪起案例将促使犯罪现场跨越遗址利用的红线，转变为记忆湮灭的结果。由于影响案发地命运的因素众多，因此采用数学方法预测社会对命案现场处置的

① 译注：美国宾夕法尼亚州东部工商业城市，位于斯克兰顿西南 29 公里，临萨斯奎哈纳河。

图 6-17　1929 年 2 月 14 日，"奥虫"的 7 个副手在芝加哥市克拉克街 2122 号的一处车库被集体枪杀，史称"情人节大屠杀"。车库于 1967 年被拆除。

不同方式绝非易事。让我们通过两起"世纪大案"（Crimes of the Century）来认识案发地命运的不可预测性——1924 年的完美犯罪案（Leopold-leob Murder Case of 1924）和 1969 年的曼森杀人案（Manson Murders of 1969）。

20 世纪 20 年代，内森·利奥波德（Nathan Leopold）和理查德·罗卜（Richard Loeb）共同犯下的完美犯罪案曾轰动一时。利奥波德与罗卜两人是来自芝加哥市富裕家庭的年轻人。他们比同龄人早熟，且自命清高、智力超群，沉迷于实施"完美犯罪"。1924 年 5 月 21 日，这两个纨绔子弟在放学路上绑架并谋杀了邻居家的一个小孩——波比·弗兰克斯（Bobby Franks）。利奥波德不慎将眼镜遗落在了波比的尸体旁，循着犯罪现场的这一线索，警方锁定了犯罪嫌疑人，自以为计划周详、毫无疏漏的完美谋杀很快被侦破。开庭时，由于证据确凿，被告人的首席辩护律师克拉伦斯·达罗（Clarence Darrow）没有作无罪辩护，而是尽全力推翻死刑判决。最终，两人被判处终身监禁，罗卜于 1936 年在狱中遇害，利奥波德蹲了 30 年监狱，1958 年假释出狱，卒于 1971 年。

这两个富家子弟虽然仅仅犯了一次案，但他们的行为对相关地方产生了极其负面的影响，利奥波德、罗卜以及弗兰克斯的家人都选择远离原有的社会圈子。理查德·罗卜的父亲曾是西尔斯·罗巴克公司（Sears Roebuck Co.）①的副总裁，一位百万富翁，而内森·利奥波德的父亲也颇有财力。对于自己的儿子残忍地杀害了邻居家的小孩，两位父亲可谓有苦难言，在人前抬不起头。结案不久，利奥波德一家搬离了南格林伍德大道 4754 号（4754 South Greenwood Avenue），房子空了好些年，最终拆建新房。不仅如此，两个兄弟也选择改名。案发期间，罗卜的父亲患病，他被收监后，父亲过世。很快，他们家位于南伊利斯大道 5017 号（5017 South Ellis Avenue）的房子也挂牌出售。房子几经转手，20 世纪 70 年代拆除前，已沦落为一处出租房（图 6-18）。弗兰克斯家的房子位于南伊利斯大道 5052 号（5052 South Ellis Avenue），是几家人中唯一保留至今的，但庭审结束，这家人还是搬走了。霍尔·希格登（Hal Higdon）在 1975 年出版的专著中对弗兰克斯的遇害深表同情，也对由于这起案件而蒙上耻辱外衣的几家人的房子表达了非比寻常的关注。他在序言中写道："五十年过去了，关于这起案件的大多数场地都已物是人非，留下的不过是糟糕的回忆，很糟的回忆。"[25]

人们对于弗兰克斯之死的反应非同一般，仅一次谋杀就让人感受到如此强烈的耻辱感。[26]相较而言，发生在 20 世纪 60 年代的曼森杀人案，却引起了难以解释的完全相反的社会反应，案发现场的改变可谓微乎其微。凶案现场位于好莱坞山本尼迪克特峡谷道的比弗利山庄。1969 年 8 月，曼森的信徒潜入这处豪宅，杀害了莎朗·塔特（Sharon Tate）②以及她的 3 位客人，年轻的管家也难逃一劫。第二天晚上，曼森亲自带领其追随者再次作案，他们流窜到洛杉矶银湖社区（Silver Lake District of Los Angles），残忍地杀害了利奥和罗丝玛丽·拉比安克夫妇（Leno and Rosemary LaBianca）。当局一开始并没有将两起案子联系起来，至当年 11 月，警方通过并案侦查，诸多线索越发清晰地表明，这绝对是一起世纪大案，"曼森家族"③也被时人看作是暴力犯罪的代名词。凶案发生后，莎朗·塔特与其丈夫罗曼·波兰

① 译注：美国西尔斯·罗巴克公司（Sears Rosbrck Co.）是世界上最大的一家经营百货商品的连锁店。
② 译注：莎朗·塔特（1943 年 1 月 25 日—1969 年 8 月 9 日），出生于美国德克萨斯州达拉斯市，好莱坞 20 世纪 60 年代著名女演员。
③ 译注："曼森家族"是一群仰慕曼森的追随者所组成的杀人集团，成员多数为年轻富有的中产女性。

图 6-18　罗卜家位于伊利诺伊州芝加哥市南伊利斯大道 5017
号。内森·利奥波德和理查德·罗卜共同犯下了"完美犯
罪"——绑架并谋杀了邻居家小孩波比·弗兰克斯。庭审结
束，罗卜家人被迫搬家。

斯基①（Roman Polanski）当年从鲁道夫·阿尔托贝利（Rudolph Altobelli）
手中租下的本尼迪克特峡谷道茨埃罗大巷 10050 号，仍作为一处私家宅邸被
保留了下来。[27]拉比安克夫妇曾住过的韦弗利巷 3301 号几易其手，门牌也改
为 3311 号，但基本保持原貌。虽然曼森谋杀案让人不寒而栗，但是人们没
有在案发地留下任何纪念物，如同大多数曾发生过凶杀案的房子一样，它们
被再次利用，供人居住。

① 译注：罗曼·波兰斯基（1933 年 8 月 18 日—），法国大师级导演，侨居巴黎的波兰籍犹太
人。导演生涯超过 50 年，其黑色电影风格载入世界电影史册。

第六节　关于辱名之地的病态反馈

我曾在前文中说过，记忆湮灭的过程很难真的完结，不论采取何种临时补救措施，耻辱感都会萦绕很长时间。当记忆湮灭面临失效，公众祭祀又不是很恰当的时候，某些案例确实陷入了"遗忘难，铭记也难"的尴尬局面。在此种情况下，不论是设立地标、选择遗忘，还是重复利用、缅怀逝者，任何一种处置方式都会遭到人们的反对。当人们对惯常的居住环境产生某种复杂的情感，使得耻辱感与正常情绪交织在一起时，这即是地理学家所谓的"地方感"（Sense of Place）。[28]对某处安逸的生活环境的偏好，能够促使深度正向情感联结的产生；反之，则可能出现某种"无地方性"（Sense of Placelessness）的情感体验，疏离感、迷离感，以至于焦虑感与恐惧感随之出现，取代了深度的正向情感联结。[29]人们对于沾染辱名之地的情感体验处于"地方感"与"无地方性"之间，既不能形成正常的地方依恋，也难以产生新的地方性认知。

少数极端情况下，耻辱感可以引发对某地产生非常少见的强烈的厌弃感，类似于某种"病态意识"。在我看来，这种病态的情感体验是由于压抑失去亲人的痛苦造成的。正如我在前述章节中所提到的，公众祭奠活动是经受灾祸的人们宣泄悲伤情绪的重要渠道，而纪念遗址的建立能够帮助活着的人们逐渐接受失去亲人的现实，慢慢开始理解逝者对于生者的重要意义。对于某些特别让人震惊的暴力事件，某些人摆脱不了负罪感或耻辱感，被迫做出压抑悲伤的选择，他们内心不得安宁，其行为可能脱离正常的社会轨道。心理学家常说："压抑毫无益处，不利于舒缓紧张情绪。"事实上，不论个人还是群体，都应该有特定的情绪发泄渠道。然而，并不是所有人都能够采取积极的办法来发泄情绪，而是长期处于焦虑或压抑的情绪中。为此，今天的普遍做法是由心理学家团队对灾后社区实施心理干预。研究表明，幸存者通常会因长期压抑自己而采取破坏性的方式发泄情绪。因此，及时的心理干预能够帮助幸存者较快地走出心理阴影，有效减少离婚案件、暴力行为、成绩下降等负面情况的发生率。然而，本章所涉及的案例中，较少有心理干预的参与，甚至有因羞于启齿而抵制心理救助的情况发生。

人们会采用非正常的方式，甚至是不合常规的办法舒缓紧张情绪。一位参与过盖恩案心理干预的精神病专家对一些调侃此案的黑色幽默感到非常有趣。笑话、谜语、双关语、童谣等的出现往往受到谋杀、屠杀以及其他类型的暴力事件的启发。乔治·阿恩特（George Arndt）在他的书的结尾处写道："黑色幽默可以被看作一种心理防御行为；通过黑色幽默，人们不必承认自己害怕，却能够达到舒缓焦虑情绪的目的。"[30]上述论断得到了诸如弗洛伊德（Freud）等著名心理学家的认同。黑色幽默之所以有此功效的原因在于，开怀一笑犹如社会化润滑剂，它能够巧妙地表达震惊、悲伤、恐惧等令人尴尬的情绪，以及避免一些不足与外人道的纠结。当其他宣泄悲怆的方式被封堵时，也许幽默是活着的人们聊以自慰的唯一出口。

讲讲笑话并不是应对与耻辱以及惊恐相联系的事件的唯一方式，现代美国社会中，大众传媒、流行文化都可以成为病态好奇心宣泄的渠道。例如，电影、电视、报纸、杂志，以及科幻小说、写实小说、流行音乐等作品，大量选取一些令人不齿的事件作为创作题材。然而，在观赏此类作品的同时，人们又批评它们太过露骨，品位低下。[31]人们一面隐藏焦虑和恐惧，一面对此充满好奇。剧作家罗伯特·布洛赫（Robert Bloch）的流行小说正是利用了人们的这种矛盾心理才取得了巨大成功。布洛赫擅长将真实的犯罪案件融入小说情节中，他创作的连续剧《美国哥特式》（*American Gothic*）取材于贺姆斯的生平和犯罪经历，另一部广受好评的小说《惊魂记》（*Psycho*）则受到了盖恩案的启发。阿尔弗雷德·希区柯克（Alfred Hitchcock）将后者拍摄成电影，这部作品被誉为是现代恐怖电影的经典之作。除《惊魂记》外，盖恩的罪行也成为像《德州电锯杀人狂》（*Texas Chainsaw Massacre*）等其他电影作品的重要题材。再如，当一位杀人者被问及为什么在圣地亚哥公园射杀一名小孩的时候，她的回答是："我不喜欢星期一。"如今，《我不喜欢星期一》（"I Don't like Mondays"）是"新城之鼠乐队"（Boomtown Rats）录制的一首单曲的名字，《另一个爬行的孩子》（"Another Kid in the Crawl"）则是受到盖西案启发而创作的一首歌曲。

人们通过各种渠道宣泄悲伤情绪的行为对地方以及景观面貌造成了一定的影响。人们羞于提及的地方往往遭到好事者的破坏，即使是彻底清理过的地方也难免受到骚扰。时至今日，盖西在芝加哥郊区曾住过的房子仍然吸引着大量游客前往，他们向房子投掷各种废物、垃圾，在墙上乱涂乱画（图6-3）。当然，这种涂鸦行为在其他地方也有。附近的居民发现，自己的房子成为好事者的目标，这些人热衷于到现场搜集"纪念品"，其行为显然干扰了附近居民正常的生活，自然不受待见。现在，还有不少人打听"雌雄大盗"邦尼和克莱德（Bonnie and Clyde）被击毙的地点。两人在路易斯安那州边维尔教区的乡间公路上被设伏的警官击毙。后来，人们在公路旁为这对"雌雄大盗"竖起了一块纪念碑，碑身伤痕累累，布满涂鸦之作（图6-19）。例如，发生情人节大屠杀的仓库被拆除时，留有弹痕的砖块被人当作文物收藏，卖出了高价。又如，拍卖会上，人们争相拍下查尔斯·魏特曼带到钟楼上的步枪等物品。

某些有着不幸遭遇的地方往往会成为自杀、骚乱、暴动等暴力事件的温床。正如我在前文中提到的德克萨斯大学校园枪击案中，学校中央高高的钟楼在事发一年后重新向公众开放，但随后这里成为自杀者们乐于求死的地方，于是学校被迫于1974年将其关闭。正如伤膝谷大屠杀（Wounded Knee Massacre）发生的地方是美洲印第安人苏族起义（Sioux Uprising of 1973）爆发的策源地，石墙酒吧（Stonewall Inn）也是一系列反同性恋游行示威的根据地。再如，1995年俄克拉荷马城爆炸案（Oklahoma City Bombing of 1995）的嫌犯，曾亲身朝觐大卫支派邪教（Branch Davidian Compound）设在韦科（Waco）市郊的总部。

暴力案件发生的地方也是美国民俗学家扬·布鲁范德（Jan Brunvand）所谓的"城市传奇"（Urban legends）等的灵感之源。[32]奇闻轶事往往有着曲折离奇的情节、令人啼笑皆非的结局，现实中虽有原型，但终归是虚构的。它们流传非常广，甚至能够跨越语言障碍，漂洋过海，到异国他乡生根发芽。其实，这些故事往往具有共通之处，因此能够被不同文化所接受。布鲁范德主要关注那些超越现实的作品，或者说在现实中难以找到原型的传奇。除此之外，真实事件也能够产生长久流传、广受欢迎的故事。传奇故事中描绘的场景往往取材于犯罪现场或是与案件有联系的地方。1934年7月23日，联邦调查局探员在芝加哥击毙了悍匪约翰·迪林杰（John Dillinger）。第二天，《芝加哥先驱者报》（*Chicago Herald Examiner*）就刊登了一则故事——《街市暴毙，观者如云》（"Scene of Death Made a Bazaar"）：

> 约翰·迪林杰昨日被击毙的街巷可谓人潮涌动、观者如云。一些自称当时在现场的小青年，通过向好奇的路人讲述亲眼看见的事发经过，换几个零钱花花；也有人高声叫卖沾上了这位亡命匪徒血渍的手帕、报纸。[33]

迪林杰死在了芝加哥传奇剧院（Chicago's Biography Theater）南面的巷子口。数年间，这条巷子成为芝加哥最火的旅游点，每年吸引成千上万的

图 6—19　"雌雄大盗"邦尼和克莱德被击毙的地点。1934
年，两人在路易斯安那州边维尔教区的乡间公路上被设伏的
警官击毙。后来，人们在公路旁为这对"雌雄大盗"竖起了
一块纪念碑，碑身伤痕累累，布满涂鸦之作。邦尼的墓位于
达拉斯市，每年有很多游客慕名前往祭扫。

好奇者前往，同时这里也是街头骗子猖獗活动的地方。让我非常惊讶的是，60多年后，人们仍能够准确地指认出他被击毙的地点，发生在这里的故事已流传了近半个世纪，成为当地民俗活动的一部分。虽然如此，人们却在悍匪被击毙的地方找不到一块纪念这段传奇经历的碑石、铭牌。也许，唯有某天，当芝加哥将这段往事看作是这座城市的一份特殊"文化遗产"（Cultural Heritage）时，与悍匪有关的种种才会以不同的面貌载入史册，这条街巷也将拥有一座纪念碑。事实上，很多传奇故事描写的场景大都类似于迪林杰被击毙的这条街巷——要么是暴力、灾难事件的发生地，要么是与此类血腥事件有着千丝万缕联系的地方。例如，罪犯的出生地、成长地、被捕处、下葬地。这些故事充斥了血腥与暴力，从本质上说与英雄事迹或者人物传记无异，但很少以书面的形式流传，而是私下口口相传。对历史古迹感兴趣的游客买一本导览手册就好，而对于想要找到暴力或灾难事件发生地的人来说，必须依赖于一些非正式的导游信息。例如，位于达拉斯皇冠山墓地（Crown Hill Cemetery）的邦尼·帕克之墓，位于沃思堡玫瑰山墓地（Fort Worth's Rose Hill Cemetery）的李·哈维·奥斯瓦尔德之墓（Lee Harvey Oswald's Grave）[①]，大卫支派邪教设在德克萨斯州韦科市郊的总部遗址。

编造故事的人可能没有想要刻意地调侃谁，但所起的作用与之类似。当阴云不散、郁结难平时，戏谑之词也许能够帮助人们逐渐克服灾难事件所带来的耻辱感、恐惧感与焦虑感。没有确切的证据可以说明将情绪发泄到某个特定的地方，一定能够克服慢性焦虑，或必定能够战胜无可名状的恐惧与不安，但可以预见的是，从耻辱感的心理机制与日常活动空间的关系入手，能够搜集到更多支持这一结论的证据。[34]

关于血腥与暴力事件的话题反复出现在公众的讨论中。时至今日，德克萨斯州韦科市的人们都在质疑1993年政府武力剿灭大卫支派邪教的合理性，争论应该如何处置邪教组织的总部遗址。那些经历过1995年俄克拉荷马城恐怖爆炸案的幸存者们一直努力治愈爆炸案造成的伤痛，希望内心变得平静。然而，伤痛记忆彻底湮灭似乎永远也不能达成，纵使纪念物能够帮助人们疗伤，但爆炸案留下的伤痕仍不断提醒人们那抹不去的灰色记忆；尽管做出了种种努力，但还是忘不了那段惨痛的经历，内心还是愤愤不平。

---

① 译注：李·哈维·奥斯瓦尔德（Lee Harvey Oswald，1939年10月18日—1963年11月24日），美籍古巴人，被认为是肯尼迪遇刺案的主凶。

第七章 景观之忆

　　公众祭奠、立碑纪念、遗址利用、记忆湮灭并不是静止不变的，而是常常出现小的调整，甚至于是在多年后出现大的变化。在某些极端的情形下，遗址将会被重新发掘，成为公众祭祀地，也可能走向记忆湮灭的结局。遗址变迁的动力来自于历史反思。在反思中，人们能够更加深刻地认识历史意义。由此，人们对遗址面貌进行调整，营造新的历史地标。近期，历史学研究非常关注国家历史、爱国主义以及历史地标的变迁问题。事实上，历史故事带有强烈的主观色彩，而所谓的"历史真相"也是由人讲述的。换言之，历史传说一次一次地被扭曲、篡改，以便适应当时社会的需要。然而，这并非是说"历史"等同于神话传说，而是说"真相"不断地被过滤、筛选，使其更加真实可信，更富传奇色彩。艾瑞克·霍布斯鲍姆[①]和特伦斯·兰杰[②]将此称为"发明传统"（Invention of Tradition）。以他们为代表的研究者勾勒出了传统、神话、传说与国家主义和民族意识伴生的过程，以及从浪漫主义、英雄主义视角赞颂国家创建历程的情况。[1]另一些研究者倾向于使用"制造历史"（Making Histories）一词来描述这一现象。按照后者的观

---

① 译注：艾瑞克·霍布斯鲍姆（Eric Hobsbawm），近代史大师。
② 译注：特伦斯·兰杰（Terence Ranger），非裔历史学家。

点，国家、社会组织从历史一致性角度出发，致力于强化身份意识，促进民族团结。[2] 有意思的地方在于，人文景观会参与历史传统建构。换言之，历史传统会以纪念碑等形式出现在景观之上，纪念遗址变迁也会加速历史传统重塑。

我将在本章探讨"发明传统"对美国境内人文景观的巨大影响力，并将考察暴力与灾难遗址融入传统的过程。为此，我将着重分析三组典型案例。首先，德克萨斯独立战争纪念遗址为我们展现了德克萨斯人地域性特征的形成过程；其次，考察迪尔伯恩要塞大屠杀遗址（Fort Dearborn Massacre of 1812）和芝加哥大火遗迹（Great Fire of 1871）如何成为城市神秘传说的过程及其与芝加哥地域文化的关系；最后，探访纽约州、犹他州等地由摩门教徒留下的遗迹，揭示宗教印记植入地方的过程。在此基础上，我在下一章将研究重点转向美利坚民族国民意识以及历史传统，探讨他们呈现人文景观的过程与机理。

第一节　勿忘德克萨斯

在今天的德克萨斯州，人们能够找到数以百计的与德克萨斯独立战争以及德克萨斯共和国有关的纪念碑石。美国也许没有任何一个地方像德克萨斯州一样，如此热衷于铭记该州的历史。不论是神话传说、历史故事，还是教科书，都在反复强调德克萨斯人反抗墨西哥暴政的英勇事迹。如今，主要战场均已演变成重要的纪念地，每年吸引数以千计的游客到访。例如，阿拉莫（Alamo）战役遗址被誉为"纪念德克萨斯人解放的圣殿"（Shrine to Texas Liberty），也是圣安东尼奥以及德克萨斯州的主要景点。在某些特殊纪念日，美国总统会专程前往德克萨斯州，对德克萨斯人为争取独立所付出的牺牲表达敬意。因此，这里的纪念遗址呈现了德克萨斯独立战争不同阶段的风貌，成为历史真相与民间传说相互交融的最佳脚注。

德克萨斯独立战争的部分桥段犹如史诗般壮烈。[3] 然而，德克萨斯人革命的动机并不单纯是为了获得独立，也有其他因素掺杂其中。第一批来到墨西哥边境地区定居的欧洲殖民者，受到墨西哥政府的慷慨接纳。作为免费获得土地的条件，这些新移民同意接受墨西哥政府管辖，成为墨西哥公民，拥护侨居国宪法和各项法律，甚至同意加入罗马天主教，放弃奴隶制。墨西哥政府为了更快地开垦殖民地，并没有严格执行上述约束性条款，这使移民们享有免除各种税赋（关税、宗教税等）、免服兵役等特权。[4] 现在看来，大多数新移民都愿意遵守墨西哥的法律、法规，但有少部分人不过是为换取土地而假意顺服。大多数德克萨斯人都清楚地知道，美国政府对墨西哥新垦地区怀有狼子野心。当欧洲殖民者踏上美洲大陆的时候，美国和墨西哥之间就产生了矛盾。19 世纪 20 年代，墨西哥脱离西班牙获得独立。由于 19 世纪二三十年代墨西哥政局动荡，且迫于美国政府的压力，似乎墨西哥政府迟早只能将这片土地转让给美国政府。于是，一些欧洲移民试图推动这一进程早日实现。

德克萨斯人并非忘恩负义的客人，但他们自认为与墨西哥人非常不同。这些不同之处不仅表现在政治见解、居住区域上，随着时间的推移，在文化上也大不一样。因此，德克萨斯人与墨西哥人之间所爆发的冲突，与其说是政治对抗与领土纷争，不如说是在广袤的新开垦地区不同文化冲突的结果。文化差异使得双方心生隔阂。一方面，德克萨斯人难以接受墨西哥政府的做法；另一方面，墨西哥领导人也错误地估计了德克萨斯人的决心。在此背景下，紧张局势不断升级，冲突与矛盾不断加剧。19 世纪 30 年代早期，墨西哥政府要求新开垦的德克萨斯地区像墨西哥其他地区一样缴纳税赋、服兵役。在德克萨斯人看来，这一做法是对自治权的干涉与破坏。对抗持续数年，不断升温，最终演变成一场战争。1834 年，安东尼奥·洛佩兹·德·桑诺·安纳（Antonio Lopez de Santa Anna）将军意欲强行接管对德克萨斯的管辖权。安纳将军最初对德克萨斯人抱有同情，只想把他们驱赶到墨西哥边界地区。几年后，他改变了立场，认为德克萨斯人不论身处何时何地都必须严格遵守墨西哥的法律。德克萨斯人对于土地的诉求以及所做出的一系列努力将使他们自给自足并逐渐脱离中央政府的统治。如果德克萨斯人不投降，安纳将军将会把他们赶出墨西哥。德克萨斯人在危险步步逼近的时候，并没有采取一致的抵抗行动。即使他们走上战场的时候，也没有停止挥舞墨西哥国旗，没有宣称要放弃墨西哥国籍。他们所支持的是 1829 年在宪法中承认德克萨斯州自治权的墨西哥政府，而不是 19 世纪 30 年代意欲剥夺该州自治权的政府。持续多年的不信任与政治纷争最终导致战争爆发。德克萨斯人倾尽全力抵御政府军的"入侵"。在一系列擦枪走火以及小规模军事冲突之后，阿拉莫、戈利亚德、圣哈辛托发生了三次大规模屠杀事件。德克萨斯人装备差，军队人数有限，不得不利用雇佣军以及美国的外援与敌方作战。战后，德克萨斯地区有近十年时间保持独立共和国的姿态。因此，他们有充足的时间掌控土地资源，并逐渐认清革命战争的重要意义并不是建立共和国，而是加入美利坚合众国。最终，美国再一次完成了领土扩张。

德克萨斯独立战争爆发的原因涉及自治权问题，也有文化冲突的矛盾。换言之，既是墨西哥政府对殖民者约束失控的结果，也是殖民者对墨西哥文化、天主教抵制的结果。不仅如此，德克萨斯人对墨西哥政府在殖民地废除奴隶制感到强烈不满。于是，他们聘请雇佣军，从美国争取外部援助，抵御政府军的武装干预。这段历史被看作是争取民族独立、反抗专制暴政的英雄史诗。然而，有关德克萨斯独立战争的许多传奇故事与事实不符。一方面，这些传奇刻意隐瞒德克萨斯人争夺土地的野心；另一方面，夸大了他们为获取胜利作出的牺牲。这些故事对殖民者的野心避而不谈，转而强调他们所经历的苦难和遭到的压迫。故事被传了千百遍，似乎就变成了真相。几十年后，这些故事逐渐与德克萨斯革命相关的纪念景观联系起来。大多数德克萨斯革命遗址都演变成了纪念地，它们对德克萨斯战争的争议性问题以及历史意义的解读有所助益。

德克萨斯独立战争有三处主要纪念地，分别位于阿拉莫、戈利亚德、圣哈辛托。这三次战役都发生在 1835 年 12 月至 1836 年 4 月德克萨斯人与墨西哥政府矛盾最深的时期。1835 年 10 月 2 日，冈萨雷斯镇（Gonzales）拒绝向墨西哥军交出一门大炮，引发了两军的第一次正面交火。当年 11 月 7 日，德克萨斯人正式向外界公布了墨西哥政府的累累罪行以及德克萨斯人遭受的压迫与苦难。12 月 5 日，德克萨斯军围困了圣安东尼奥市，并在阿拉莫与政府军发生激烈巷战。战斗一直持续到 12 月 9 日。随后，两军短暂休战。来年 2 月，阿拉莫再次被围。墨西哥政府还向北部增兵，妄图将叛乱的欧洲移民赶出国境。1836 年 2 月 23 日，增援阿拉莫围城战的政府军赶到。围城战一直持续到 3 月 2 日双方签署停战协议。德克萨斯人随之宣布脱离墨西哥，并在布拉索斯华盛顿屯垦区（Washington-on-the-Brazos）建立共和国。3 月 6 日，德克萨斯部队被墨西哥军击溃，新生政权瓦解。虽然戈利亚德市的德克萨斯部队距离阿拉莫不远，但没有及时派兵增援。山姆·休斯敦（Sam Houston）在维多利亚市重新集合了从戈利亚德溃败的散兵。3 月 19 日，这支部队在戈利亚德几英里外再次被墨西哥政府军击败，史称"棕鸟溪战役"（Coleto Creek Battlefield）。叛军在詹姆斯·范宁（James Fannin）的带领下向政府军投降。3 月 27 日，这支部队被押解回戈利亚德。除一小部分人幸免于难外，大部分士兵均被处死。在这次残暴大屠杀的刺激下，德克萨斯人奋起反击，终于在圣哈辛托转败为胜。圣哈辛托位于今天休斯敦市的附近。4 月 21 日，德克萨斯军偷袭了正在午休的墨西哥政府军，击毙了数百名企图逃跑或投降的敌人，迫使圣安娜将军率军投降。1836 年 5 月，德克萨斯人与墨西哥政府签订停战协议，宣布独立。然而，直到 1848 年，根据《瓜达卢佩－伊达尔戈条约》①，德克萨斯人才真正地实现了独立。此时，德克萨斯已正式加入美利坚合众国。

　　当人们回望德克萨斯独立战争及其历史遗址的时候，清楚地注意到战争纪念地能否出现受到多种因素制约。正如同战争爆发的过程一样，纪念地的出现是日积月累的结果。圣哈辛托上空飘荡着"铭记阿拉莫，勿忘戈利亚德"的呼声。与此同时，德克萨斯军人想要复仇的愿望非常强烈。这支部队曾被墨西哥军队围困，在没有做出任何有效抵抗的情况下就缴械投降，最终被集体杀害。然而，复仇将导致记忆湮灭，却并不会促使纪念地出现。这场战争没有什么值得纪念的内容，相关战争遗址也没有什么好保留的。墨西哥政府军两次屠杀战俘和德克萨斯军的一次偷袭行动，难以为战争传奇提供光鲜素材。在圣安娜将军率部投降后，墨西哥政府承认了德克萨斯人对殖民地土地的所有权，德克萨斯独立战争遗址逐渐从公众视野中消失。墨西哥军曾在阿拉莫残忍地杀害降敌并焚烧尸体。从 1837 年 2 月 25 日开始，德克萨斯人用近一年时间掩埋遇难士兵的遗骸。德克萨斯人在戈利亚德开辟了一大块墓地。这块墓地虽然普通，也没有立任何碑石，但却足以让逝者远离野狗，得到安息。此外，圣哈辛托也有一处规模不大的墓园。在战后最初的 50 年，位于圣哈辛托、阿拉莫、戈利亚德的三处墓地远离公众视野，很少受人关注。

　　为纪念在墨西哥独立革命战火中牺牲的战友，退伍军人最早提出在战斗发生过的地方设立纪念地。[5]1856 年至 1881 年期间，德克萨斯退伍军人协会发起募捐，在圣哈辛托墓园修建了一块纪念碑。1883 年，该协会筹措到了足够购买圣哈辛托墓园的经费（图 7-1）。购买圣哈辛托墓园之举，不过是迈向纪念地营造的一小步，却折射出 19 世纪 80 年代人们对德克萨斯独立战争遗址的关注日渐升温的情况。此时，正值德克萨斯独立战争胜利 50 周年。詹姆斯·范宁上校在椋鸟溪战役遭遇滑铁卢的地方有一处纪念碑。此役过

---

　　① 译注：《瓜达卢佩－伊达尔戈条约》（*Treaty of Guadalupe Hidalgo*），1848 年 2 月 2 日美国强迫墨西哥在瓜达卢佩－伊达尔戈镇（墨西哥城北）签订的屈辱性和约。条约规定墨西哥把德克萨斯、新墨西哥和加利福尼亚以及塔马乌利帕斯、科阿韦拉和索诺拉的北部等大片土地割让给美国，美国付给墨西哥 1 500 万美元和放弃墨西哥所欠的 325 万美元债务作为补偿。

后，范宁上校被迫率军投降，陨落戈利亚德（图 7-2）。此外，戈利亚德县于 1885 年在城郊墓地为范宁上校修建了一座纪念碑（图 7-3）。墓地临近一处废弃的军事要塞，除了 19 世纪 50 年代以来当地人扫墓时带来的石块外，几十年来这里一直保持原样。

图 7-1　仅有少量战死的德克萨斯人被埋在圣哈辛托墓园。1856 年至 1881 年间，德克萨斯退伍军人协会发起募捐，并最终于 1883 年买下了圣哈辛托墓园。19 世纪 80 年代购买圣哈辛托墓园之举是迈向纪念地营造的一小步。20 世纪 30 年代，人们对德克萨斯独立战争遗址的关注日渐升温。如今，圣哈辛托墓园位于一处市政公园内。

图7-2　1836年3月19日，詹姆斯·范宁上校在棕鸟溪战役中遭遇滑铁卢。第二天，范宁上校被迫率军投降。范宁的部队被押解回戈利亚德，羁押于普雷西迪奥（Presidio）。3月27日，范宁的部队被屠杀。

图7-3　位于戈利亚德的詹姆斯·范宁纪念碑。这座修建于19世纪80年代的石碑是纪念德克萨斯独立革命的第一座纪念碑。

19世纪80年代以后，位于圣安东尼奥市的阿拉莫战役发生地经历了许多变化，但一直没有出现大型纪念碑。教会拥有对废弃军事要塞的处置权，但并不想对该处遗址予以修缮。1847年至1877年，美国军方从教会手中租下要塞，并将其用作军械库。美国南北战争期间，这里被南方联盟军占用。当军方租期届满以后，教会将这处资产用作商业出租。伴随着19世纪80年代人们对战争遗址的兴趣日渐浓厚，圣安东尼奥市于1883年出资购买了位于阿拉莫的这处小教堂，但市政府并没有进一步的开发计划。

世纪之交，德克萨斯独立战争遗址的面貌开始发生巨变。1885年，教会出售要塞旧址，将其用作商业开发（图7-4）。1905年，德克萨斯州政府从私人手中买下了要塞旧址，但政府并没有在阿拉莫建纪念公园或祠堂的想法。阿拉莫战役遗址的处置权被移交给一个名叫"德克萨斯共和国女儿"（Daughters of the Republic of Texas）的爱国团体。该团体成立于19世纪末。1897年，位于圣哈辛托的德克萨斯退伍军人协会不断扩大其对战场遗址的控制权，积极修建战争纪念碑。1907年，与阿拉莫战役遗址从私人手中交由政府管理的过程一样，这处战争纪念园被移交给圣哈辛托公园委员会。1910年，"德克萨斯共和国女儿"取代了德克萨斯退伍军人协会对圣哈辛托纪念园的管辖权，并将此前的小纪念牌替换为大理石制的大型纪念碑。

如前所述，对于德克萨斯独立战争遗址的保护工作始于19世纪80年代，并最终于20世纪30年代取得突破性进展。1936年是德克萨斯州独立100周年。德克萨斯州对战争遗址倾注了大量热情，并为此举行了规模盛大的悼念活动。阿拉莫等三处主要战争遗址以及其他与该州历史相关的遗址都受到了重视。纪念活动可谓是规模空前，世所罕见。德克萨斯州建州100周年庆由"德克萨斯广告俱乐部"（Advertising Clubs of Texas）于1923年发起，活动持续了近10年时间。一开始的时候，响应者寥寥。至20世纪30年代，纪念活动得到了广泛的支持。当年，德克萨斯州深陷经济危机，而大规模的纪念活动以及纪念遗址营造有利于通过公共设施建设以及旅游项目刺激经济，这符合罗斯福新政精神。1931年，德克萨斯州建州100周年庆临时委员会成立。该机构积极为纪念活动募集资金，制订计划，起草章程。委员会主席对此次活动的意义作出如下展望：

> 德克萨斯州建州100周年庆将不仅是一次大型的现代节事，也是在砖石结构的建筑内展示本州秀美的山川和丰富的物产以及德克萨斯人的聪明才智与科学成就的活动。

图7—4　1898年时的阿拉莫。当年，照片右上角的教堂属于
德克萨斯州的资产。阿拉莫战役的相关遗址主要属于私人资
产，例如雨果和施梅尔策的商店（Hugo and Schmeltzer
Store）。1836年，德克萨斯人驻防的阵地一直延伸到今天的
阿拉莫广场处。图片由圣哈辛托历史保护协会提供。

　　　　这次周年庆祝活动将回顾英雄烈士和爱国志士抛头颅、洒热血的悲
壮历史，以及德克萨斯州成为联邦一员的艰辛历程。

　　　　本次活动还将讲述第一批踏上这片土地的人们艰难创业的故事。他
们带来《圣经》等书籍，在蛮荒之地播下文明的种子；他们带来耕牛、
犁耙和来复枪，在不毛之地开疆拓土。

　　　　这次活动将让我们站在历史的高度，回溯先辈们披荆斩棘、不畏艰
险的奋斗历程；让我们心怀理想，憧憬未来。[6]

　　为这次活动制作的宣传材料也着力传达同样的思想："德克萨斯州的历
史可谓是精彩纷呈、无与伦比。在战火纷飞的峥嵘岁月中，轮番上演了各种
历史巧合以及顽强不屈、英勇无畏、精忠报国、血洒疆场的悲壮故事。"[7]从
此意义上而言，阿拉莫展现了美国历史上最英勇壮烈的一面，在世界范围内
也是难有匹敌者。戈利亚德大屠杀点燃了德克萨斯人复仇的怒火，"铭记阿
拉莫，勿忘戈利亚德"的呼声日益高涨，德克萨斯人最终在圣哈辛托一役扭

转战局。[8]毫不夸张地说，此役被誉为是“全球第六大具有转折性历史意义的战役”。这一明显具有宣传色彩的论断，在 20 世纪 40 年代变得不再那么突兀。活动期间，大众媒体以及各种报刊书籍等对德克萨斯州的历史进行了美饰以及卓有成效的传播。历史书、自传、教科书、通俗文学、影视作品均着力渲染德克萨斯历史上积极正面的部分，而对负面部分进行了掩饰。通过简化历史细节、删减负面因素、保留具有传奇性的部分，突出高峰，抚平低谷等一系列做法，德克萨斯州的历史被改造成一段螺旋式上升地通往民主与自由的传奇。[9]例如，阿拉莫之战被认为是“关乎生死的抉择”，而不是一次战略上的被动防御。戈利亚德大屠杀被视为重要的历史转折点，而不再一味指责军事领导与抉择上的失误。正如椋鸟溪战役纪念碑的一段铭文所言：“士兵们为挣脱专制枷锁而战，却遭到叛徒无情出卖。”如前所述，德克萨斯独立战争爆发的原因非常复杂，而此时却成为反对专制暴政的正义战争。至于战争起因中的天主教、奴隶制等问题早已被掩盖起来。

1934 年，德克萨斯州建州 100 周年委员会正式成立。该委员会计划对全州境内的主要历史遗迹予以保护，重点是针对与德克萨斯独立战争相关的遗址展开工作。州政府提供了 300 万美元的项目启动资金。美国联邦政府通过美利坚合众国德克萨斯州建州 100 周年筹委会（United States Texas Centennial Commission）也拨付了 300 万美元。该筹委会于 1935 年由美国国会发起成立，与德克萨斯州本地的相关机构相互协同工作。圣哈辛托战役旧址获得了约 150 万美元的保护资金。利用这笔资金，圣哈辛托不论是道路、景观，还是基础设施，都发生了翻天覆地的变化，并且还树立起了当时全美最高的一座纪念碑（图 7-5；图 7-6）。纪念碑由混凝土建造，高达 570 英尺。人们在数英里外都可以清楚地看到碑顶的一颗纪念星。这颗纪念星是德克萨斯州的象征。阿拉莫得到了 25 万美元的资金支持，用以环境改善工程以及修建一座 60 英尺高的纪念碑。这座纪念碑的主题是“奉献精神”（Spirit of Sacrifice）（图 7-7）。碑身上刻有这么一段话：“众志成城不言败，奋勇杀敌旗飞扬，血洒疆场祭德州”。在政府资助下，位于戈利亚德的墓园也修了一座纪念碑（图 7-8）。

图 7-5　从古战场远眺圣哈辛托纪念碑。1836 年 4 月 21 日，
德克萨斯军偷袭了正在午休的墨西哥政府军，击毙了数百名
企图逃跑或投降的敌人，迫使圣安娜将军率军投降。

　　美利坚合众国德克萨斯州建州 100 周年筹委会与德克萨斯州建州 100 周年庆临时委员会通力协作，规划了众多活动与项目。由于部分项目建设工期较长，直到建州 100 周年系列活动结束几年之后才最终完工。德克萨斯州政府大楼是仅次于圣哈辛托纪念碑的第二大项目。大楼位于达拉斯的世纪中心旧址。如今，大楼附近是一片集市区。政府还为阿尔派恩、奥斯丁、坎宁、柯柏斯·克里斯蒂、埃帕索、亨茨维尔、冈萨雷斯、拉拔克、圣安东尼奥等德克萨斯主要城镇的自然博物馆或历史博物馆项目拨付了部分资金。1938年，德克萨斯州建州 100 周年的工作总结报告出炉。报告详细列出了数百处得到公共资金资助的纪念碑、纪念雕塑、历史地标、墓碑、高速路标。可见，这份报告非常有分量，可谓是交出了一份圆满的答卷。[10] 自此，德克萨斯州境内的各处战争遗址均得到了有效保护，并有大小不等的纪念碑为证。

图 7-6　圣哈辛托纪念碑于 1936 年动工，1939 年完工。
纪念碑耗资 150 万美元，高 570 英尺。碑顶有一颗代表德
克萨斯州的纪念星。基座建有博物院及游客中心。

图7-7　这座题为"奉献精神"的纪念碑位于阿拉莫广
场，于1936年落成。碑身上刻有这么一段话："众志成
城不言败，奋勇杀敌旗飞扬，血洒疆场祭德州。"

图 7—8　戈利亚德的墓园。范宁的部队被全部屠杀，集体掩
　　　埋于这座墓园。19 世纪时期，当地人在墓园里修了一座小纪
　　　念碑。20 世纪 20 年代，墓园的情况非常糟糕，常有野狗出
　　　没。1936 年，在当地政府资助下，墓园内建了一座纪念碑。

德克萨斯州境内的各处战争遗址均得到了政府资助，但资助金额不等。[11]例如，戈利亚德的情况就不太乐观。戈利亚德历史公园（Goliad State Historical Park）修建于1931年。除此以外，椋鸟溪战役旧址与戈利亚德大屠杀遗址均没有得到足够重视。相较于阿拉莫之役的血战到底与圣哈辛托的突袭成功，不论如何粉饰发生于戈利亚德的这段历史，都无法洗脱范宁率军投降之耻。德克萨斯人在戈利亚德不战而降，迎接他们的却是杀降的命运。安纳将军下令将所有俘获的德克萨斯战俘全部处决。因此，戈利亚德大屠杀之耻难以与阿拉莫与圣哈辛托战役相提并论。阿拉莫战役中，德克萨斯人并非一定要死守城池，完全可以选择战略撤退，来日再战，但他们却誓死抵抗，血战到底。戈利亚德一役中，德克萨斯人同样处于战略上的劣势，但他们没能出兵增援困守阿拉莫的友军，也没能成功撤退。基于以上原因，戈利亚德的这一仗是德克萨斯独立战争中最受争议的一次战役，因此也是最后一处营造纪念碑的地方。战场附近的墓地情况非常糟糕。20世纪20年代，野狗等动物不时刨出一些人体遗骸。此时，当地人才知道这里曾是一处埋藏尸骸的墓地。1936年，当地人在此立了一块小墓碑，借德克萨斯独立战争100周年纪念之机，对墓地进行了一系列的维护工作。其中，军营驻地的修复工作于1937年开始，要塞遗址的发掘与修复工作于20世纪60年代开始。然而，戈利亚德战役的遗址似乎被人们刻意遗忘，始终处于历史阴暗的角落。

仅仅从独立革命战争的角度看待德克萨斯州的历史有失偏颇。圣哈辛托纪念碑上的铭文这样写道："墨西哥政府对德克萨斯移民的早期政策是非常宽容的。墨西哥政府拨给新移民大片土地，免除税负、徭役。因此，墨西哥人与欧洲移民是亲密的伙伴关系。自1829年开始，墨西哥爆发了一系列的革命。国内政权被残暴的统治者篡夺，新政府横征暴敛，逼迫德克萨斯人奋起反抗。"这段话一方面肯定了墨西哥政府最初的慷慨，另一方面揭露了安纳将军当权后的种种暴行，也鞭挞了当政者的横征暴敛。在德克萨斯革命前夜，大量欧洲移民遭到不公正逮捕。蓄奴问题、政治问题与宗教问题造成新移民与墨西哥政府之间巨大的矛盾。碑文也隐晦地提到了德克萨斯独立战争的另一面。德克萨斯人在圣哈辛托偷袭了墨西哥军队，并大开杀戒。对此，碑文中有所提及，但仅三句话："敌方溃不成军，我方大获全胜，解放德克萨斯。"当时，从其他国家来到德克萨斯参战的"非法移民"（illegal immigrants）被大加赞誉。碑文写道："参加圣哈辛托战役的德克萨斯移民以及外国友军来自美国各州（亚拉巴马州、阿肯色州、康涅狄格州、佐治亚州、伊利洛伊州、印第安纳州、肯塔基州、路易斯安那州、缅因州、马里兰州、马萨诸塞州、密歇根州、密西西比州、密苏里州、新罕布什尔州、纽约州、北卡罗来纳州、俄亥俄州、宾夕法尼亚州、罗德岛、南卡罗来纳州、田纳西州、德克萨斯州、佛蒙特州、弗杰尼亚州）以及世界各国（奥地利、加拿大、英格兰、法国、德国、爱尔兰、意大利、墨西哥、波兰、葡萄牙、苏格兰）。"这些来自外国的友军并非雇佣军，而是团结一致，共同向暴政宣战。就此役而言，结果重于过程，胜利属于人民。碑文写道："圣哈辛托一役大获全胜，是世界战争史上的一次奇迹。此役，从墨西哥人手中解放了德克萨斯，也为美墨战争埋下伏笔。最终，美利坚合众国吞并德克萨斯地区。后来，这一地区划分成德克萨斯州、新墨西哥州、亚利桑那州、内华达州、加利福尼亚州、犹他州，部分领土还融入了科罗拉多州、怀俄明州、堪萨斯州、俄克拉荷马州。这一新疆域占美国三分之一的领土，面积达 100 多万平方英里。"

　　综上，圣哈辛托纪念碑讲述了德克萨斯的来历。德克萨斯人的历史刻于石，埋于土，见于景。此处，话没有错，却有误导的成分。非常复杂的一幕历史故事被生硬地浓缩成正义与邪恶的斗争。由此，故事的基调非常符合美国传统价值观，将德克萨斯独立战争与美国独立战争、德克萨斯殖民历史与美国西进运动、德克萨斯人的英勇无畏与美国人的爱国主义相提并论。在德克萨斯州建州 100 周年活动期间，德克萨斯州的历史被塑造成一部微缩的美国史。

　　人们用了近 100 年的时间才形成对德克萨斯州的这一看法。此后，这一历史观基本定型，仅有少许变化，并在纪念景观上有所呈现。部分战争纪念地在此后的岁月中增加了一些新的纪念碑。换言之，不断有新的纪念物叠加到已有的纪念地上。例如，在圣哈辛托战役纪念地增加了德克萨斯号无畏舰①博物馆。德克萨斯号无畏舰于 1948 年退役，在此永久展出。供战舰停泊的船坞与圣哈辛托战役纪念碑处于一条中轴线上（图 7-9）。此后，圣哈辛托纪念园又添加了美国越战战俘及失踪人员纪念碑（POW-MIA Memorial）。由此，圣哈辛托纪念园成为各式纪念碑的汇聚地，其历史意义尤为重大。

---

　　① 译注：德克萨斯号无畏舰（USS Texas）是美国第一艘退役后作为博物馆的战舰，也是世界上保存的最老的无畏舰。

图 7-9　德克萨斯号无畏舰于 1948 年退役，在圣哈辛托战役
纪念地永久展出。德克萨斯号无畏舰是经历了两次世界大战
的最后一艘无畏级战舰。圣哈辛托纪念园成为各式纪念碑的
汇聚地，此后又迎来了美国越战战俘及失踪人员纪念碑等。

　　早期对德克萨斯历史的认识缺乏对不同少数族裔的关注。我们能够从德克萨斯建州 100 周年纪念委员会主席的话中看出端倪。他说道："德克萨斯是仁人志士用生命和鲜血换来的，不愧为盎格鲁－撒克逊人所建立的共和国（Anglo-Saxon Commonwealth）。"[12]此话虽然不假，但也有偏颇之处。近些年，人们认识到支持、参与德克萨斯独立战争的各色人等也应包含除盎格鲁－撒克逊人外的其他人。例如，不少西班牙籍的人们是德克萨斯革命的重要份子。他们积极参与到反对安纳以及墨西哥共和国暴政的斗争中来。如今，我们还能够在新制的纪念标牌、新编的历史书籍，以及新印的导游手册中找到描写墨西哥裔德克萨斯人积极加入革命队伍的文字。他们中的杰出代表有胡安·塞甘上校（Colonel Juan Seguin）、唐·弗朗西斯科·鲁伊斯（Don Francisco Ruiz）。其中，前者于 1837 年 2 月 25 日在阿拉莫为义士们举行的集体葬礼上用卡斯蒂利亚语①致悼词；后者于 1836 年 3 月 2 日在《德克萨斯独立宣言》（*Texas Declaration of Independence*）上署名。最近，人们还认识到美籍非裔人士也对德克萨斯独立革命作出了重要贡献。他们中有参加过圣哈辛托战役的指挥官，也有战死于阿拉莫、戈利亚德的勇士。具有讽刺意味的是，战斗结束，德克萨斯共和国成立，他们却被驱逐出境。因此，对于美籍非裔人士历史贡献的认同非常缓慢。德克萨斯美籍非裔历史遗产组织（Texas African American Heritage Organization）最早在州政府驻地奥斯丁偏南的地方为这些人修建了一座纪念碑（图 7－10）。[13]

　　人们对以阿拉莫教堂为代表的德克萨斯独立战争纪念地的态度褒贬不一。一方面是由于这场战争具有世界范围的影响力；另一方面在于阿拉莫教堂所处的位置正好是美国大型城市的中心。多年以来，德克萨斯民众一直呼吁政府从"德克萨斯共和国女儿"这一民间组织手中收回对阿拉莫教堂的管辖权。事实上，州政府拥有对教堂土地的所有权，但自 1905 年开始，管辖权一直交给"德克萨斯共和国女儿"负责。该组织主要依靠门票收入负责日常运营，没有从联邦政府、州政府得到任何补贴。然而，不少人对此颇有微词。[14]主要意见如下：第一，该组织不应对外封闭，很少公开吸纳普通大众为会员；第二，阿拉莫教堂属于公共资产，因此相关门票收入理应上交政

---

　　① 卡斯蒂利亚（Castalia），又译作卡斯提尔，是西班牙历史上的一个王国，由西班牙西北部的老卡斯蒂利亚和中部的新卡斯蒂利亚组成。卡斯蒂利亚人使用的语言为卡斯蒂利亚语（即西班牙语），是官方语言和全国通用语言。

图7—10 为纪念美籍非裔人士在德克萨斯独立战争中所做出的历史贡献，德克萨斯美籍非裔历史遗产组织于1994年在此建立了这座纪念碑。纪念碑没有紧州议会大厦，距德克萨斯独立战争纪念碑有一段距离，位于一处小公园内。从这里可以眺望州议会大厦的穹顶。

府。第三，建议政府收回对阿拉莫教堂的管辖权，不交由该组织负责。按照相关法律，德克萨斯公园与野生动植物管理处（Texas Department of Parks and Wildlife）负责对本州境内全部历史遗产的管理工作。可以预见，阿拉莫教堂迟早会从民间组织手中移交给政府。这处遗址是德克萨斯人的骄傲，被"德克萨斯共和国女儿"誉为"象征着德克萨斯自由的圣殿"（Shrine of Texas Liberty）（图7-11）。游客在步入教堂时必须脱帽，保持安静，否则将被安保请出。1982年，摇滚明星奥奇·奥斯本（Ozzy Osbourne）曾在阿拉莫教堂随地小便。由于这一"大不敬"的行为，他在圣哈辛托遭禁演。直到1992年，他公开道歉，并向"德克萨斯共和国女儿"捐出1万美元，这才平息了此事。[15]这些年来，德克萨斯州政府一直希望墨西哥政府归还德克萨斯人的一面战旗。它曾在阿拉莫战役中挥舞，是唯一存留下来的战旗。墨西哥人出于同样的爱国理由，拒绝了这一请求。

图7-11　阿拉莫遗址近照。阿拉莫遗址被誉为"象征着德克萨斯自由的圣殿"。游客在步入教堂时必须脱帽，并保持安静。遗址的产权归德克萨斯州，但由"德克萨斯共和国女儿"管理。

　　今天看来，发生在阿拉莫教堂的各种轶事并没有什么大不了的，却从一个侧面折射出德克萨斯的历史脉络及其作用于人文景观面貌的过程。19世纪，美国与墨西哥在北美大陆的冲突与矛盾不断积累，两强在德克萨斯必有一战。当年，墨西哥政局不稳，美国趁机快速向墨西哥防守薄弱的边境地区扩张领地。这一幕是两种不同文化冲突的典型例子。争斗的结果可能是一方获胜，但不能简单地区分对错。事实上，没有任何一方真正获胜，而不过是达成势力的新平衡。美国政府在德克萨斯革命爆发前，曾计划出资买下这一地区。但在当时的墨西哥政局下，这不可能实现。这片土地最终易手，付出的是血泪的代价，远不是金钱所能衡量的。当枪炮停歇，尘埃落定，双方都不愿直面血淋淋的现实。新兴政权需要利用英雄人物鼓舞国民士气，需要宣传独立革命的历史意义，而不是简单直白地告诉民众战争爆发的原因是文化冲突。对于德克萨斯人一方，政府的做法是去繁就简，突出德克萨斯独立战争的正义性。为了更加符合美国式的叙事方式，人们对这段历史稍作修饰，变成了在"生死存亡"之间，新移民艰难求生、反抗暴政的故事。

第二节　芝加哥市旗的四颗红星

不仅是州，城市也会通过景观以及各种象征物展现其历史。就纪念灾难而言，芝加哥是美国城市中最为典型的城市。芝加哥市旗的中央排列着四颗红星，每一颗都见证了这座城市的一段重要历史。其中有两颗红星分别代表在芝加哥举办的两次世界博览会：哥伦比亚世博会（1893 年）、进步的世纪展览会（1933 年）。另两颗星所代表的并非吉祥之物，分别是迪尔伯恩要塞大屠杀（1812 年）和芝加哥大火（1871 年）。两次世博会是芝加哥人的骄傲，因此在市旗上出现并不令人意外，但迪尔伯恩要塞大屠杀和芝加哥大火就不同了。一般意义而言，它们似乎很难成为芝加哥人的骄傲。迪尔伯恩要塞是白人移民在芝加哥地区建立的第一个军事据点。1812 年，印第安人洗劫了要塞，并屠杀了第一批移民。1837 年，白人移民重返此地，成为芝加哥市最早的居民。芝加哥大火是 19 世纪在美国境内发生的最为严重的城市火灾之一。这次火灾造成的人员伤亡虽不是最严重的，但财产损失难以估量，也暴露出芝加哥市政管理方面的种种弊端。

人们很难从这两起灾难中找到令人感动、值得纪念的地方。迪尔伯恩要塞大屠杀是西进运动中第一次针对殖民地据点的大规模屠杀事件，芝加哥大火暴露出城市建筑质量与火灾防范方面的种种问题。然而，在今天的人们看来，这两次灾难有了不一样的意义。前者被看作是芝加哥人在困难面前绝不低头的象征；而后者则体现了这座城市战胜困难，凤凰涅槃的过程。事实上，自大火被扑灭开始，芝加哥就有了从大火中涅槃的形象。我们可以清晰地注意到人们对于这两次灾难态度转变的过程。从天灾人祸到举世瞩目，这一转变过程也能够从纪念活动以及人文景观的面貌上窥见。[16]

就迪尔伯恩要塞大屠杀和芝加哥大火而言，后者相对容易发掘出正面、积极的意义。1917 年，代表着芝加哥大火的红星与象征着世博会的红星一起出现在市旗上。直到 1939 年，象征迪尔伯恩要塞大屠杀的红星才被添加进来。1880 年，距离芝加哥大火被扑灭仅几年时间，人们就在起火点处的楼宇外墙上悬挂了一块纪念标牌。由此，这次火灾的重要历史意义就得到了确认。同年，迪尔伯恩要塞遗址也出现了一块小纪念碑。但此碑现已不存，在很久之后才出现另一座规模相对较大的纪念碑。相较而言，火灾似乎更有故事性，所造成的伤痛也更直接。[17]数年之后，大火焚烧过的痕迹依然清晰可见。悲观者甚至预言，芝加哥在火灾之后难以恢复元气，将丧失美国中西部经济中心的地位，败给其主要竞争对手——圣路易斯市（St. Louis）。随着时间的推移，上述悲观情绪逐渐烟消云散。芝加哥的恢复重建工作进展非常顺利，即使以今天的标准来看，其重建速度也是非常惊人的。涅槃重生后的芝加哥很快超越了圣路易斯。灾后重建吸引了大量的劳动力与资金，促进了建筑业与制造业的快速发展。不仅如此，火灾还促使市政府改革，加速了警察与消防部门的现代化进程。[18]火灾还间接地促使芝加哥反思 19 世纪 80年代的校园建筑标准，这为 20 世纪初新标准的制定奠定了基础。火灾还促使纺织业与市政管理向现代化迈进的步伐加快。密歇根道大桥（Michigan Avenue Bridge）桥头公共雕塑下方有一段题为"重生"（Regeneration）的话："1871 年的这场大火，烧毁了整个芝加哥城。芝加哥人没有被火灾打垮，他们以血脉中流淌着的不屈意志与坚韧品质，在废墟与灰烬中站了起来，修建了一座更大的新城。"

这场大火并没有让芝加哥人一蹶不振，自怨自艾，而是让这座城市涅槃重生。1872 年 10 月，距离火灾仅一年时间，重建中的芝加哥计划修一座火灾纪念碑。显然，修建这座纪念碑的想法是受到了 1666 年伦敦大火纪念碑的启发。人们从废墟中清理出石材，用以修建碑身。5 年后，这项工程仍未完工，不得不于 1882 年停工，已建好的部分也被拆除。然而，这并不是说人们对芝加哥大火的兴趣减少了。事实上，人们对于起火点——欧莱利家的牛圈（O'Leary Barn），一直保持着浓厚的兴趣。欧莱利家位于芝加哥城南。除牛圈外，他家没有被大火焚毁，这非常具有讽刺意味。欧莱利一家在灾后被迫隐居，并于1879年出售了此处房产。1880年，人们在欧莱利家的宅基上建了一座新房子。芝加哥历史协会（Chicago Historical Society）获准在房子的外墙上安置纪念牌匾，上书如下文字："1871年，芝加哥大火从这里燃起，并一直烧到林肯公园。"（图7-12）1937年，芝加哥大火纪念日，这处石质牌匾由铜牌替换。20世纪50年代，这片区域经历了大规模的旧城改造，房子连同牌匾一并被拆除。

图7-12　19世纪末发生的芝加哥大火的起火点。1880年，人们在欧莱利家的宅基上建了一座新房子，并在房子的外墙上安置纪念牌匾。上书如下文字："1871年，芝加哥大火从这里燃起，并一直烧到林肯公园。"图片由芝加哥历史协会的威廉姆·巴纳姆（William T. Barnum）提供（ICHi-14487）。

20 世纪 60 年代初，芝加哥规划建设丹·赖安高速（Dan Ryan Expressway）。芝加哥大火的起火点位于德科文街（DeKoven Street），这里正好属于规划中的新高速通过的范围。市政府计划将该区域重新规划为新的商业和工业用地。1954 年，芝加哥土地整理委员会（Chicago Land Clearance Commission）购买了 1880 年在欧莱利家宅基地上建造的房产。1955 年，一家私人公司获准拆除该屋。这家公司准备烧毁房子，以测试新建筑材料的阻燃性能。巧合的是，芝加哥消防局（Chicago Fire Department）正为这片新规划区的消防队以及消防员培训学院挑选合适的处所。此时，欧莱利家旧址成为不二之选。1959 年，消防员培训学院在此落成，并在欧莱利家旧址建了一座火灾纪念碑（图 7−13）。消防局这样做是非常恰当的。因为这一时期，芝加哥大火不再被芝加哥消防部门看作是其失职的惨痛教训，而是推动消防部门改革的重要动力。当地的一位雕塑家设计了名为"火柱"（Pillar of Fire）的纪念碑。1961 年 10 月纪念碑揭幕，正好是芝加哥大火发生 90 周年。

"火柱"不过是美国众多灾难纪念碑中的一座，也是灾后反思与经验总结的结果。早在"火柱"以前，芝加哥就已经有几处"准纪念碑"的后备选项。这其中就包括著名的芝加哥水塔。这座水塔是芝加哥大火中完整幸存下来的屈指可数的建筑。再一次令人感到讽刺的是，水塔顶部的水泵房受损导致消防供水系统无法使用。于是，人们只能眼睁睁地看着大火从城市北部一直烧到林肯公园。这座位于密歇根大道北部的古老水塔虽然早已不具有消防功能，但由于与芝加哥大火的关系非常密切，因此一直保留至今。

相较而言，迪尔伯恩要塞大屠杀遗址转变为纪念地耗时较长。虽然迪尔伯恩要塞大屠杀发生的时间比芝加哥市历史上的另外三次灾难事件更早，但是代表这一灾难的红星最后才添加到芝加哥的市旗上。就此而言，这次灾难有两个劣势：第一，大屠杀及其遗址与芝加哥的城市建设关系不大；第二，人们很难从大屠杀中找到积极正面的意义。这处遗址唯一值得骄傲的是其建立时间。迪尔伯恩要塞修建于 1803 年，是芝加哥地区的第一座堡垒，也是几处为路易斯安那地区提供防御的最早的军事要塞之一。1812 年以前，此地相安无事。但随着美国人在密歇根地区扩张殖民地势力范围，其与印第安部落之间的矛盾日益尖锐。1812 年 8 月 9 日，迪尔伯恩要塞指挥官奉命带领驻军及民众撤离到相对安全的底特律地区。[19] 撤离通道在一开始的时候还比较安全。此时，大多数印第安人首领及其战士还能够与迪尔伯恩要塞驻军

图 7—13 芝加哥消防局培训学院内的"火柱"雕塑。学院位
于芝加哥大火的起火点,于 1961 年开始招生。芝加哥大火不
再被芝加哥消防部门看作是其失职的惨痛教训,而是推动消
防部门改革的重要动力。

保持"井水不犯河水"的关系。然而，当驻军开始销毁带不走的枪支弹药、食物酒补给而不是将它们留在要塞中时，少数怀有敌意的部落被激怒了。撤离行动从 8 月 15 日上午开始，部队和民众在距离要塞以南 1.5 英里的地方遭到印第安人的伏击。一番短兵相接，美军大败，约 40 名士兵牺牲，93 人被俘。印第安人杀害了部分俘虏，仅有 63 人免于一死。第二天，要塞遭焚毁，俘虏被分给在战斗中表现英勇的部落。就此战而言，双方均没有什么值得夸赞的地方。一方面，撤离行动的时间节点等一系列安排都有问题；另一方面，印第安人之所以伏击撤离人员，是因为驻军销毁了带不走的粮草和军火。印第安人原本以为等驻军走后可以得到这些补给。这场血腥屠杀中，印第安人"平等"地对待妇孺、士兵，不加区分地残忍杀害。也许唯一的"亮点"是，少数有良知的印第安人将领及时干预，出面阻止了进一步的集体屠杀行动。这些将领一直为俘虏们提供保护措施，直到他们被释放。

此后四年，迪尔伯恩要塞荒无人烟，逐渐变成一片瓦砾。1816 年，美国人重修了迪尔伯恩要塞，并派兵驻守。此时，老要塞已片瓦无存。由此至 19 世纪 30 年代，芝加哥市政府接管了要塞，并两次组织人员从要塞撤离，所幸这两次撤离没有造成人员伤亡。1832 年黑鹰之战（Black Hawk War of 1832）后，印第安人再也没有力量对芝加哥构成威胁。自此，芝加哥逐渐从小城镇发展成大都市。迪尔伯恩要塞大屠杀不过是芝加哥城市史上的一段小插曲。18 至 19 世纪期间，美国西进运动中曾发生过数十起类似的流血事件。重建后的迪尔伯恩要塞对于芝加哥城市发展的意义不大。于是，要塞的大部分建筑于 1857 年被拆除，小部分在芝加哥大火中被付之一炬。1893 年芝加哥世博会期间，这里仅剩下几处断壁残垣供人凭吊。1880 年，人们在这里安放了一块大理石碑，并在上面写明此地曾是要塞旧址。这一格局维持至 1919 年，直到旧址上的建筑物被拆除。哥伦比亚世界博览会筹备期间，有人提议在原址重建迪尔伯恩要塞。这一提议虽然未能成为现实，但可以看出人们逐渐认识到迪尔伯恩要塞及其大屠杀的历史意义。最终，工业巨头乔治·普尔曼（George M. Pullman）出资为迪尔伯恩要塞大屠杀修建了一座纪念碑。

个人力量往往在暴力遗址通向纪念地的道路上发挥重要作用。奥斯本·奥尔德罗伊德（Osborn H. Oldroyd）不过是一名普通的美国人，但他却尽心竭力地维护了亚伯拉罕·林肯总统度过最后时刻的皮特森老宅。至于像普尔曼这样的社会精英，他们更有力量促使历史遗址转变为纪念地。按照普尔曼的说法，纪念碑纪念"为建立芝加哥市和伊利诺伊州献出生命的先辈们"（图 7－14）。[20] 纪念碑由芝加哥历史协会代为管理，靠近"大屠杀之树"（Massacre Tree）。据说，树所在的位置就是大屠杀发生的地方，临近十八街由普尔曼经营的"南面大厦"（South Side Mansion）与卡罗美特港（Calumet）。这座纪念碑分别塑造了小孩、行将就木的军医、善良的印第安人等人物形象，意蕴非常深厚。其中，小孩与军医象征着流血牺牲与英勇不屈；印第安人拦下刺向妇女的利剑，是人性善的表现。纪念碑最妙之处在于它采用高度概括的方式截取令人震撼的一幕，形象地讲述引人入胜的故事。故事中既有流血牺牲，也有英勇不屈。

　　自 1893 年起，迪尔伯恩要塞大屠杀的历史地位被进一步提升，是为芝加哥诞生之始。越来越多的芝加哥人开始关注迪尔伯恩要塞，特别是这座城市的精英阶层。这一时期，许多美国城市争相在城市规划中营造纪念碑，举办大型节事活动，修建高大的公共建筑。迪尔伯恩要塞大屠杀顺理成章地成为这座城市英勇无畏的见证。芝加哥市计划在密歇根大道修建一座横跨芝加哥河的大桥。大桥的位置恰好位于迪尔伯恩要塞旧址。1928 年，大桥的一端出现了一座名为"捍卫"（Defense）的大型浮雕（图 7－15）。浮雕题词如下："此处为迪尔伯恩要塞旧址，英勇不屈的官兵们曾驻守于此。1812 年，在威尔斯（Wells）上尉的带领下，驻防官兵携妇女、儿童等老百姓撤离要塞。途中，遭到印第安人的伏击及屠杀。这些光荣牺牲的人们是芝加哥市的英雄。"1933 年，芝加哥第二次举行世博会。这一次，重建迪尔伯恩要塞的提议获得批准。不仅如此，在经过了一系列讨论之后，代表迪尔伯恩要塞的一颗红星，最终于 1939 年添加到芝加哥市旗上面。严格说来，这颗红星代表的是迪尔伯恩要塞，而不是大屠杀。然而，上述这段话对守卫迪尔伯恩要塞的勇士们（Gallant Men）赞誉有加。官兵们为西北边疆的开拓者提供保护，英勇捍卫美国主权。在某种程度上，迪尔伯恩要塞大屠杀与芝加哥大火具有同等重要的历史地位，两起事件均体现了芝加哥人"乐于奉献"（"I will" Spirit）和有能力迎接挑战并战胜困难的精神力量。

图 7-14　工业巨头乔治·普尔曼出资为迪尔伯恩要塞大屠杀
修建了一座纪念碑，并捐赠给芝加哥历史协会。纪念碑于
1893 年落成，并一直在此保留到 1931 年。为了避免遭到破
坏，纪念碑被搬到了位于林肯公园芝加哥历史协会总部大楼
内。图片由芝加哥历史协会提供（ICHi-03334）。

图7—15 迪尔伯恩要塞旧址近照。四周的街沿正好勾勒出了
迪尔伯恩要塞的轮廓。密歇根道大桥的一端有一座名为"捍
卫"的大型浮雕。

　　20世纪30年代，迪尔伯恩要塞及大屠杀遗址变化不大。1931年，普尔曼出资修建的浮雕从大屠杀发生地移到了芝加哥历史协会驻地内。浮雕所在街区的富人们也纷纷搬离这一区域。此后，这一街区变成了商业区。这座位于十八街与草原大道（Prairie Avenue）交汇处的浮雕屡遭好事者破坏（图7-16）。为保护这座雕像，人们将其从商业街移走，代之以一块纪念牌。20世纪30年代，这条街再次经历改造，形成了如今的草原大道历史街区（Prairie Avenue Historical District）。这条街上，有19世纪的几处大楼，也有从其他城市搬迁而来的古老建筑。因此，有朝一日，"捍卫"极有可能再次回到这里。

图7-16　迪尔伯恩要塞大屠杀发生地位于要塞旧址以南1.5英里处，地处十八街与草原大道交汇处。如今，这里仅有一块小的纪念牌。随着草原大道历史街区的兴起，这一状况将会改变。

　　1857年，人们拆除了重建后的要塞，并在其原址上修建了几座现代建筑。1880年，人们在这里立了一块石碑。然而，1919年，石碑不知所踪。直到1928年，人们才在新建的密歇根道大桥上塑造了一组纪念雕塑。此时，代表迪尔伯恩要塞的红星已经添加到了市旗上面。借此东风，有人希望进一

步纪念迪尔伯恩要塞旧址。例如，有人提出将密歇根道大桥及其附近区域更
名。虽然并非所有的提议都获得了批准，但令人欣慰的是，20 世纪 70 年代
早期，迪尔伯恩要塞旧址轮廓被标识在人行道上，成为官方认定的历史地
标。20 世纪 80 年代，芝加哥开展了认定历史遗址的工作。在此过程中，迪
尔伯恩要塞、芝加哥大火起火点、水塔等 77 处历史遗迹得到确认。它们是
这座伟大城市的历史记忆，其辉煌延续至今。

第三节　摩门教西迁之路

　　当约瑟夫·史密斯（Joseph Smith）第一次向众人宣称他得到神启时，
没人预见到他所创立的教会能够发展到如此大的规模。[21] 史密斯创教之初，
仅有数名信众，但很快成为 20 世纪美国发展最快的宗教团体，其分支在世
界各地快速扩张，取得了巨大成功。摩门教创立于 19 世纪，是数十个源自
美国本土或转移到美国境内的基督教分裂势力，乌托邦团体中最大、最成功
的一支。虽然其他新兴宗教在北美大陆也获得发展，但远不如摩门教成功。
截至 1990 年，全球共有 770 万摩门教徒。摩门教不仅在犹他州及周边保持
巨大影响力，在全美各地的力量也不可小觑。摩门教会遍布犹他州及美国西
部地区，全球各地也有不少分会。然而，摩门教今日所取得的巨大成功是早
期艰苦奋斗换回的。摩门教主庭位于犹他州。当年，史密斯的信徒为躲避在
美国东部遭到的宗教迫害，逃难于此。他们之所以选择犹他州作为落脚点，
是因为 19 世纪 40 年代这片土地尚不属于美国。教众们认为，只要逃到这
里，将再也不会受到迫害。摩门教徒将教外人士称为"异教徒"
（Gentiles）。广阔的犹他盆地的确为摩门教徒提供了"庇护之所"，但并不
能将他们与美国西进运动相隔离。当美国政府决意获得这片土地，"异教徒"
的车轮向西部驶来的时候，摩门教徒与西进大军之间的矛盾愈演愈烈。虽然
如此，杨百翰①带领信众历尽千辛万苦来到犹他州，远离了对该派教徒的宗
教迫害。20 世纪，摩门教徒在曾经遭到迫害的地方逐一建立纪念碑。对这

---

　　① 译注：杨百翰（Brigham Young），又译为布里根姆·扬（1801 年 6 月 1 日—1877 年 8 月 29
日）。在耶稣基督后期圣徒教会创始人小约瑟夫·史密斯（Joseph Smith Jr.）去世后，担任教会首
领一职。

些遗址进行深入研究，有助于认识宗教团体发掘其历史遗产的过程以及再现于人文景观之上的机理。

自19世纪20年代末，史密斯宣称第一次得到神的启示，带领其追随者来到犹他州，摩门教与周围人一直摩擦不断。史密斯在创教初期，住在纽约中西部的抛迈拉区（Palmyra）。19世纪初，这里"香烛鼎盛"，是宗教复兴运动者（Revivalists）、千禧年主义教派（Millennialists）、传教士、预言家等各色宗教徒混居的地区（Burned Over District）。据称，史密斯在先知的指引下，来到抛迈拉区附近的卡莫纳丘①。他宣称在这里找到了埋藏千年之久的金页。金页上有先知用古代语言写就的预言，记载了北美失落文明尼法族（Nephite）的宗教生活。在天使摩罗乃②的帮助下，他将金页上的文字"翻译"成英语，即为摩门教的主要经籍——《摩门经》。"翻译"完毕，摩罗乃销毁金页。摩门经讲述了公元前600年左右的一批犹太人辗转来到北美大陆新世界创立新文明的精彩故事。新大陆的文明不断发展壮大，经历了辉煌，但最终由于战祸而走向衰落。如今，伟大的古代文明荡然无存，唯一留下的是记载其历史的金页。史密斯被先知选中，受命复兴消失的古代文明。史密斯宣称：《摩门经》是《旧约》的续篇，而摩门教是新约时代由基督耶稣亲自建立的教会在现代的复兴。史密斯认为，他的使命即是复兴耶稣创立的教会，教导世人遵循耶稣本人所定戒律。摩门教徒是《旧约》与《新约》中所谓的新时代的"圣人"（Saint）。1830年，史密斯于纽约菲也特（Fayette）建立教会，取名"耶稣基督后期圣徒教会"（The Church of Jesus Christ of Latter-day Saints）③。

创教之后，史密斯开始广收信徒。19世纪二三十年代，纽约中西部抛迈拉区是各种宗教徒混居的地区。摩门教徒除信奉摩门经外，很难与宗教复兴运动者、千禧年主义教派区别开来。史密斯宣称自己不断得到神启，以此吸引新的教众。摩门教徒相信："摩门教义与《新约》《旧约》一脉相承。基督耶稣曾重回世间，并留下千禧预言。摩门教徒得到神启，肩负复兴基督所创教会的重任。摩门教徒须远离尘世，秉持戒律，以待基督再次降临。"由始至今，摩门教会一直保持高效运作，传教甚广，影响甚远。例如，19世

---

① 译注：卡莫纳丘（Hill Cumorah），又译作克莫拉丘、古摩拉山。
② 译注：天使摩罗乃（Moroni）又译作尼腓。
③ 译注：又译作耶稣基督末世圣徒教会，俗称摩门教（Mormon）。

纪 40 年代初，英国有数百人加入摩门教会。这些信众不仅对史密斯本人及其宗教理念推崇备至，而且愿意移民到美国，开始新的宗教生活。

史密斯认为，信徒们集中居住，保持紧密联系，远离世俗社会，甚为重要。然而，正是这种集中居住传教的方式，让外界无法容忍。事实上，摩门教与纽约地区其他新兴宗教相比，其教义并不算太过极端。问题在于，大量摩门教徒集中居住，是破坏社会稳定的潜在隐患，对当地的宗教、经济、政治等均造成了负面影响。摩门教徒人数众多，足以推翻地方政府。同时，摩门教徒自认为肩负复兴基督教的重任，自以为与众不同，因而受到其他人的排斥。为免遭迫害，远离俗世，史密斯决定带领信众远走他乡。他们从菲也特启程，一路向西。多年后，美国政府以叛国罪逮捕了史密斯，将他拘留于伊利诺伊州迦太基（Carthage）监狱。暴民闯入关押他的监狱，将他杀死。他死后，信众出走犹他州。

1831 年，史密斯率众抵达俄亥俄州柯特兰市（Kirtland）。于此，他宣扬摩门教教义及传播福音，吸引不同信仰的人前往聆听，并成功吸纳大批信众。史密斯及其信众在此一直待到 1838 年。在此期间，修建了第一座摩门教堂。然而，自第一天来到柯特兰市，史密斯就有继续西进的想法。他相信，伊甸园（Garden of Eden）位于密苏里州西部，这将成为摩门教徒的"锡安之地"①。他派人远赴密苏里州西部地区，寻找传说中的"锡安之地"。后来，杰克逊镇（Jackson County）成为候选的"锡安之地"。杰克逊镇大致位于后来的堪萨斯城（Kansas City）与独立城（Independence）附近。随着摩门教徒的到来，社会矛盾再次激化。摩门教徒不仅在俄亥俄州遭到攻击，在密苏里州也不受欢迎。1832 年 3 月，当地人向史密斯本人泼油漆，扔垃圾，表达不满。1833 年，暴徒砸毁了摩门教位于独立城的报馆。当年 12 月，摩门教徒向北逃窜，横渡密西西比河，来到考德威尔县（Caldwell County）。1838 年，柯克兰市的摩门教会势力衰落，史密斯只能到考德威尔县与先期到达的摩门教徒汇合。从史密斯到来的第一天起，摩门教与"异教徒"就爆发了持续不断的冲突。1838 年 10 月，17 名摩门教徒被杀。同年 11 月，史密斯及摩门教主要负责人被逮捕。由此，摩门教在西部地区的主要聚集地瓦解。从当年冬天到来年春天，摩门教徒悉数被逐出密苏里州，他

① 译注：在犹太教的圣典里，锡安（Land of Zion）是耶和华居住之地，是耶和华立大卫为王的地方。国破家亡的犹太人都期盼着上帝带领他们前往锡安，重建家园。

们只能再次西迁，逃到爱荷华州与伊利诺伊州。

1839 年 4 月，史密斯及摩门教主要负责人逃出监狱，得以离开密苏里州。他很快在伊利诺伊州找到了另外一处安身之地。他将这处位于密西西比河畔的小镇更名为诺伍市（Nauvoo）。1840 年，诺伍市得到美国政府的批准，正式建市。至此，这里很快成为摩门教徒的重要据点，不仅吸引了大量散布在俄亥俄州、伊利诺伊州、爱荷华州的信众来此，也接纳了新入教的英国信徒。很快，摩门教会人数达 3 万之众。由此，诺伍市成为伊利诺伊州最大的城市，是除后来的盐湖城以外的最重要的摩门教据点。在此期间，摩门教会的组织结构与宗教理论得以进一步发展。史密斯根据神给予他的各种启示，不断地丰富和完善教义、仪轨，建造新教堂，并借鉴基督教的等级体系对教会实施管理。1841—1844 年，摩门教会在诺伍市建造了大量砖木结构的建筑，并积极发展工商业。由此，该市成为西部地区一处繁荣的殖民据点。[22]

诺伍市的繁荣也正是它衰落的原因。诺伍市的城市规模决定了史密斯在伊利诺伊州具有极大的政治影响力。史密斯要求摩门教徒在同一个选区投出意见一致的选票，这使得他有了与该州政客谈判的筹码。当地政客忌惮于史密斯的势力，这使他得寸进尺，不断提出新的要求。他不仅是摩门教会的宗教领袖，也成为诺伍市市长。摩门教以外的"异教徒"感到在诺伍市不受欢迎，难以立足。当史密斯史市长兼任民防军所属诺伍军团司令之后，"异教徒"的生存空间更加局促了。

史密斯排斥教外人士的做法，使他相信摩门教有能力抵御来自其他人的干扰。当选为诺伍市市长时，史密斯被州长赋予了一项特权——组建听命于自己的民防军。他成为这一地区集宗教、政治、军事等权力于一身的人物。摩门教徒的数量远远超过其他宗教与社会团体的人数。由此，史密斯成为伊利诺伊州西部的"危险人物"。此时，摩门教不再置身于俗世之外，而是卷入了当地的政治斗争。教外人士非常反感他，局面逐渐失控，破坏田产、烧杀抢掠等事件时有发生。

1844 年 6 月，诺伍市当地的一家小报社，刊文公开辱骂摩门教。史密斯作出了一个致命的错误决定，下令逮捕该报编辑，查封报社。州政府获悉此事后，介入调查，将史密斯及另外 3 位摩门教领袖逮捕下狱，关押在迦太基监狱，听候审判。同年 6 月 27 日，在史密斯等人羁押期间，一伙暴徒冲入监狱，杀害了史密斯和他的兄弟。

史密斯之死对于摩门教而言无疑是一场大难。所幸摩门教没有像其他小的宗教团体一样，在失去教主以后分崩离析，而是继续得以传承。由于史密斯身后的教主人选问题，摩门教出现了分裂。史密斯英年早逝，享年 38 岁。因此，他对继承人选并没有作出明确指示，对选择父子相传还是禅位于他人没有明确意见。有人认为，应将领袖之职传位于史密斯的儿子，而更多的人认为，应由杨百翰担此重任。最终，在杨百翰提议下，摩门教徒决定放弃诺伍市，再次踏上西迁的征程。为摆脱俗世干扰，他们计划逃到美国领土以外，进入广袤的落基山一带居住。他们并没有马上启程，而是在杨百翰的率领下，坚持将位于诺伍市的一座摩门教堂修建完工。史密斯曾预言，如果诺伍市的大教堂完工，教众将得到神的庇佑。在克服了种种困难，历尽千辛万苦之后，这座壮观的大教堂于 1845 年完工，成为当时美国西部边疆最宏伟的宗教建筑。随即，摩门教徒再一次踏上了西迁之旅。1846 年 2 月，第一辆从诺伍市出发的马车开始向犹他州进发。1847 年 7 月，抵达犹他盆地。史密斯的家人最后启程，他们在密苏里州的独立县安营扎寨。这里靠近史密斯在神的指引下所预言的"锡安之地"。史密斯儿子率领的这一支派被称为"耶稣基督后期圣徒教重建会"。

离开诺伍市之后，摩门教会将土地出售给另一个乌托邦式的宗教团体——伊卡里亚教（Icarians）。伊卡里亚教的规模比摩门教小很多。该教派在诺伍市待了几年，之后解散。19 世纪末，诺伍市逐渐衰败，仅剩下一个乡村的大小。此时，人们还可以找到摩门教以及伊卡里亚教留下的少部分建筑，但大部分已废弃。伊卡里亚教短暂地使用了摩门教堂，这处宏伟的教堂于 1848 年被焚毁。1850 年，其断壁残垣再次遭到洗劫。19 世纪末至 20 世纪初，纽约、伊利诺伊、密苏里一线，摩门教在西迁途中留下的遗址几乎消失殆尽。此时，摩门教的两个主要分支都在为生存而战，无暇顾及西迁途中留下的各种历史遗迹。

对于杨百翰率领的这一支摩门教会而言，即使逃到荒无人烟的犹他州，也没能远离尘世，没能避免与联邦政府的冲突。杨百翰希望在犹他州建立一块属于摩门教的"飞地"。不幸的是，这块"飞地"正好是美国西向扩张所觊觎的土地，处于西进运动的通道上。19 世纪末，教会奋力抵抗联邦政府军队的入侵，尽力维持在犹他山区以西的势力范围。然而，教会没有力量抵御西进运动的蚕食，犹他州全境逐渐被联邦军控制。随着犹他州成为美国领土，教会不得不屈从于现实，服从政府管理。1890 年，教会宣布放弃一夫多妻制（Polygamy）。一系列妥协之后，教会势力大衰，但仍牢牢地控制着以盐湖城为中心的广大地域，对这一区域的经济、社会、政治、文化等领域有着巨大的影响力。

虽然在政治上作出了一系列妥协和让步，但摩门教会发展仍极为成功。作为一个新兴教派，摩门教没有因为第一代教主的离世而衰败，而是成功将法脉传承下去。1877年，第二任教主杨百翰过世。此时，教会的组织结构稳固，没有出现教主职位之争。随着教会日益壮大，教众有了纪念教会历史人物以及创教艰辛历程的想法。他们希望纪念摩门教徒从美国东部出逃，远走西部无人之境的坎坷历史。他们认为，这段艰难岁月以及战胜困苦的过程，非常值得后人铭记。第一批摩门教徒蛰居西部荒野，艰难求生，不断受到驱赶与排斥。因此，西迁路上的种种坎坷是后世传颂的绝佳典故。今天，卡莫纳丘、诺伍市、犹他盆地等西迁路线上的各种摩门遗迹，均得到了教会的保护。摩门教两大分支还为某处遗址的所有权争得不可开交。例如，诺伍市就有两处摩门教会的游客中心。一处由杨百翰领导的大盐湖城分会修建，另一处属于史密斯之子领导的独立城分会。

德克萨斯和芝加哥等地的摩门遗迹，在多年后才得到保护。这一情况出现的原因在于，两地在多年之后才建立了稳固的教会势力。只有不再为生存作难时，才有余力在西迁路途上修建纪念碑。然而，这并不是说摩门教会不重视历史记忆的保存。事实上，创教之初，他们就非常重视这一问题。史密斯及其追随者深信"金页"上的预言，笃信自己肩负了复兴基督所创教会的重任，自认为《摩门经》与《新约》《旧约》一脉相承。从创教之初，他们就开始按照时间顺序，详细记录教会的各种大事记。史密斯正式创教之前就宣称，神启示有言："世间需要一部历史记录。"[23] 从1831年开始，他就命人着手编写"摩门教史"。1839年，史密斯甚至开始写自传。

摩门教的早期史书，主要是有关人、事的编年史。这一编写历史的传统一直延续至今。他们希望通过史书为摩门教正名，驳斥"异教徒"对教会的污蔑，并通过传播史书来吸纳新人入教。对此，历史学家詹姆斯·艾伦（James Allen）写道：

> 第一代摩门教史官，是最早记录传教史的人。通过他们的努力，勾勒出了早期的传教历史。摩门教史籍在教会传播，有助于坚定信仰，有助于团结教众。史籍中大多记载先辈们所遭受的磨难，特别是"异教徒"对教会以及宗教领袖的迫害。第一代摩门教史官与接受过专业学术

训练的继任者，对历史记述的方式有所不同。为了满足传教之需，他们精心地对历史故事进行编排。[24]

摩门教史犹如一部史诗，充满了开拓边疆、不畏艰险的英雄主义色彩。先辈们为了躲避宗教迫害，出走西部边疆，在无人之境创造新生活。19 世纪 70 年代以后，摩门教西迁的这段经历被写入历史、自传，而某些桥段明显具有夸张成分，刻意放大具有英雄主义的部分。[25]历史学家将摩门教史与美国史相比较，发现二者有许多相通之处。例如，第一批来到北美大陆的欧洲移民像摩门教徒一样，为了躲避宗教迫害才选择背井离乡。因此，摩门教史完全可以被解读为追求和捍卫宗教自由的历史。不仅如此，他们在犹他州所取得的成功，也可与美国开拓西部边疆的历史相媲美。他们意志坚定，不畏艰险，在荒野中开拓出一片新天地。采用上述方式解读摩门教史并非易事，因为必须要对真实的历史事件有所取舍和调整。首先，只能选择淡化摩门经、教众集中居住等方面的内容；其次，不能过度强调摩门教为远离美国政府，建立独立宗教政权的做法；最后，史密斯及其追随者，在很大程度上是由于自身原因才遭到社会排斥。他们与政府发生冲突的原因不仅有宗教因素，也涉及政治、经济和军事等方面。几十年间，史学家一直努力将摩门教史变得更容易被社会大众所接受，让 19 世纪遭受社会排斥的"邪教史"符合美国主流社会的价值观。摩门教创立早期的 50~100 年间，史官主要在为摩门教正名。从 20 世纪中叶开始，摩门史书的关注点发生了明显改变，其内容更加符合美国主流社会的价值观。其主要内容是摩门教会的社会经济发展史，具体包括英国信众移民北美大陆的历史，传教活动大事记，农业、工业和政治史以及有关教会管理与慈善活动的记载。这些内容与西进运动以及美国西部边疆史不矛盾。由此，摩门教被描述成美国社会征服西部荒原的重要力量。[26]

这部有着明显理想主义色彩的摩门教史，经过多年精心打磨才得以完成。摩门教也是在积蓄多年之后，才有力量建碑立祠。1880 年，教会对创教 50 周年庆典非常重视。虽然在犹他州举行了规模盛大的庆祝活动，但尚未关注早期在美国东部地区留下的宗教遗迹。此时，教会的规模还比较小，仅有 16 万信众，主要精力仍放在巩固其在犹他州的势力以及对抗联邦政府上面。因此，教会无暇在周年庆典期间修建纪念碑，而是将资金和精力主要用在修建教堂。他们计划在洛根（Logan）、盐湖城、曼泰（Manti）、圣乔治（St. George）等地修建一系列教堂。圣乔治的教堂于 1880 年完工，其余的先后于 19 世纪 80 年代至 90 年代完工。在此期间，摩门教与联邦政府的关系十分紧张。1890 年，摩门教宣布废除陋习——一夫多妻制。1896 年，犹他州加入美国联邦政府。

1930 年（摩门教创教 100 周年），教会的境况有所好转，但仍没有对早期的宗教遗迹进行保护。虽然如此，仍有一些人以个人的力量，出资购买先辈留下的遗产。例如，史密斯的继承人就购买了诺伍市的土地。但是，教会还没有在这些地方纪念早期的摩门传教行迹的计划。20 世纪 50 年代至 70 年代，这一情况有所改变。盐湖城分会和独立城分会开始购买并修复多处摩门教遗迹。1971 年，盐湖城分会在诺伍市设立了大型的游客中心。独立城分会也不甘示弱，他们在附近设立了规模稍小的游客中心。自此以后，历史遗迹的修复工作进行得如火如荼。人们修复了 19 世纪遭废弃的住宅、商店，某些还被恢复成了 19 世纪 40 年代的样子（图 7-17）。甚至有人提议，重建诺伍市的摩门大教堂。经过 20 年的时间，诺伍市俨然成为另一处西部边境城市——威廉斯堡（Williamsburg）。

有人买下并修复了史密斯和他的兄弟海勒姆（Hyrum）遭关押的迦太基监狱（图 7-18）。近些年，摩门教会还买下了位于俄亥俄州的柯克兰教堂和纽约州的卡莫纳丘。从某种意义上而言，这些遗址成为纪念地的过程，类似于德克萨斯与芝加哥的模式，需要经历多年的沉淀。德克萨斯和芝加哥两地的纪念地，用了 50~100 年的时间才出现。对于摩门教遗址而言，还需要再加 50 年。这主要是由于他们所面临的困难更多。他们在创教初期的 100 年间，面临着经济和政治方面的压力，并且被逼远走他乡。为了在犹他州站稳脚跟，他们将大量精力耗费在了与真实的或者是臆想的威胁作斗争上。1844 年，史密斯被杀，家人将其秘密下葬。直到 1928 年，墓地位置才被公布于众（图 7-19）。这种担心"亵渎圣人"的做法，反映出摩门教会的防备心理。这种对外界保持警惕的态度，一直延续到 20 世纪。

摩门教在创教后用了 150 年时间，才着手大规模地保护其历史遗迹。1978 年，国家公园管理局宣布保护"摩门教开拓者之路"。1968 年，国家公园管理局在阿巴拉契亚山脉和太平洋沿岸山区建立了两条国家级的游径。1978 年，《国家游径系统法案》（*National Trails Systems Act*）颁布实施，游径沿线的历史遗迹均受到保护。这其中就包括从诺伍市到盐湖城一线的摩门教遗迹。这意味着，摩门教的历史遗迹、西迁路线、教会的早期历史等均受到保护，整部摩门教史都被逐渐固化到人文景观上。[27]

图 7—17　从密西西比河约瑟夫·史密斯的旧居处远眺伊利诺伊州诺伍市的一处摩门教礼拜堂。19 世纪 30 年代至 19 世纪 40 年代，摩门教盐湖城分会和独立城分会开始逐步恢复诺伍市商业和房产。如今，两大分会在诺伍市分别建有一处游客接待中心。

　　对于摩门教史进行打磨，不仅是使内容更加符合美国的主流意识形态，更重要的是删除无关的内容，突出摩门教会在边疆地区追求宗教自由这根主线。而 1857 年发生的山地草场大屠杀①，就与这根主线不符。当时，居住在犹他盆地的摩门教会与联邦政府的冲突一触即发。犹他州东南部的一支摩门教分会，串通印第安人，残忍地杀害了途经此地、前往加利福尼亚州的移民车队——范彻车队②。大约有 120 人被杀，这超过了摩门教西迁途中遭"异教徒"迫害致死者的数量。山地草场大屠杀是摩门教历史上最让人不齿的污点。惨案发生后，摩门教会极力掩饰，直到 20 年后才东窗事发。这时，仅有一位摩门教领袖遭逮捕，判处死刑。1950 年，才有了第一本系统研究这一事件的专著面世。该书作者乔安妮塔·布鲁克斯（Juanita Brooks）在

　　① 译注：山地草场大屠杀（Mountain Meadows Massacre）也被译作高原惨案。
　　② 译注：根据领队姓名亚历山大·范彻而被称为范彻车队（Fancher Party）。

图 7—18 1844 年，史密斯和他的兄弟海勒姆遭关押的迦太基
监狱。摩门教会购买了此监狱，并向公众开放。

图 7-19 位于伊利诺伊州诺伍市的约瑟夫·史密斯墓。从
这里可以远眺密西西比河。史密斯于 1928 年重新下葬于此。
为避免遭到毁坏，史密斯墓的位置一直对外秘而不宣。

序言中对于自己揭露摩门教历史上的黑幕深表歉意。[28]教会对惨案一直保持
沉默，在其历史文献中对此语焉不详，也没在惨案发生地设立任何标记。

也许是宿命才使得这次惨案变得不可挽回。如前所述，摩门教会与联邦
政府之间的摩擦不断升温。事实上，摩门教会已经做好了打一场大战的准
备。不幸的是，范彻车队也与其他途经此地的移民车队一样，不敬摩门教。
当时，移民车队来到大盆地的数量激增。他们大多从盐湖城启程，一路向
南，途经圣乔治，最后抵达加利福尼亚州。由于这一行程需要经过摩门教徒
居住的腹心地带，因此移民群众与摩门教会之间为争夺水源、粮草、食物等
而时有摩擦。这支范彻车队人数相对较多，并且对摩门教非常不尊重，因此
遭到当地摩门教会反感。教会下令不允许向范彻车队出售补给。为躲避夏季
的炎热，车队决定在一处名为"山地草场"的地方稍事休整，待气温下降
后，再向沙漠地区的内华达州、加利福尼亚州进发。

摩门教会煽动当地印第安人袭击了范彻车队，并将其围困在宿营地。经

过一番短暂的交火，车队被围困在一片开阔地带。在接下来的几天里，他们一直在等待救援。他们以为在这一区域活动的摩门教会或其他白种人会对他们施以援手。摩门教领袖来到他们被围困的营地，假意帮他们解围，条件是他们放弃抵抗。当他们交出武器后，摩门教会伙同印第安人将他们带离了营地，在途中大开杀戒。只有几个儿童幸免于难，寄养于摩门教家庭。由于担心大屠杀会招来联邦政府的干预，进而军事占领摩门教领地，摩门教会采取了一些手段掩盖此事。然而，这样做仍然于事无补。因为这一地区的军事冲突不断升级，政府军迟早会出兵干预。1857 年末至 1858 年初，联邦政府陆续派兵进驻该地区。掩盖事实的结果是，让以杨百翰为代表的摩门教高层领袖免于被起诉。直到 20 年后，仅有一位低级的摩门教领袖约翰·李（John D. Lee）被绳之以法。李直接策划并组织了这场大屠杀。直到今天，杨百翰是否授意以及李是否是替罪羊等一系列问题仍悬而未决。

山地草场大屠杀对政治、社会以及宗教等方面造成了巨大的负面影响。正如前面章节中所述对于负面事件的处置方式一样，摩门教会想要抹除一切与这次屠杀事件有关的痕迹。遇难者的尸体在现场停放了一段时间，以制造印第安人所谓的假象。之后，大多数尸体被就地掩埋。遇难者遭围困期间挖掘的壕沟成为他们的墓地。李被押回事发现场执行枪决。此后多年，这处墓地消失于公众视野之中。

1932 年，情况发生了变化。开拓者之路暨纪念碑协会（Pioneer Trails and Landmarks Association）在墓地周围修了一圈低矮的石墙，并立了一块小纪念碑（图 7-20）。同时，游客可以通过路标，找到这处偏僻的纪念地。20 世纪 60 年代，摩门教会购买了墓地及其周围的土地，并清除了指示墓地位置的路标。虽然人们还能够到这里扫墓，但路非常难找。20 世纪 80 年代，路标被恢复。1990 年，墓地上重新修建了一处规模较大的纪念碑，从这里能够俯瞰整个山谷。这座纪念碑主要由遇难者家属出资修建（图 7-21）。就此案例而言，历时 80 载，墓地上才出现了一小块碑石。又经过了 50 年时间，才有了一座真正的纪念碑。因此，这处曾经被掩藏的遗址，经过 130 年的时间才转变为纪念地。这一过程与摩门教的历史非常相似，即从早期的武装宗教分裂组织逐渐转变为西部拓荒者的形象。

图7-20 山地草场大屠杀纪念地。遇难者遭围困期间挖掘的壕沟成为他们的墓地。1932年,开拓者之路暨纪念碑协会在墓地周围修了一圈低矮的石墙,并立了一块小纪念碑。如今,这处纪念地位于犹他州的西南部,地处圣乔治与恩特普赖斯之间。

第四节 传统之固

　　发生在德克萨斯、芝加哥以及摩门教西迁路线上的故事及其纪念景观有许多共通之处。

　　首先,纪念景观大多需要50～150年时间才会出现。50周年、100周年往往会举行盛大的纪念活动。市州、宗教团体一般选择在其建立的第一个50年追根溯源。但100周年的时候,这种纪念之风更甚。纪念活动大规模开展前的空白期,提供了反思的契机。经此过程,灾难记忆被有效过滤,积极正面的部分得以突显,逐渐演绎成一部英雄史诗。

图 7-21　犹他州政府以及遇难者与屠杀实施者双方的后裔于
1990 年共同出资，修建了这处山地草场大屠杀纪念碑。纪念
碑位于山地草场的高处，可以俯瞰整个山谷。纪念碑上镌刻
了每一个遇难者的姓名。

　　其次，灾难遗址是逐渐走向"圣化"的。灾后，大多数遗址要么被清理干净，要么被重复利用。多年以后，遗址地才可能出现纪念标识物，然后才是纪念碑的营造。因此，纪念标识物的出现可谓是关键步骤，这类似于"投石问路"。当纪念标识物的"试用到期"，如果没有遭到明显反对，才算是具备营造纪念碑的基本条件。没有任何一个社会阶层、团体能够完成纪念碑营造的所有工作。对于纪念碑的营造，既可以是由个人，也可能是由某个团体发起。普通民众也好，社会精英、富裕阶层也罢，能够发挥同等重要的作用。问题的关键在于，要大范围地发动群众，让更多社会公众参与进来；否则，纪念碑的营造将难以实现。

　　第三，劫后余生的幸存者通常是纪念碑营造的积极倡导者。例如，参加过圣哈辛托战役的退伍军人，最早回到曾经战斗过的地方，买下墓地，悼念战友，甚至希望在身后长眠于此。再如，纪念芝加哥大火的第一座纪念碑，是由经历过这场火灾的人提议修建的。灾后 50 年内修建的纪念碑，大多与幸存者、亲历者有关。灾难 50 周年祭的时候，纪念碑出现的可能性将大大增加。此时，最后一位幸存者即将走到生命的尽头。于是，他可能希望凭借一己之力修建一座纪念碑，以见证自己经历过的种种磨难。对于社会争议极大的灾难事件，只有当事人全部离世后，纪念碑的营造才有可能被提上议事日程。就此，最为典型的例子是摩门教史，其次是关于德克萨斯独立战争的案例。这两个例子的共同之处在于，它们都需要在多年后，通过淡化历史真相，才可能创作出具有英雄主义色彩的传奇故事。虽然摩门教反抗压迫、辗转西迁的故事并不全如教会所说的那样，但当最后一位见证了摩门教发展的教外人士去世之后，历史的真相就无可对证了。同样，当最后一位亲历了德克萨斯独立战争的人过世后，复杂的文化冲突作为战争爆发的重要原因往往被忽略。

最后，地方上所推崇的价值观，往往与美国的爱国主义核心价值观一脉相承。人们常比较如下事例：美国独立战争与德克萨斯独立战争，美国多元社会的矛盾冲突与迪尔伯恩要塞大屠杀以及芝加哥大火后的涅槃重生，美国开拓边疆的艰辛历程与摩门教在西部艰难求生的经历。1876 年是美国独立100 周年。当时，美国社会已经逐渐产生了反抗暴政、美国独立、开拓边疆等相关的爱国主义价值观。地方、地区发展史中融入了爱国主义价值观，将有助于把仅具有地方意义的事件上升到新的政治高度。一方面，如果地方性事件符合美式价值观，将有助于认定其历史意义；另一方面，地方性事件也有助于促进并强化全国性纪念活动的开展。我将在下一章中进一步探讨美国历史上各种印记浮现于纪念景观之上的过程。

第八章　认同之殇

芝加哥、德克萨斯等地以及"摩门故径"（Mormon Trail）沿线，散布着众多与美国历史以及国家认同相关的纪念景观。这些祠堂、碑刻不仅铭记了美洲大陆第一批移民艰辛创业的岁月，也反映了美利坚合众国创建的历程。我将在本章中探讨这些纪念景观历经岁月洗礼，逐渐成为国家象征的过程。[1] 为此，我重点选择几处具有典型意义的纪念景观，揭示不同案例中能够阐明其形成过程的关键点。

美国境内有数以百计以爱国主义为主题的纪念景观，所歌颂的不外乎是壮烈牺牲、英勇无畏、坚持不懈这三个方面。在集中探讨这些内容的基础上，我将进一步研究一个更具现实意义的问题——纪念景观的叙事如何展现美国起源及其历史演进的宏大主旨。

第一节　宇宙观、民间信仰与传统形成

二十多年前，保罗·惠特利（Paul Wheatley）认识到宇宙观对于古代城市规划的影响。[2] 典型的中国古代城市常以"天庭"为原型，推崇象天法地、天人感应、上应天理以及天人合一的思想。城市设计及景观营造善于采用象征性手法体现古人的宇宙观。古代城市规划往往是以特定文明的共同宇宙观为前提。相较而言，现代社会较难形成统一的宇宙观。唐纳德·霍恩（Donald Horne）等作家观察到欧洲一些大城市中的纪念碑、纪念雕塑、博

物馆等采用象征性手法，隐晦地表达了特定文明所推崇的宇宙观。[3] 但他对这一现象的认识还很浅，尚停留在经验阶段。部分学者也注意到民族主义思想与公共建筑之间存在着某种联系。[4]

问题的关键在于，现代社会缺乏坚定、统一的信仰体系作为宇宙观形成的基础。早期人类文明大多有共同的祖先、生活方式和宗教信仰。这些要素是特定文明在茫茫寰宇中存在的标志。社会学家爱米尔·涂尔干（Emile Durkheim）[①] 早在一个世纪前就提出：古代社会依托共同的理念与信仰组织起来，呈现出所谓"机械性团结"（Mechanical Solidarity）的状态。[5] 按照他的观点，现代社会的凝聚力源自于"组织性团结"（Organic Solidarity）。换言之，社会的组织方式呈现出有序性，它基于合同契约、自愿参与、权利责任等共同的经济、政治与法律关系而存在，包容社会个体的差异性。涂尔干不赞同现代社会使得宗教存在的社会基础瓦解，并消减宇宙观中具有普遍意义的人性元素的观点。作为结构主义学家，他认为信仰体系与特定社会从机械性团结到组织性团结的变迁有关联。由此，信仰体系并未消失，而是在现代社会中呈现出不同面貌。在此，我再次强调现代社会特别珍视人类早期有关宇宙观的遗存。例如，西方建筑风格与城市规划在一定程度上延续了中世纪的希腊、罗马与哥特式的古典风格。[6]

除建筑与规划残留古代遗风外，有关宇宙与民族的观念也在一定程度上塑造了像美利坚合众国这样现代国家中的城市面貌与景观特征。现代社会不再特别关注天界在人间的投影——祭祀中心，而是转向俗世的代表性场地。此类场地虽然没有能够投射出宇宙起源的奥秘，但彰显了俗世的世界观与价值观，并将国家主义的誓约刻画于人文景观上。因此，关键之处在于着眼点的选择。

卢梭（Rousseau）最早提出公民宗教[②]的概念。公民宗教是维护现代国家存在的一种社会宗教形态，它有助于解析国家主义象征物的含义。近年，罗伯特·贝拉（Robert Bellah）、凯瑟琳·阿尔巴内塞（Catherine Albanese）在探讨美国的历史经验时，深刻地认识到公民宗教的重要作用。他们共同指出："尽管某个社会不会将宗教作为民族认同的支撑，但会有类似于宗教的情愫扮演维护社会契约、宣扬爱国主义、倡导公民道德的角

---

　　① 译注：爱米尔·涂尔干（1858 年 4 月 15 日—1917 年 11 月 15 日），又译为迪尔凯姆、杜尔凯姆等，是法国犹太裔社会学家、人类学家，与卡尔·马克思及马克斯·韦伯并列为社会学的三大奠基人，《社会学年鉴》创刊人，法国首位社会学教授。
　　② 译注：公民宗教（Civil Religion），又译为大众宗教、国民宗教、民间宗教、市民宗教等。

色。"[7] 阿尔巴内塞在其关于美国独立战争的著作中写道："爱国志士的言行表明他们内心涌动着英雄浪漫主义情结，让他们将历史视为传奇并延续至今，并希望通过独立战争的每一次战役创造新传奇。"[8] 然而，阿尔巴内塞没能清晰地指出具体有哪些战役创造了历史传奇。她在引述约瑟夫·盖洛威（Joseph Galloway，1978）的观点时写道："社会的惯常做法是不断地教导子民遵纪守法并忠于国家。通过向人们灌输共同的行为方式、政治观念以及政治体制等意识形态，培育国家依恋（National Attachment），形成人心思齐的氛围，引导人们为共同福祉而坚决捍卫国家的完整统一。"[9] 阿尔巴内塞在探讨公民宗教时进一步指出："公民宗教包含人们对世界的不同认识及其感性抽象的各种伴生物以及语言、行为等不同表现形式。它是客观外在自我内化的结果，是内心投影于现实世界的言行。"[10]

历史意识（Historical Consciousness）不仅涉及按照时间顺序发生的历史事件，而且更加接近于前述章节中提到的创造传统（Invention of Tradition）以及塑造历史（Making History）的含义。[11] 换言之，历史意识是由当代社会官方意识形态主导的对历史反思的结果，而不囿于对客观现实的认知。[12] 迈克尔·卡门（Michael Kammen）、帕特里夏·利默里克（Patricia Limerick）、理查德·斯洛特金（Richard Slotkin）等学者非常认同这一观点，并探究了历史意识及相关概念所具有的外延与内涵。公民宗教作为一种意识形态，对创造传统以及塑造历史的过程具有重大影响力。[13] 少数地理学家认识到了公民宗教的作用，但尚有两个问题亟待深入考察[14]：第一，如何从宇宙观的视角理解公民宗教投射于人文景观的准则？第二，如何在时间维度上看待传统创造对于人文景观面貌的影响？

人们将美国历史上诸多伤痕视作通往自由与民主而付出的惨痛代价。我无意于考察美国境内反映公民宗教的全部人文景观，而是集中探讨前述章节中提到的三种类型的案例。具体包括人文景观延后反映重大历史事件的案例、联邦政府创造并维护国家纪念地的案例、纪念地与公民宗教信仰关系密切的案例。就此三种类型，我选择了三个典型案例：波士顿惨案、约翰·布朗起义以及珍珠港事件。它们发生于不同时代，各自掀开了美国历史的新篇章。1770 年波士顿惨案虽然不是英美两军的第一次正面冲突，却拉开了美国独立战争的序幕。1859 年约翰·布朗起义是两年后点燃南北战争的萨姆特堡战役的先声。1941 年日本偷袭珍珠港将美国卷入了第二次世界大战。

第二节　波士顿惨案及其迟来的纪念遗址

凯瑟琳·阿尔巴内塞在研究美国独立战争期间公民宗教源流时发现，爱国志士所谓的美国式传奇与独立战争纪念地之间有着一定联系。美国式传统投影于纪念地的最主要特征，是纪念物往往于历史事件过去多年后才缓慢出现。波士顿惨案相关纪念遗址"姗姗来迟"的情况，能够帮助我们认识纪念物出现的缓慢过程。

1770年3月5日，人群聚集在波士顿海关大楼门外，对着守卫海关的英军士兵高声叫骂，投掷石块、雪球、煤团。英军士兵在骚乱高潮时向人群开火，射杀5人，击伤7人。这就是著名的波士顿惨案，又名"国王街混战"（Battle of King Street）。惨案发生3年后（1773年12月），出现了波士顿倾茶案；5年后（1775年4月），英国军队与北美大陆民兵在邦克山交战；同年6月，波士顿被英军围困。波士顿惨案具有特殊的历史意义，是美国独立战争的导火索。美国独立战争期间，每年3月5日都会在波士顿举行纪念波士顿惨案的公祭仪式。[15]

1783年，英美双方签署《巴黎和约》（"Paris Peace Accord"）。同年9月3日，美国独立战争宣告结束。这一年，波士顿没有再举行纪念波士顿惨案的活动，而是选择在7月4日纪念1776年《独立宣言》签署。7月4日由于具有非常强的象征意义，因而被定为美国国庆日。事实上，1783年，美国国庆日有3个备选方案：3月5日、7月4日、9月3日。3月5日似乎有煽动暴乱的负面成分存在，9月3日是宣告英国投降的一次双边外交活动，而7月4日则是美国人民独立决定自己命运的时刻。相比而言，7月4日更能体现爱国的含义。

波士顿惨案发生地的命运从一个侧面反映出纪念日选择上的争论。波士顿惨案发生后，有人提议尽快建碑立祠，但没有得到响应，事件发生地逐渐从人们的视野中消失。在此时期，邦克山等独立战争期间的主要战场受到人们的重视，但波士顿惨案发生地却在此后的二十多年间受到冷落。以1776年7月4日作为起点，而不是1770年3月5日，美国在1876年迎来了建国100周年庆典。同年，一些民间组织开始为美国独立战争的诸多遗址营造纪念之物，人们对于波士顿惨案的态度也随之发生转变。广义上，建国100周年庆典让美国民众认识到美国的民主试验取得了成功。在庆祝这个国家走过100年光辉岁月的同时，美国民众开始在见证其成功步伐的重要历史事件发生地营造纪念物。美国民众的"历史自觉"经历了数十年的时间，至19世纪末，纪念物营造活动达到顶峰。

美国建国100周年又过了10年（1886年），波士顿惨案发生地才有了第一个纪念物。波士顿历史学会（Bostonian Society）首任会长向波士顿街道管委会（Boston Street Commissioner）提出纪念物修建草案，方案得到批准后不到一年的时间项目即完工。波士顿历史学会成立于1881年，是波士顿本地的重要民间历史学会。波士顿惨案纪念碑由花岗岩建造，直径约10英尺，呈扁平轮轴状，有13条轮辐从中心放射而出，代表北美大陆曾经的13个殖民州（图8-1；图8-2）。纪念轮轴被嵌入政府街人行道中央（原国王街）的地面上，这里据说正是当年惨案发生的确切地点——克里斯普斯·阿塔克斯（Crispus Attucks）① 倒下的地方。一年后，波士顿计划为惨案修建另一座规模稍大的纪念碑。新纪念碑于1888年完工，位于波士顿公园内。碑身上镌刻着"自由美国"字样，纪念在波士顿惨案中牺牲的5位烈士。除约翰·亚当斯（John Adams）全力支持该项目，并将波士顿惨案视为美国独立战争的导火索外，其他人并不愿意将开国历史与暴动联系起来，并且第一个在暴动中倒下的烈士还是一位名叫克里斯普斯·阿塔克斯的黑人，因此新纪念碑项目受到时人的强烈反对。[16]尽管波士顿惨案以及惨案中牺牲烈士的历史地位尚未得到当时人们的认可，但纪念碑项目还是在质疑声中完工（图8-3）。

波士顿惨案发生地经历了一系列有趣的历史变迁，从而被逐渐纳入联邦政府监管下的复杂纪念体系中。如今，波士顿惨案发生地及其纪念碑是波士顿自由之路（Boston's Freedom Trail）上的两处重要景观，并于20世纪纳入美国国家公园局管理体系。自由之路起于波士顿公园，途经查尔斯河以北的保罗·里维尔之家（Paul Revere's House）及老北教堂（Old North Church），向南延伸至查尔斯顿的邦克山纪念碑，最终抵达宪法号护卫舰（USS Constitution）。朝圣者沿着自由之路可以一直到列克星敦、康科尔德等地探访与美国独立战争相关的诸多纪念遗址。波士顿自由之路是19世纪

① 译注：克里斯普斯·阿塔克斯（1723—1770），波士顿惨案中第一个被杀的美国人，是万帕诺亚格人和黑人的混血后裔。他死时的身份究竟是奴隶还是自由人仍有争议。

图 8-1　1770 年 3 月 5 日，人群聚集在波士顿海关大楼门外，对着守卫海关的英军士兵高声叫骂，投掷石块、雪球、煤团。英军士兵在骚乱高潮时向人群开火。这就是著名的波士顿惨案。美国独立战争期间，每年 3 月 5 日都会在波士顿举行纪念波士顿惨案的公祭仪式，规模堪比美国独立日庆祝活动。直到 1886 年，波士顿海关大楼门外的人行道上才有了第一处历史地标（见本图中部）。

末 20 世纪初，美国政府尝试将诸多纪念遗址串联起来，形成更为宏大叙事的例证之一。然而，创立自由之路的想法出现较晚。起初，纪念遗址大多互不相干，但随着时间的推移，它们被逐渐联系起来，共同讲述美国独立战争的往事。纪念遗址也并不是在同时期被组织在一起的，联邦政府直到 20 世纪才开始逐步接管纪念遗址的管理工作。在此之前，地方政府及民间组织分别管理、维护不同地方的纪念遗址。与此同时，联邦政府不断接到要求保护某处纪念遗址的诉求。提出诉求的理由要么是当地群众特别珍视某处遗址，要么是遗址受到自然或者人为破坏。一开始，联邦政府并没有做好接手此项工作的准备。因此，一部分遗址被移交给美国内政部，而战争遗址则由美国战争与陆军部（War Department and Army）代为管理。早些时候，国家公园管理局的主要任务是保护美国境内的自然遗产，而不是文化遗产。1872

图 8-2　波士顿惨案历史地标（纪念碑）近景。波士顿惨案
纪念碑直径约 10 英尺，呈扁平轮轴状，有 13 条轮辐从中心放
射而出，代表北美大陆曾经的 13 个殖民州。这里据说正是当
年惨案发生的确切地点——克里斯普斯·阿塔克斯倒下的地
方。

年设立的黄石公园是美国第一个国家公园。几十年后，随着人们认识的不断
深入，国家公园管理局的管辖范围得以扩展。按照新法规，其管理权限延伸
至历史文化遗产，诸如美国独立战争遗址等也被纳入该机构的管辖范围。因
此，国家公园管理局不仅是自然遗产的保护机构，也是美国文化遗产的管理
主体。

第三节　哈普斯渡口镇及"圣物"景观的出现

国家公园管理局对哈普斯渡口镇（Harpers Ferry）开展了卓有成效的
保护与管理。小镇位于西弗杰尼亚州，是与波士顿惨案纪念地齐名的一处南
北战争遗址。南北战争爆发前几年，美国西部地区由于蓄奴问题不时擦枪走

图 8-3 新纪念碑于 1888 年完工，位于波士顿公园内。一些人并不愿意将开国历史与暴动联系起来，因此该纪念碑项目受到时人的强烈反对。

火。按照《密苏里妥协案》（"Missouri Compromise"）① 的规定，密苏里州作为蓄奴州加入联邦政府，这预示着南北双方在蓄奴制问题上渐行渐远。不仅如此，发生于 1859 年 10 月 16 日至 18 日的约翰·布朗起义让矛盾进一步激化。布朗计划偷袭位于哈普斯渡口镇的军工厂及其军械库，借以武装被解救的黑人奴隶。起义虽然失败了，但是这一事件让南北双方的裂隙进一步扩大。

布朗的偷袭行动促使人们重视哈普斯渡口镇在战略上的重要性。起义者退守的军械库后来被大家称为约翰·布朗堡（John Brown's Fort）。[17]事实上，这里是由重兵把守的军械库。非常巧合的是，布朗及其同谋被围困在军械库内，被后来在南北战争期间叱咤风云的罗伯特·李将军带领的海军剿灭。哈普斯渡口镇地处战略要津，建有军工厂及铁路线，是兵家必争之地。[18]庆幸的是，镇上的军工厂经受住了战火的洗礼以及好事者的洗劫，是为数不多的几处完整保留到战后的军工厂。1869 年，美国政府决定放弃哈普斯渡口镇的军工厂等大部分资产，约翰·布朗堡也被出售给私人。一个多世纪以后，情况发生了一百八十度大转弯，联邦政府责成国家公园管理局收回军工厂、军械库等镇上大部分资产的管辖权。因此，哈普斯渡口镇的命运展现了某处遗址经历闲置，却最终被确认为重要的国家纪念遗址的过程。

政府放弃哈普斯渡口镇期间，约翰·布朗堡被开发为一处旅游景点。为支持旅游业发展，巴尔的摩－俄亥俄铁路局增开了前往小镇的旅游专列。1892 年，约翰·布朗堡重获新生，是与约翰·布朗起义有关的重要纪念遗址。巴尔的摩－俄亥俄铁路局出资购买了整栋建筑，将其整体搬迁到芝加哥，准备在哥伦比亚世界博览会上展出。约翰·布朗堡搬离小镇，其原址建有一块小纪念碑，而地块则由巴尔的摩－俄亥俄铁路局购得，用以修建通往波多马克河大桥（Potomac River Bridge）的铁路轨道（图 8-4）。遗憾的是，约翰·布朗堡在哥伦比亚世界博览会上展出的计划没有能够实现，这处房子滞留在芝加哥，全凭着私人力量才费尽周折回到哈普斯渡口镇。由于约翰·布朗堡所在地块被巴尔的摩－俄亥俄铁路局买下修铁路，原址仅容得下一小块纪念碑，而没有更多空间容纳从芝加哥迁回的房子。1895 年至 1910 年，约翰·布朗堡暂时被安置在哈普斯渡口镇当地的一处农场中。1909 年，约翰·布朗堡迎来了命运的转折。斯托尔学院（Storer College），一所战后美籍非裔学校，借用哈普斯渡口镇军工厂旧址办学。在学校要求下，约翰·

---

① 译注：1820 年南北双方就密苏里地区成立新州是否采取奴隶制问题通过的妥协议案。

布朗堡被搬到哈普斯渡口镇上的临时校址，并在此平静地度过了几十年时光。1968年再次由国家公园管理局出面，搬迁至距离原址更近一些的地方（图8-5）。

图8-4　约翰·布朗堡搬离小镇，其原址建有一块小纪念碑，而地块则由巴尔的摩—俄亥俄铁路局购得，用以修建通往波多马克河大桥的铁路轨道。如今，原址变化较大，仅不远处的纪念碑标明了当年约翰·布朗堡的位置。

图8-5　此照片拍摄于1986年。1859年时，这里是由重兵把守的军械库。当年，约翰·布朗堡位于照片的右侧。如今，这片土地是巴尔的摩一俄亥俄铁路局的资产，但照片中的房子等由国家公园管理局负责管理。

　　约翰·布朗堡及其旧址的命运似乎与波士顿惨案发生地不同，而事实上它们有两点相似之处：第一，两处遗址都耗时一个世纪左右，才逐渐转变为具有国家认同意义的纪念地。虽然这一过程被推迟了数十年之久，有关国家建立过程的传奇经历最终还是被投射到了人文景观上。第二，对于遗址的保护工作首先有赖于民间力量，稍后联邦政府才开始介入。国家公园管理局于20世纪50年代购买了哈普斯渡口镇的多宗土地，这是政府大规模介入的重要证据。由于哈普斯渡口镇的军工企业衰败，导致经济凋敝，再也没能够恢复到往日繁荣的景象。更为要紧的是，小镇地处波多马克河与什南渡河（Potomac and Shenandoah Rivers）交汇处，这里洪水频发，不得安宁。19世纪末和20世纪初的几场洪水使小镇日渐凋敝，当地居民逐渐迁走。斯托尔学院于1955年闭校，但比其他一些机构都更晚搬走。

　　在西弗杰尼亚州的鼓动下，联邦政府对哈普斯渡口镇兴趣渐浓。美国于1944年颁布《赋权成文法则》（*Enactment of Enabling Legislation in Washington*）。

在此背景下，西弗杰尼亚州开始购买哈普斯渡口镇的多宗土地，并将购得的土地抵押给联邦政府。1954 年，首宗大片土地移交给国家公园管理局。20 世纪 60 年代开始，国家公园管理局又陆续接收了多宗土地，其中包括斯托尔学院及约翰·布朗堡。1968 年，约翰·布朗堡被南移到更靠近其原址的位置，成为国家公园管理局在当地办事机构的驻地，并于 20 世纪 70 年代得到修葺。也许有那么一天，当巴尔的摩－俄亥俄铁路局的房产被搬离后，约翰·布朗堡有机会再次回到原来的位置。这一时期，哈普斯渡口镇仍是一座由国家公园管理局管辖和维护的具有重大历史意义和价值的"政府小镇"（"Government" Town）。

哈普斯渡口镇与波士顿惨案发生地一样，见证了一段悲壮的美国往事。今天的哈普斯渡口镇已成为南北战争史上不可分割的一部分。然而，如果对其解读稍有偏差，则可能被看作是恐怖分子采取的袭击行动。正如我在第四章中提到的，南北战争的传奇故事在美国境内其他地方的人文景观上有所呈现，南北双方曾经交战的主要战场基本上都建有规模不等的纪念物。[19] 1861 年 4 月 12 日至 14 日，萨姆特堡①遭到南军炮击，南北战争爆发。战后，萨姆特堡成为军方的一处废弃海防工事。1948 年，国家公园管理局接手萨姆特堡。在萨姆特堡的案例中，它先后隶属于美国军方以及国家公园管理局。但在大多数情况下，政府一般需要从私人手中购买相关遗址。初期，联邦政府对于购买土地并不是很情愿，但不得不从私人手中购买重大战役发生地附近的土地，用以修建公共墓地，埋葬在南北战争中逝去的生命。相较于将主要战场变成纪念地所需的费用，购买墓地所需的资金不算太多。战争纪念地的出现过程并不是自上而下的政府行为，反倒是退伍老兵或是住在战场附近的人们首先提出将战场变成纪念地的想法。每年，退伍军人都在曾经战斗过的地方集会，并逐年在战场遗址上留下碑石、雕塑等纪念物。[20]

有意思的是，南北战争有关的纪念碑类似于独立战争的情况，都是联邦政府的杰作。南方各州的民众在南北战争结束初期，对于悼念集会等还不是很积极，有些地方甚至没钱立碑。20 世纪中期，情况发生转变，南方各州修建了一系列宏伟、壮观的大型纪念碑，甚至在南方人吃败仗的地方也不乏南方出资的纪念碑。[21] 从 20 世纪 30 年代开始，联邦政府责成国家公园管理

---

① 译注：萨姆特堡（Fort Sumter）又称为桑特堡，是位于美国南卡罗来纳州查尔斯顿港的一处石制防御工事。始建于 1827 年，以美国独立战争英雄托马斯·萨姆特将军的姓来命名。

局介入纪念碑的管理与保护工作。[22]早期，联邦政府将接收的捐赠或购买的战争遗址等相关资产交由美国战争与陆军部代为管理，并陆续建成了一系列的国家军事公园（National Military Park）。对于每一处战场，都需要逐一明确其历史价值，但南北战争本身就有许多难以定性的地方。葛底斯堡战役等案例也是经历了多年的反思其历史地位才逐渐确立。今天，我们能够说，约翰·布朗起义是南北战争的先声，萨姆特堡战役是战争爆发的标志，南方军在阿波马托克斯法院（Appomattox Court House）受降宣告战争结束，林肯遇刺是战争的悲伤余韵。南北战争的中点是葛底斯堡战役，皮克特冲锋及叛军最高水位点纪念碑是葛底斯堡战役结束（1863年7月3日）的标志。如今，国家公园管理局负责南北战争纪念地的管理与保护工作。约翰·布朗堡等众多纪念地及其相关纪念物犹如"圣物"般受到尊奉，其效果如同"神学"意义上的公民宗教。

第四节　珍珠港事件及其历史意义

20世纪中期，美国建立了一系列体现国家诞生历史的纪念地。然而，纪念地的确切象征意义有时含混不清，有时相互矛盾。为了得到更多民众的支持，纪念地在某些时候不得不委曲求全，改头换面。如果一味地强调南方联盟军的失败以及奴隶制度的不公，将很难得到南方各州对于设立南北战争纪念地的支持。相反，拥护者往往赞同中立观点，为南北双方士兵在战争期间英勇无畏的表现喝彩。对于波士顿惨案以及约翰·布朗起义等事件的解读难度稍大一些，如果稍有偏差，则可能让人误认为公民拥有武装反抗政府的权利。为避免传递极端信息，人们对大多数纪念地及其历史意义都做了一定程度的调整，强调易于被大多数人接受的爱国主题，从而减少反对声音。我们可以通过珍珠港为成为纪念地而作出的一系列改变来理解这一过程。

1941年12月7日，日本偷袭珍珠港，让美国卷入了第二次世界大战。珍珠港事件无疑是美利坚合众国历史上的一次绝对挫败。日军背信弃义，偷袭美国的重要军事基地，这让美国民众感到强烈的羞耻、侮辱与愤怒，因此举国上下一致要求对日军采取报复性军事行动。然而，建立珍珠港纪念馆的动因并不主要是出于义愤，而是希望缅怀在偷袭中遇难的人们。

珍珠港事件似乎不同于波士顿惨案以及约翰·布朗起义，而事实上三者都具有非常重大的历史意义。[23]早在第二次世界大战期间，就有人提出纪念珍珠港遇难者的想法，但多年来一直没有得到响应。珍珠港是一处仍在使用的海军基地，出于安全的考虑，不适合对外开放为公共纪念遗址。不仅如此，海军作为珍珠港的实际使用者，对军港内的遗址具有绝对话语权。海军并不愿意唤起珍珠港事件惨败的历史记忆，而是希望修复在 12 月 7 号受到重创的三艘战舰，尽快让基地恢复使用。然而，不论如何努力，也不能弥补珍珠港遇袭带来的惨痛损失。基于以上原因，在珍珠港建立纪念馆的条件尚不成熟。

珍珠港遇袭中的一半伤亡来自于沉没的美国海军亚利桑那号战列舰（USS Arizona）。1 000 多名海军官兵与亚利桑那号一起葬身海底，这艘战列舰成为官兵们的坟墓。美国海军难以面对惨重的人员伤亡，不能对战列舰残骸视而不见。亚利桑那号上的大部分有用部件都被拆卸下来再次使用，但战列舰的躯壳仍留在海底。经历了第二次世界大战及战后漫长的岁月，舰体已经锈迹斑驳，残破不堪，不适合作为逝者安息的坟墓。于是，人们希望有一处更合适的纪念遗址来缅怀逝者。

美国海军是最早介入纪念亚利桑那号遇难官兵以及珍珠港事件的机构。1950 年，美国太平洋舰队司令（Commander of the Pacific Fleet）下令将一柄旗杆插在亚利桑那号残骸上。由此，美国国旗每天都能够在舰体上空迎风飘扬。5 年后，美国海军俱乐部（Navy Club）在亚利桑那号附近的福特岛（Ford Island）立了一块石碑，纪念在珍珠港事件中牺牲的官兵。然而，由于资金缺乏以及官僚主义的阻碍，接下来的工作困难重重。首先，美国海军当局既不同意在珍珠港建纪念馆，也不接受私人捐助。其次，对社会公众开放在用的美国海军基地，也会干扰海军正常训练。除了审批手续麻烦外，如何定义纪念馆的意义也是一大难题。如果不能找到让美国海军认可的理由，纪念馆项目将难以推进。

最终，各方放弃细枝末节的争议，达成妥协，共同认为应该首先强调对逝者的缅怀。珍珠港亚利桑那号战列舰纪念馆在规划阶段参考了多方意见，并体现在设计方案中。第二次世界大战还在进行的时候，军政界以及社会各界就纷纷对纪念馆项目表示支持，包括美国海军及其退伍军人协会、其他部队的退伍军人协会、夏威夷领地（1959 年成为夏威夷州）、珍珠港遇袭事件幸存的平民、夏威夷以及美国本土的普通群众、战争纪念地特别委员会。

然而，纪念馆缅怀谁的问题成为争论的焦点。到底是为纪念亚利桑那号的牺牲官兵、珍珠港事件的全部遇难人员，还是太平洋战区殉难的海军官兵？对于美国海军而言，他们只想通过修建纪念馆来缅怀遇难的官兵。事实上，纪念馆包容能力越强，就越能得到海军及其退伍军人协会等更广泛的支持。如果纪念馆只为美国海军阵亡将士而建，将难以得到其他部队的响应，特别是这处纪念馆位于美国本土外遥远的珍珠港，且工程浩大，耗资不菲。如果只将其作为军方的纪念项目，将不会得到民众的支持。相较而言，其他部队的退伍军人协会非常支持珍珠港亚利桑那号纪念馆项目，并希望将其作为缅怀第二次世界大战中全体美国阵亡将士的地方。

随着亚利桑那号战列舰纪念馆项目的推进，困难越来越大。例如，相关法律方面的障碍需要在美国国会层面才能够得到解决。[24]夏威夷领地代表在国会陈述修建珍珠港亚利桑那号战列舰纪念馆的理由时反复强调缅怀逝者的必要性，睿智地指出亚尼桑那号的阵亡将士来自美国各地，从而赢得了各州议员的深切同情，并争取到美国民众的广泛支持。

除缅怀逝者外，纪念馆的另一大作用是让美国民众勿忘日本偷袭珍珠港的历史教训。战争纪念遗址的历史意义往往充满争议，理清战争胜利带来的荣耀与庆祝和平的关系非常难。就日本偷袭珍珠港而言，界定这一事件的历史意义更难。民众得知美国政府收到了日本偷袭珍珠港的情报，却没能引起政府的足够重视，终酿大祸。20世纪50年代，这一消息在麦卡锡主义①的推波助澜下不断发酵。珍珠港事件被视为美国军方以及政界高层遭到敌方渗透的证据。由此，有人提议将珍珠港亚利桑那号纪念馆作为美军疏于防备的警示，避免遭遇军事偷袭的历史再次上演。这样做的结果是使得这处纪念馆成为冷战（Cold War）的绝佳宣传材料。但这种灌注了军方意识形态的解读，与和平、宣传战争危害性的主旨背道而驰。艾尔弗雷德·普雷斯（Alfred Preis）是纪念馆的设计师。他在设计方案中对珍珠港事件的历史意义做了更为复杂的解读。[25]普雷斯认为，美利坚合众国是爱好和平的国家，但总是被动地卷入战争旋涡。在他看来，美国有能力战胜一切敌人，但在赢得最后胜利前往往会遭受像珍珠港事件这样的沉重打击，因而流血牺牲是捍卫和平必须付出的代价。然而，普雷斯的观点对于具有实用主义倾向的人而言，并不那么受用。

---

① 麦卡锡主义（McCarthyism）是1950—1954年间肇因于美国参议员麦卡锡的美国国内反共、反民主的典型代表。

第二次世界大战后起起伏伏的日美关系也影响到了人们对珍珠港事件的看法。罗杰·丁曼（Roger Dingman）指出：一年一度的珍珠港事件纪念日见证了日美关系的起伏。[26]多年以来，"绝不再次发生"一直是珍珠港事件纪念日着力传达的信息。当日本被美国视为在亚洲地区遏制共产主义国家的盟友时，日本偷袭珍珠港的惨痛教训被美国淡化。近些年，日美之间的经济贸易摩擦增加，珍珠港再次成为热议的焦点。珍珠港事件50周年忌日的时候，大西洋两岸的日美两国相互指责，矛盾激化。日美两国对于珍珠港事件以及第二次世界大战的认识难以达成一致，因此不论作出何种和解的姿态，都对修复两国关系于事无补。

美国联邦立法机构通过颁布相关法案，为民众和军方修建纪念馆扫清了法律障碍，但联邦立法机构的努力仍由于敏感的日美关系而受挫。1961年颁布的《公法87-201》（"Public Law 87-201 of 1961"）为纪念馆的修建提供了经费，并明确指出："谨以此纪念馆及相关纪念物缅怀在1941年12月7日夏威夷珍珠港事件中阵亡的美军将士"。1962年举行的珍珠港亚利桑那号战列舰纪念馆揭幕仪式没有定在12月7日，而是选在美国阵亡将士纪念日，这似乎是为了强调这处纪念馆是缅怀第二次世界大战中全体美国阵亡将士的地方。

纪念馆建在海底填充物上，呈拱桥状，横跨沉没于海底的亚利桑那号战列舰上方（图8-6）。美国海军负责维护纪念馆以及用快艇将游客送至纪念馆的码头。20世纪60年代，美国海军从军费中拨付修建游客中心的资金，却既没有要求冠名，也没有再为游客提供快艇服务。但人们指责游客中心主要是为旅游服务，而没能更好地发挥其纪念功能。在此之前，游客以及扫墓者的人数非常多，超过了纪念馆码头的承载量。出于保护的目的，纪念馆交由国家公园管理局管理。美国海军支持该项目的原因似乎是想要改变其在越南战争失败后的负面形象。游客中心修建所需的资金耗时十多年才筹齐，国家公园管理局与美国海军对于纪念馆的管辖权问题也用了很长时间才梳理清楚。珍珠港亚利桑那号战列舰纪念馆从计划到成为现实所需的时间，明显比波士顿以及哈普斯渡口镇的纪念景观出现的时间短很多。随着经验的积累，美国人清楚地知道哪些事件更契合美国传统，并清楚如何更好地纪念它们。珍珠港事件历史意义的解读是多方妥协的结果，比其他案例更能说明美国纪念遗址的出现是多方利益平衡的过程。

图 8-6 美国海军亚利桑那号战列舰纪念馆位于夏威夷珍珠港，临近福特岛。1941 年 12 月 7 日，夏威夷珍珠港事件中，有 1 117 名美军将士阵亡，并在港口留下了许多未爆的炸弹。亚利桑那号战列舰纪念馆从提出方案到最终建成，经过了好些年的时间。这主要是由于美国民众对于如何看待珍珠港事件尚未达成共识。纪念馆于 1962 年的美国阵亡将士纪念日揭幕。纪念馆建在海底填充物上，呈拱桥状，横跨沉没于海底的亚利桑那号战列舰上方。图片由 UPI/Corbis－Bettmann Achieve 提供。

第五节 纪念遗址的选择、等级与实践

上述案例引出了美国公民宗教涉及宇宙观的三个问题——纪念遗址的延迟出现问题、国家公园管理局对纪念遗址保护与管理的作用问题、现代社会对纪念遗址意义的解读问题。本章中，我将进一步探讨另外三个重要问

题——纪念遗址的选择性问题、层次性问题以及实践问题。

我在本章中反复提到纪念遗址的选择性问题——仅有极少数的灾难地能够得到足够的支持，从而演变为全国性或地方性的纪念遗址，而全国性的纪念遗址尤为稀少。纪念遗址的选择性过程折射出人们对于历史记忆的选择性机制。波士顿惨案、约翰·布朗起义以及珍珠港事件之所以受到后世纪念，是因为这三起事件被塑造成伟大美国历史的重要组成部分。加洛韦（Galloway，1978）指出："这些成功演变为纪念遗址的案例符合人们希望国家统一的愿望。人们出于安全、幸福的考虑，团结一致，捍卫国家统一，抵御外敌入侵，驱逐分裂势力。"纪念遗址并非全都与灾难和灾害有关系，却大多彰显了爱国主义，推崇了共同的价值观，缅怀了为国家与人民作出牺牲的英烈。本书所提到的几处纪念遗址不过是诸多蕴含了爱国主义情愫的纪念地以及纪念景观的典型代表而已。某地不论是否与暴力、灾难有关联，通过一系列选择性重塑，均能正面地传达出爱国主义以及积极的历史观。

然而，许多处与暴力和灾难相联系的遗址由于与爱国主义的正面导向相抵触而被埋没。对于此类案例，我在下一章将它们称为"灰色的过去"（shadowed past），它们非常值得深入研究。首先，美国蓄奴史以及近一个世纪的屠杀印第安人的历史等让人非常难以启齿，因此不可能有丝毫正面意义。其次，由于不同群体的认识尚存争议，也会导致某些案例销声匿迹。例如，越南战争、反战示威运动、民权运动及第二次世界大战期间的美籍日裔集中营等均属于饱受争议的事件。最后，某些事件还需要更长时间的沉淀，其历史意义才能确立并被载入史册。当争议平息，各方意见统一，相关纪念遗址随之出现。例如，工人运动包含正面的积极意义，具备载入美国历史光辉篇章的潜质，但仅有少数案例受到重视。在我看来，更多与工人运动有关的案例的重要意义早已经有了历史的判断，它们将逐渐被人们纪念，这只不过是时间问题。我将在下一章中进一步探讨意义未定、尚存争议的案例。

具有全国性纪念意义的遗址往往与地方性纪念工作密不可分。我在前述章节中提到，不同的社会团体以及城市、州郡等政府部门都曾建有纪念遗址，并加以妥善保护，堪比国家公园管理局的做法。事实上，几乎所有的市、州都有其珍视的事件，并建有相应的纪念遗址。芝加哥市和德克萨斯州即是典型代表。地方性以及全国性的纪念遗址有利于揭示美国公民宗教及其宇宙观的特征。按照美国的历史传统，纪念遗址在表达公民宗教及其宇宙观的时候，并非仅受到同一层面的影响，而是受到地方、州郡、区域以及国家等不同层面的约束。由此，纪念遗址的建立与保护往往有不同层面声音的关注。例如，20世纪30年代，美国经济大萧条，德克萨斯州的多处纪念遗址得到国家公园管理局以及民间文化保护机构（Civilian Conservation Corps）的共同资助。再如，摩门故径早就受到耶稣基督末日圣徒会保护，多年后才由国家公园管理局接手，并将其推到美国西部拓荒之路的历史高度。从上述案例中，我们大致能够勾勒出纪念遗址设立的过程。综上，公众祭奠往往起于民间，而由地方或联邦政府接力为之。

　　纪念遗址的层次性既是指遗址保护受到从中央到地方不同层面的关注，也是指遗址在城市景观以及人文景观中的等级差异性。19世纪末至20世纪初，美国流行采用纪念碑等形式彰显其历史荣光，同时大手笔地对大中城市、州府以及首都进行重新规划与改造。例如，圣路易斯市（St. Louis）、印第安纳波利斯市（Indianapolis）在紧邻战争纪念遗址的区域规划了市政公共空间。同时，全美各地的州府大多有纪念碑、纪念馆等（图8-7）。[27]再如，郎方（L'Enfant）[①]对于首都华盛顿的规划以及1893年哥伦比亚世界博览会展场的设计方案，均包含采用象征性手法营造的纪念场景。由此，放射状路网以及古典建筑风格成为美国城市规划的特色，而采用象征性手法的装饰与设计风格逐渐演变出了新的意蕴。就华盛顿特区的规划方案而言，特别强调运用空间营造的手法，体现出纪念堂、纪念碑的等级差异性。具体而言，纪念性景观与规划轴线以及不同政府部门建筑物之间的空间关系，反映出它们在重要性上的差异。华盛顿纪念碑（Washington Monument）是为纪念美国国父乔治·华盛顿总统而建造的，它处于郎方的美国首都规划方案的中心点位置。从国会山划出一条西向轴线，与白宫的一条南向轴线几乎垂直交汇于华盛顿纪念碑处（图8-8）。华盛顿国家广场[②]位于国会山与华盛顿纪念碑之间的东西向轴线上。东西向轴线向西一直延伸至林肯纪念堂，跨过波多马克河，直抵阿灵顿国家公墓（Arlington National Cemetery）。其中，阿灵顿国家公墓是美国南北战争期间修建的一处国家墓园（图8-9）。林肯纪念堂于1992年落成，它不仅将林肯的地位提升至与国父华盛顿比肩的高度，并承接了由华盛顿国家广场延伸而来的东西向轴线。

---

　　① 译注：朗方（1755—1825），法国军事工程师。
　　② 译注：华盛顿国家广场（National Mall）由数片绿地组成，一直从林肯纪念堂延伸到国会山。

图 8-7 从圣路易斯市纪念广场向东，可以看到市政厅大楼。
在紧邻战争纪念遗址的区域规划市政公共空间，是 19 世纪末
至 20 世纪初的惯常手法。圣路易斯市纪念广场修建于 1923
年，其左侧是阵亡将士纪念碑。

华盛顿特区的其他建筑均向这两条主轴线看齐。例如，肯尼迪总统于
1963 年下葬于阿灵顿国家公墓，下葬的位置恰巧与林肯纪念馆以及白宫对
齐。按照设计要求，越战纪念碑（Vietnam Veterans Memorial）[①] 位于华盛
顿纪念碑与林肯纪念堂之间，并与二者呼应。为此，越战纪念碑的两翼呈锐
角展开，一边指向林肯纪念堂，另一边指向华盛顿纪念碑。

美国社会逐渐形成了一套成熟的包含等级差异的象征性纪念体系，并积
累了丰富的纪念建筑营造经验。随着实践经验的积累，国家层面的象征性纪
念体系日趋完备，纪念馆、纪念碑等的修造速度大大加快，悼念活动的程式
化内容一一具备，并且纪念景观在空间上呈现出等级差异性。肯尼迪总统的
国葬汲取了 1865 年亚伯拉罕·林肯及 1799 年乔治·华盛顿葬礼的前车之
鉴，因此仅准备了三天时间。阿灵顿国家公墓是肯尼迪总统最后安息的地

---

① 译注：越战纪念碑，又称为越南战争纪念碑、越战将士纪念碑、越战阵亡将士纪念碑、越
战墙等，坐落在离林肯纪念堂几百米的宪法公园的小树林里。

图 8-8　华盛顿纪念碑与林肯纪念堂处于一条中轴线上。按
照郎方的设计，华盛顿的主要建筑、纪念碑等均处于主轴线
以及放射线上。华盛顿纪念碑于 1885 年落成，是其他纪念
碑、纪念堂等空间位置的参考点。图片由爱德华·康克林
（Edward F. Concklin）提供（Washthington：GPO，1927），
54 页。

方，也是安埋国家元首、民族英雄的首选之地。这处国家墓园的地方非同一
般，因此在空间上与美国白宫以及林肯纪念堂对齐，而不灭圣火是墓园最为
显著的墓碑。

　　事实上，悼念活动的筹备速度并非都像肯尼迪总统国葬这般迅速。建国
之初的几十年间，美国还没有修建能够代表国家形象的纪念碑、纪念馆，也
没能找到纪念建国历史与英雄人物的恰当方式。一方面反对君主政体，另一
方面又采用类似于皇家的仪轨缅怀总统及爱国人士，这也正是 1789 年法国
在大革命后面临的问题。[28]美国也好，法国也罢，都希望与灰暗的过去作了
断，都想要找到既能够代表国家形象又能够缅怀先贤的纪念建筑的样式。为
此，它们自然而然借鉴了埃及、希腊以及罗马风格的纪念建筑样式——方尖
碑、金字塔、圆形柱头、圆形穹顶、纪念碑、神庙等。至 19 世纪，美国逐
渐吸收了这些纪念建筑的风格，转而运用宏伟的建筑样式，而不是早前相对
简朴的样式营造纪念景观。在此之前，美国各地流行以欧洲传统墓葬为主，

图8—9 从阿灵顿国家公墓草坪的位置可以远眺肯尼迪总
统墓、林肯纪念堂等。白宫位于图片最左边的位置（本图
不可见）。阿灵顿国家公墓、肯尼迪总统墓、林肯纪念堂正
好在一条轴线上。阿灵顿国家公墓是安埋国家元首、民族
英雄的首选之地。这一历史地位的形成过程与美国其他纪
念地的情况类似。阿灵顿国家公墓最初是罗伯特·李将军
家的私人墓地。当李将军宣布脱离联邦政府的时候，这片
墓地被联邦政府接管。

并融入本土元素的纪念建筑样式。

纪念地一旦有了可参照的先例，就能够在其基础上不断发展。我曾在第七章中提到德克萨斯独立战争遗址上纪念物不断增加的情况。当第一座纪念碑出现在阿拉莫－圣哈辛托战役（Alamo and San Jacinto Battle）遗址，就不断有新的纪念碑加入。不过，这些新的纪念碑并不是专门为阿拉莫－圣哈辛托战役而建的，而是为了纪念德克萨斯人在其他战役或事件中作出的不懈努力和英勇牺牲。

州议会大厦广场等公共空间也具有类似于纪念地的功能。各州议会大厦是政府的办公驻地，因此在议会大厦前修建纪念碑具有很强的象征意义，似有代表本州及其民众立碑的意味。奥斯汀市的德克萨斯州议会大厦广场前建有好几座纪念碑。例如，阿拉莫－圣哈辛托战役纪念碑、美国独立战争纪念碑以及消防志愿者纪念碑等（图 8-10）。其中，消防志愿者纪念碑是为缅怀德克萨斯城爆炸案中牺牲的消防官兵以及全美各地在灾难救援中牺牲的消防战士而建的。让我们再来看看华盛顿特区的情况。例如，在越战纪念碑附近新增了两处纪念碑，其中一处为纪念阵亡将士，另一处为缅怀在战争中作出牺牲的妇女。再如，朝鲜战争纪念碑（Korean War Veterans Memorial）位于华盛顿国家广场的范围内，处于林肯纪念堂的东面，隔着林肯纪念堂倒影池与越战纪念碑相对而立。[29] 近些年，一些群众性组织希望在美国首都增加关于第一次世界大战与第二次世界大战纪念碑的数量。他们认为，美国大屠杀纪念馆（United States Holocaust Memorial Museum）是华盛顿特区唯一一处与第二次世界大战有关的纪念场所，而这处纪念馆远不能说明美国取得了最后的"胜利"。[30] 硫黄岛海战纪念碑（U. S. Marines' Iwo Jima Monument）[①] 是另一处著名的与第二次世界大战有关的纪念碑，但它位于阿林顿国家公墓的边上，因此位置较为偏僻。

---

① 译注：又名美国海军陆战队的战争纪念碑（U. S. Marine Corps War Memorial）。

图 8-10　德克萨斯州奥斯丁市市政广场上的消防志愿者纪念碑。类似于市政广场的公共土地，逐渐成为纪念碑等的聚集地。这些纪念碑大多褒扬了本州及其人民所作出的丰功伟绩。

　　以爱国主义为主题的纪念仪式的成熟过程类似于全国性纪念馆与纪念碑样式的形成过程。从 19 世纪跨入 20 世纪，美国社会逐渐学会了应对不同的纪念任务，学会祭祀英雄、缅怀烈士以及建立纪念地。与美墨战争（Mexican-American War）、南北战争、美西战争（Spanish-American War）以及第一次世界大战与第二次世界大战相关的纪念馆、纪念碑等，为如何纪念朝鲜战争和越南战争提供了重要借鉴。除华盛顿特区外，有关两次世界大战的纪念景观如雨后春笋般在美国各地涌现。我将在下一章中谈到越战纪念碑饱受争议的情况，但人们从没有怀疑过纪念越战的必要性。

　　促使纪念碑、纪念馆出现的条件也发生了一些改变。例如，1986 年奋进者号航天飞船（Space Shuttle Challenger）失事，立刻出现了纪念此次事件的呼声。灾难事件即使只降临在某个特定社区，也会有快速出现纪念碑的可能性。1991 年发生了克林（Killeen）大屠杀。事后，很快出现一座纪念遇难者的小型纪念碑。再如，1995 年，俄克拉荷马城发生爆炸案。事后，有人提议在艾尔弗雷德-摩拉联邦大厦（Alfred Murrah Federal Building）前修建一座纪念园。退回到 20 多年前，很难想象此类事件后会有相应的纪念碑出现。例如，1997 年发生在威斯康辛大学的反战炸弹爆炸案，就没有出现相关的纪念碑。我将在下一章中进一步讨论此类案例。今天的人们似乎大多会同意纪念此类事件，因为纪念碑能够帮助社区从伤痛中尽快恢复。对此，我曾在第三章中谈及。整体上，美国社会比以前更加熟练地纪念灾难与灾害事故。然而，20 世纪 90 年代出现了削减全国性纪念活动预算的情况，这直接影响到国家公园管理局等纪念遗产保护管理机构的运作。纪念公园、纪念馆等是美国历史上最有力的象征物，也是现代社会最能引起集体自豪感与激发献身精神的景观。我们尚不清楚缩减预算所带来的长远影响，但是如果因为减少财政性资金的投入而影响到关乎国家记忆的纪念碑、纪念馆以及纪念遗址等的保护工作，这将得不偿失。

　　不论涉及纪念遗址保护的财政性资金投入政策在未来出现何种变化，美国的公民宗教早已在人文景观上留下了深深的烙印。有关个人以及集体的纪念景观均宣扬英雄主义、爱国主义、忠于国家以及献身精神，勾勒出一幅壮美的历史画卷，再现了雄壮的美国历史。纪念景观不都是积极正面的，只不过刻意地避免传递负面的信息罢了。本章以及本书所列举的纪念碑或纪念馆在筹建过程中就要求更多地宣扬正面意义。对于凯瑟琳·阿尔巴内塞以及社会学家埃米尔·涂尔干而言，社会对集体生活的象征物作出了界定。在他们看来，景观不过是对现有社会秩序的反映。然而，该论断忽视了景观的相互作用以及地方对于象征性景观的作用过程。景观不仅是某个国家公民宗教的正面反映以及膜拜的图腾，也是一种表达的媒介和争论的平台。各种社会价值观基于上述平台热烈地争论，并且通过景观的不同面貌将争论的结果表现出来。不仅如此，争论的过程永不停歇。下一章中，我将谈到很多仍然笼罩在历史灰色阴霾之下，命运尚未确定的灾难遗址。

第九章　灰色历史

灾难遗址的筛选及其营造过程体现出地方、区域以及国家层面的选择性纪念传统。经过一番精心营造，筛选出的灾难遗址能够彰显历史源流，宣扬卓越成就，歌颂英雄人物以及赞美奉献精神。多数灾难与灾害遗址会走向记忆湮没的命运，逐渐从公众视线中消失。至于那些保留下来的，却反倒是另类。某些遗址完全符合公众祭奠的条件，却难逃远离公众视线的命运。尽管终有一天它们的历史价值会被发现，但现在的境况却决不能简单地用视而不见来解释。含混不明的历史意义以及纠缠不清的社会记忆，是它们难以走向前台的原因。换言之，某些案例尚难融入现有的"历史现象综合性解释框架"，且影响遗址命运的纪念传统尚待重塑、更新。不仅如此，新纪念地的出现可能替代现有的地方、区域以及国家层面的纪念遗址。此种情形下，灾难遗址演变为纪念地所面临的阻力尤其之大。明确灾难遗址历史地位的过程不是再造新传统，而是改变旧习俗。例如，对于美籍非裔人士遭受压迫以及印第安人遭到残害的案例，理论上都具备了建立纪念遗址的条件，但事实并非如此。强调黑人奴隶的苦难以及印第安文化的灭失，这与现有的景观记忆传统相矛盾。综上，纪念遗址一旦建立，将难以做出改变。

本章在讨论灾难遗址意义中矛盾与冲突的时候，

将不可避免地涉及社会对灾难与灾害的态度及其对地方营造与重塑的作用。这将是我在本书中关注的最后一个问题。问题的答案既来自于"台前的景观",也来自于"幕后的景观"。公众视线之外的灾难与灾害遗址数量众多,反映出美国社会的容忍度与接纳力。在人们看来,当灾难与灾害变得稀疏平常,自然无需多言,更无需纪念。从另一个角度来说,人们对于事件的重视程度取决于能否从中发现值得记取的精神力量、优秀品质。这往往与国家历史、国家认同等相联系。需要注意的是,这种时而忽略、时而重视的情况,恰恰反映出美国社会对灾难与灾害模棱两可的态度。灾难与灾害有利于国家与民族的团结,有利于形成共同的历史观、价值观;与此同时,纪念传统的重塑不可避免地将人分为成功者与失败者,获益者与受损者。团结群众与分化群众这两种力量相伴而生,这不仅非常具有讽刺意味,也让美国历史及其纪念景观蒙上了一层灰色面纱。

第一节　未定之意

我认为,美国境内部分遗址的命运仍处于变化之中,既可能立碑纪念,也可能变为遗址利用。但这一变化过程非常缓慢,时而停滞,时而退步。停滞不前时,可能是由于历史意义尚存争议,从而需要更多时间来解决争议。这种情况的出现也可能是由于灾难遗址还在等待社会对其态度的转变,从而获得焕发新生命的机会。如果没有出现更具包容性的解读灾难遗址的方式,这类遗址的命运仍将悬而未决。只有将遗址与当地、地区以及国家的历史联系起来,并在更具包容性的框架下予以解读,其命运才可能迎来转机。那些命运悬而未决的遗址通常涉及美国工人运动、各类司法不公事件以及反越战游行示威活动等。

一、英雄无名——风起云涌的美国工人运动

一些小型纪念碑虽然常常隐匿于难以被人们注意到的某个角落,但它们却是工业社会中民众为争取工人权益而奋斗牺牲的明证。随着 19 世纪末至 20 世纪初美国社会经济的快速发展,工人阶级与资本家之间的矛盾日益尖锐,游行示威活动以及镇压行动此起彼伏。工人阶级希望获得合法劳动用工权,这必然与资本家追求利益最大化的目标相左。然而,斗争双方的地位并

不平等，因为工业资本家能够利用当地警察、政府等公共资源打压工人群众。不过，从 19 世纪中叶开始，美国的工人运动还是在一系列残酷镇压下取得了成功，这是非常了不起的成就。因此，现代社会的各项劳动权益实则是付出了血泪代价的，这与美国历史上各类革命斗争的过程毫无二致。美国工人运动的历史不乏英雄、烈士以及传奇故事，但却仅有一些小型的地方性纪念碑与之相关。虽然劳动节是全国性节日，但美国社会人文景观中从来没有出现过大型的工人运动纪念碑，没有任何一处纪念公园是为工人运动的悲壮史实及其英雄、烈士而建的。

地方上对于灾难地的处置方式各不相同，既有公众祭奠、立碑纪念，也有遗址利用，乃至记忆湮灭。1892 年，宾夕法尼亚州东部爆发煤矿工人罢工，几名治安官残忍地杀害了 19 名矿工并造成 40 多人受伤，史称拉蒂默煤矿大屠杀（Lattimer Mines Massacre）（图 9-1）。事后，拉蒂默煤矿出现了一块小型纪念碑。为工人群众遭到镇压、屠杀、遇害等原因立碑的现象非常少见，即使是一块规模很小的纪念碑。其他类似的案例还包括科罗拉多州发生的勒得罗大屠杀（Ludlow Massacre）、宾夕法尼亚州的霍姆斯达特钢铁工人罢工（Homestead Strike）以及纽约三角内衣工厂火灾（Triangle Shirtwaist Factory Fire）。1911 年，三角制衣厂的这场火灾烧死了 146 名缝纫女工。如今，制衣厂大楼外墙上有一小块铜牌记述这次灾难发生的经过（图 9-2）。[1] 小型纪念碑、纪念牌匾等大多由地方政府、厂方以及遇难者家属发起捐款，极少由全国性组织出资。如今，很难找到与镇压工人运动以及生产事故等相关的遗址地，这主要是因为人们普遍不太关注此类案例，并且灾难现场大多被重建使用。因此，针对此类案例，遗址利用是更为常见的情形（图 9-3；图 9-4）。不仅如此，工业资本家借助其对事故发生地的实际控制权，阻止工人群众举行相关纪念活动，阻碍相关纪念碑的修建。例如，迫于工商界的压力，芝加哥的工人群众只能在郊外纪念秣市惨案中殉难的烈士。姑且不论来自于工商界的各种压力，与工人运动以及生产事故有关的灾难地本身也并没受到足够重视，因此也就没能充分发挥其见证工人运动历史变迁的作用。

工人运动以及生产事故能否受到纪念，这一问题的关键在于解决其历史意义之争。要在它们消失于公众视野之前，发掘其对于当代美国社会建构所具有的历史意义与社会价值。如果工人运动以及生产事故对于特定区域的意义较为明确，相关的地方性纪念景观就会随之出现，但此类纪念碑尚未纳入

图 9-1　宾夕法尼亚州拉蒂默煤矿大屠杀遗址。1897 年，宾夕法尼亚州东部爆发煤矿工人罢工，示威矿工在图片右边的道路上游行，遭到了几名治安官的残忍射杀。1972 年，这座纪念碑由下卢塞恩县与卡朋县（lower Luzerne and Carbon Counties）劳工协会、美国劳工联合会－产业工会联合会（AFL－CIO）、美国矿工协会联合出资修建。此例是全美为数不多的几处与镇压工人运动有关的历史遗址。

国家层面的综合性解释框架。个中缘由甚多，直接导致灾难遗址在国家层面上的地位与命运悬而未决。直到 20 世纪 90 年代，此种情况才有所改变。

　　美利坚合众国自身的一个问题在于尚未对某些段落的历史达成共识。美国人对于工人运动、工业化进程以及经济发展的态度不同于独立革命、南北战争以及西进运动（Westward Frontier Movement）。相较而言，后三者均有相关纪念物，却仅有极少数与工人运动、工业化进程以及经济发展有关的遗址有碑石为证。马萨诸塞州洛厄尔国家历史公园（Lowell National Historical Park in Massachusetts）是工业遗址纪念地最为典型的代表。该处历史公园于 1979 年设立，主要保护美国新英格兰地区的水力棉纺织工厂遗址。宾夕法尼亚州的霍普维尔熔炉国家历史遗址（Hopewell Furnace Historic Site）、切萨皮克市的铁路与运河交通历史遗址（Chesapeake）、马

图9-2 纽约三角制衣厂火灾旧址。1911年，这场火灾发
生在大楼的上层。发生大火时，楼内的人比较多，当场烧
死了近150名缝纫女工。如今，制衣厂大楼外墙上有一小
块铜牌记述这次灾难发生的经过。铜牌由国际女装工人联
合会出资修建。

图 9-3　德里克·赫扑窑厂（Derelic Hop Kilns）位于加利
福尼亚州维特兰市郊的德斯特牧场。窑厂工人多为移民。
1913 年 8 月，罢工与暴力冲突爆发，工人与厂方均有人员伤
亡。如同美国境内的其他工人运动一样，灾难现场大多被重
建使用。

里兰州的俄亥俄运河国家历史遗址（Ohio Canal National Historical Site）
等与工业生产有关的纪念遗址涉及某项工业技术的革新和进步。此外，纪念
遗址也有为工业发明家而建的。例如，新泽西州的爱迪生国家历史遗址
（Edison National Historical Site）以及怀特兄弟国家纪念碑（Wright
Brothers National Memorial）。上述关于工业生产与工业发明家纪念遗址的
数量并不多，远不能全面反映工业革命对于美国社会所造成的深远影响。霍
普维尔熔炉厂能够保留下来实属不易，其他工矿企业遗址以及工业城镇遗址
的存留也是大问题，这直接导致了社会经济变革的生产力难以在纪念景观上
重现。

　　当代美国社会更多地关注领袖、英雄，而对于爱迪生与怀特兄弟这几位
发明家而言，能够受到公众的怀念属于特例。19 世纪的工业资本家、金融
家毫不掩饰地想要获得英雄般的社会地位。洛克菲勒（Rockefeller）、梅隆
（Mellon）、弗里克（Frick）、卡耐基（Carnegie）、普尔曼（Pullman）等工

图9-4 1937年，爆发了所谓的小范围钢铁罢工（Little Steel Strike）。示威群众一路走到民主钢铁厂（Republic Steel Company Pant）的大门口，与当地警方发生了冲突。有10名参加示威的工人被警方残忍杀害。这次事件是美国历史上最严重的示威工人群众遭到屠杀的案例，但一直没有为此修建纪念碑。

业巨擘通过捐献大笔善款，在今日美国境内的人文景观上留下了大量印记。这批慈善家不仅捐建中小学校、图书馆、大学、博物馆、画廊，而且以一己之力改变了工厂内外以及富人居住区的景观面貌。这意味着美国的纪念景观经过精心营造，能够以相对积极的姿态反映出工业文明取得的点滴进步。"镀金时代"（Gilded Age），美国工业寡头垄断发展到顶峰阶段，工业资本家希望按照自己的意愿塑造纪念景观，任意夸大资本家镇压工人阶级取得的胜利，而极力掩饰工人运动取得的进步。

在今天的人们看来，对于工业革命成就的夸大，丝毫不能阻碍美国工人运动所取得的巨大成功。曾经对工人实施压迫的资本家早已作古，而他们想要留下的纪念景观也斑驳陆离。由此，资本家的阻力不再是工人运动相关遗址走向公众祭奠的障碍，而是如何界定其历史地位的问题。如前所述，工人运动远较移民美洲大陆、西进运动等更难确立历史地位。一些规模较大的工

人运动仅就事件本身而言意义重大，但并没有立刻产生深远的、广阔的历史
影响。或许，其历史影响需要等待很长时间才能体现出来。宾夕法尼亚州的
钢铁工人、阿巴拉契亚山脉的煤矿工人、西部山区硬岩矿的开采工人、沿海
地区的渔业工人与码头工人、纽约的缝纫工人、加利福尼亚州的农业工人以
及包含了美国各阶层、民族等不同身份的铁路工人等，因所处行业、职业、
地区不同，各行业的工人运动往往各自为政。工人运动受到全国性纪念最大
的困难之处在于，如何让工人们统一认识，将地方性的抗争纳入全国性工人
运动的洪流。资本家往往利用工人运动的这一弱点，分化尚处于萌芽状态的
全国性劳工组织。这样做的结果是工人运动反复遭到残酷镇压，失败与挫折
的历史不断重演。在屡遭分化、步履蹒跚中前进的工人运动并没有实现全国
一盘棋的格局，也不符合前述章节中提到的灾难遗址的解释性传统。工人运
动的历史尚未在全国性景观上广泛留下印记，不得不说是一种遗憾。

早在 19 世纪，远见卓识者就已预知铁路工人大罢工、秣市惨案、霍姆
斯达特与普尔曼钢铁工人罢工等事件所具有的重要历史意义。上述事件均是
当时具有全国性影响的工人运动。第一次世界大战后，工人阶级的政治地位
显著提高，全国性的工会组织由此建立，研究工人运动历史的学术专著开始
出现，一些有区域影响力的罢工活动得到了更为广泛的支持。[2] 整体上，工
人运动并非无懈可击，而是瑕瑜并见，饰垢掩疵由来已久。罢工起因也不总
是无可指责，也不都是为正义而战。举例而言，伊利诺伊州南部煤矿爆发了
赫林大屠杀[①]。[3] 此次大屠杀中，有数位身份为移民的维持秩序的警卫被杀，
但没有任何一位游行示威者被判处死刑。再如，1885 年，怀俄明州的一处
煤矿发生了白人矿工针对中国移民劳工的屠杀事件——石泉城大屠杀[②]。[4] 工
人运动不时受到本土主义者、排斥移民的人士以及非裔种族歧视论的负面影
响。回顾工人运动史上的这些不堪往事，让现在的人们惭愧。

虽然工人运动史上的某段往事让人不堪回首，但是还不至于对纪念遗址
的形成造成巨大的负面影响。时间的车轮来到了 20 世纪，工人运动迎来了
百年华诞。此时，工人运动负面事件逐渐减少，其负面影响缓慢消退。1955

---

①　译注：赫林大屠杀（Herrin Massacre），又译为赫林惨案。1922 年，伊利诺伊州矿工工会
残忍杀害正在抗议的 23 位矿工和维持秩序的警卫的事件，史称赫林大屠杀。

②　译注：石泉城大屠杀（Rock Springs Massacre），又译为岩泉大屠杀。1885 年 9 月 2 日发生
在美国怀俄明州甘霖县石泉城。白人与华人之间的种族关系紧张，引起白人矿工对美国华人矿工的
屠杀事件。至少有 18 名华人矿工死亡，另有 15 名华人矿工受伤。

年，全美工会有会员 1 700 万人，占美国工人总数的 24.4％。1978 年，工会会员人数创纪录地达到了 2 100 万人，占美国工人总数的比例为 19.7％。1988 年，会员数回落至 1955 年的水平，占美国工人总数的比例为 16.8％。在 20 世纪 50 年代，工会人数基本保持稳定。但到了 20 世纪七八十年代，由于受到政治气候不稳定的影响，工会人数波动较大。除政治因素外，工会人数还受到其他多种因素的影响。例如，经济环境、宏观政策等因素在新一代资本家的左右下，对工会产生了非常显著的负面影响。[5] 因此，与其过多地忧心工会未来的发展，不如关注当下工人运动出现的新诉求——迫切希望通过纪念景观来铭记工人运动的历史。然而，许多与工人运动有关的遗址虽然迫切期待着纪念景观的出现，但这一过程却迟迟没有到来。

在我看来，与工人运动有关的纪念遗址将会逐渐变多。原因如下：并非所有的与工人运动有关的遗址都停滞不前，止步于向纪念地的转化。芝加哥、匹兹堡等地在过去几十年间，为秣市惨案、霍姆斯达特钢铁工人罢工等举行了盛大的百年纪念活动。更为重要的是，随着时间的流逝，某些见证了工人运动的遗址正处于即将消失的边缘，因此日益受到全国范围的普遍关注。当美国南北战争遗址由于土地开发问题受到威胁的时候，退伍军人及其家属、遗孀积极敦促政府实现战争遗址国有化。这样做的目的是将战争遗址视为牺牲将士的纪念地。如今，某些工人阶级曾战斗过的"战场"同样面临消失的危险。于是，类似于保护南北战争遗址的诉求是将美国工人阶级奋斗牺牲的历史见证予以妥善保护。

宾夕法尼亚州约翰斯顿县已投入部分资金，希望将该县打造成一处劳工遗产地（Labor Heritage Site）。霍姆斯达特钢铁厂是另一处具有成为劳工遗产地潜质的地方。霍姆斯达特钢铁厂位于莫农格希拉河①沿岸，靠近约翰斯顿县与匹兹堡，其钢铁产量及厂区规模曾位于美国乃至全球前列。[6] 自 20 世纪 80 年代开始，高炉冶炼设备逐渐停产，这处有着一百多年历史的钢铁工厂不得不接受被拆除的命运（图 9-5）。在此背景下，钢铁工业遗产工作小组（The Steel Industry Heritage Task force）力促该处工业遗址申报国家历史地标（National Historical Landmark）。与此同时，另一些人寄希望于工厂恢复生产，提供更多的就业机会，从而促进当地经济复苏。即使现在对钢铁厂遗址进行保护，钢铁巨擘及其周边小镇的昔日荣光也早已荡然无存。虽

---

① 译注：莫农格希拉河（Monongahela River），又译作蒙诺葛海拉河。

然如此，霍姆斯达特钢铁厂仍有机会迎来命运的转机，受到全美各地的广泛关注。事实上，为纪念 1892 年霍姆斯达特钢铁工人罢工，这里已经有了一座纪念碑。因此，一百多年后的今天，霍姆斯达特钢铁厂极有可能成为全国性纪念遗址。

图 9-5　宾夕法尼亚州霍姆斯达特钢铁厂旧址。该钢铁厂是全美最大的钢铁厂之一，1982 年曾爆发了声势浩大的工人罢工。有人建议为这次罢工建立纪念碑，但一直未能如愿。

有证据表明，工人运动遗址的命运迎来了转折点。最近，参议院与众议院分别提交了一项关于"国家历史地标项目"的报告。其中，参议院的报告促请全面研究美国工人运动历史及其意义与地位，并以此作为国家公园管理局设立历史地标的依据。报告相关内容如下：

　　1935 年通过的《历史遗址法案》（"Historic Sites Act"）提出了"国家历史地标项目"（"National Historic Landmarks Program"）。该项目致力于认定并保护具有国家历史意义的遗址，先后建立了 1 967 处国家历史地标。为此，国家公园管理局制定了一整套国家历史地标认定的"主题框架"（Thematic Framework），规定了历史地标对美国历史解读的原则。框架中有几处主题是与工人阶级及劳工历史相联系的，包括农业、采掘与采矿业、制造业、建筑与房产行业、劳工组织。

然而，上述历史地标框架远远不能覆盖与工人阶级及劳工历史相联系的所有遗址类型。由此，此类遗址作为我国历史的重要组成部分，并没得到足够的重视、展示与保护（特此强调）。[7]

随后的一个月，参议院的相关报告出炉。该报告指出，全美仅有 12 处与美国劳工历史相联系的遗址被认定为国家历史地标。[8] 虽然得到了参众两院的支持，但是如果考虑保护资金等问题的话，将劳工遗址认定为国家历史地标的过程任重而道远。截至目前，地方各级政府出资购买了某些劳工遗址，并转交给国家公园管理局。于是，后者负责解决劳工遗址保护与开发等所需的相关费用。随着时间的推移，更多镇压工人运动的遗址将有可能转变为纪念地，但并非所有的遗址都能够得到联邦政府的保护资金。因此，地方各级政府需要首先介入，携手全国性劳工组织展开保护工作。参议院的相关报告指出："工会的资金相对充裕，因此建议工会积极对劳工遗址保护投入资金。在此基础上，政府才会考虑拨款。"[9] 这一观点流行甚广，但尚存在认识上的分歧。跳过地方各级政府，直接由联邦政府提供保护资金的做法，似乎不符合纪念遗址设立的惯例。一般而言，纪念遗址的设立需要经过市（县）政府、州政府等各级地方政府批准的过程。因此，为促进某处劳工遗址被认定为国家纪念地标景观，全美劳工组织、地方各级历史保护机构、个人等均需出资出力。

二、美式集中营及其他冤案

有许多地方的命运类似于劳工遗址，它们看似应该被设立为纪念地，但现实并非如此。阻碍这些地方转变为纪念地的因素仍是"未定之意"。美籍日裔安置点（Relocation Centers）即属于这类情况。第二次世界大战期间，这些安置点被用来集中羁押美国境内的美籍日本人。[10] 今天看来，美籍日裔安置点不啻为是对美国司法正义的一种挑战。按照 1942 年 2 月 19 日签署的"9066 号总统令"（Executive Order 9066）①，在没有经过任何司法审判以及听证的情况下，美国西海岸的日本人及其后裔被剥夺了公民权，被迫出售自己的房产和生意，搬离居住地，等待重新安置。他们被统一送往临时拘留中心，然后分别被遣送至阿肯色州、亚利桑那州、加利福尼亚州、科罗拉多

---

① 译注：1942 年 2 月 19 日，美国总统罗斯福签署了 9066 号行政命令，内容是驱赶在美任何被认为是危险分子的人到指定的军事区域集中居住。

州、爱达荷州、犹他州、怀俄明州等美国中西部地区特别修建的集中居住营地。[11] 1942 年 3 月至 11 月，总计有大约 12 万美籍日本人被送往营地。第二次世界大战结束前，部分美籍日本人被释放回家。直到 1946 年，美国政府才关闭了最后一批集中营。

1944 年，美国高等法院为修建美籍日裔集中营找到了宪法上的依据。但在当时的环境下，这一做法还是被看作是对美国司法正义的一种挑战，是战争癔症与种族歧视的产物。支持者总是一味地强调这样做的目的是出于军事上的需要。然而，不论是在第二次世界大战期间还是在战争结束以后，都没有找到美籍日本人通敌叛国的充足证据以及支持剥夺这些人公民权利的理由。根据当时的美国法律，不论国籍、民族、盟友，政府有权控告任何一位对国家不忠诚的人。美国对日本宣战，逮捕"日本奸细"的行动随即展开。然而，就连埃德加·胡佛（J. Edgar Hoover）[①] 也非常反对如此大规模地羁押美籍日裔公民以及居住在美国的日本人。他认为，美国联邦调查局已经有效地控制了局面，因此这样做既无正当理由，也完全没有必要。还有人认为，美籍日裔集中营没什么大不了的，因为每个人在第二次世界大战期间都遭受了苦难，而美籍日裔不过是自作自受罢了。事实上，这些人的观点完全站不住脚，他们似乎忘记了美国当时正在为自由、民主以及人权而浴血奋战，而自己却在美国自家门口肆无忌惮地侵犯人权，且丝毫没有悔改之意。于是，有人将"9066 号总统令"与《纽伦堡法规》[②] 作对比。纳粹德国通过后者剥夺了德国犹太人的公民权，并对其进行残酷迫害。

美籍日裔集中营作为一次历史教训，应在纪念景观上有所体现，以便提醒大家美式民主并非想当然，而是脆弱易逝的。以维护多数人的利益为借口，肆意侵犯少数族裔的人权，美国政府终将铸成大错。然而，这样的自我反省、自我批判尚难以融入美国社会的纪念传统。美国境内还没有现成的纪念"曾经的错误"的景观，也没有让纪念景观告诉大众某地曾见证了"挑战司法正义"，因此需要汲取教训，切忌重蹈覆辙。由于对此类案例的历史意义缺乏合理解释，因此将其遗址变为纪念地的过程困难重重。有证据表明，与此类事件有关的纪念传统正在悄然地发生改变，但仍需经历长时间的争论。

---

① 译注：埃德加·胡佛（1895 年 1 月 1 日—1972 年 5 月 2 日），美国联邦调查局第一任局长。
② 译注：《纽伦堡法规》（"Nuremberg Laws"）是纳粹于 1935 年 9 月制定的。该法规规定："德国血统的纯粹性是德意志民族得以代代相传的一个必不可少的重要条件。"它的第一款文字是"禁止犹太人与德国公民通婚"。正是这个文件把德国推上了残酷迫害犹太人的道路。

直到 20 世纪 70 年代，针对美籍日裔集中营的道歉、补偿还非常有限，也很少在集中营旧址建造相关的纪念碑。第二次世界大战结束，不论是联邦政府还是美籍日裔人士，都急不可耐地想要快速了结此事，因此越快关闭集中营越好。此时，相关法律方面的问题尚未梳理清楚，而政府所做的不过是将集中营拆除、废弃罢了。当年，为修建美籍日裔集中营，曾征用了中西部地区的大片土地。战时，对土地的征用相对容易。战后，政府关闭并拆除了集中营，土地被归还给原来的所有者。并非所有的遭到囚禁的美籍日裔人士都回到了美国西海岸。他们的房产等早已变卖，也担心再次面对曾经的邻居歧视的眼光，于是很多人分散到美国各地继续生活。美籍日裔遭囚禁期间，被剥夺了人身自由，财产损失约 4 亿美元。然而，他们关于道歉以及经济补偿的诉求长时间石沉大海。[12]

1970 年 7 月，美籍日裔市民联盟（Japanese American Citizen League）在其全国性大会上通过了一项重要决议——将为战争期间遭囚禁的美籍日裔索取赔偿作为联盟的工作内容。通过不断地向地方各级政府施压，美籍日裔市民联盟的努力终于获得了回报——几处囚禁美籍日裔的集中营有了纪念碑。1973 年，加利福尼亚州公园与游憩管理局（California Department of Parks and Recreation）在位于欧文斯山谷（Owens Valley）的曼扎拿集中营（Manzanar）设立历史地标——一座纪念碑（图 9-6）。1976 年，犹他州建州两百周年纪念委员会（Utah American Bicentennial Commission）在该州中部的托佩兹营地（Utah Topaz center in central Utah）修建了一座纪念碑（图 9-7）。这些纪念碑是美籍日裔多年来不懈努力、不断呼吁换回的结果。美籍日裔群体曾不定期地到集中营的断壁残垣前举行集会与祭祀活动。1978 年 12 月，不定期的集会祭祀被固定下来，演变成纪念日。大约有 2 000 名美籍日裔人士开着旅行车，来到位于华盛顿皮阿拉普市（Puyallup）的和谐营地（Camp Harmony）旧址。这次集会的盛况很快传播开来，受到全美各地美籍日裔人士的积极响应。莱斯利·哈塔米亚（Leslie Hatamiya）在其专著《纠正错误》（*Righting a Wrong*）中详细地介绍了美籍日裔人士在此方面付出的努力及取得的成果。[13] 1976 年 2 月，福特总统撤销了"9066 号总统令"。此后 12 年，要求纠正 20 世纪 40 年代对于美籍日裔人士不公正审判的诉求也纷纷获得响应。这一系列的付出和努力促使《1988 年公民自由法案》（"Civil Liberties Act of 1988"）的出台。该法案包含了对第二次世界大战中被拘留的美国日裔的致歉与赔偿条款。

图9-6 曼扎拿集中营位于加利福尼亚州欧文斯山谷，隆派
恩市（Lone Pine）与独立城之间。美籍日裔集中营在第二次
世界大战初期建立，但在战争结束后很快被废弃。如今，美
国境内可以找到许多处美籍日裔集中营的遗址，且大多建有
纪念碑。加利福尼亚州公园与游憩管理局、曼扎拿集中营委
员会、美籍日裔市民联盟三家机构于1973年共同出资在曼扎
拿集中营设立了一座历史地标。集中营遗址对福特总统宣布
撤销"9066号总统令"起到了推动作用。

哈塔米亚对于美籍日裔人士能够获得赔偿给出了高度评价。当年，美籍
日裔社区小而分散，且面临联邦政府赤字高涨的局面。在这么一种困难局面
下能够获得赔偿，有赖于提出了有效的、说服力强的理由——强调美籍日裔
集中营所涉及的伦理与道德问题。某种意义上，赔偿诉求获得支持也有机缘
巧合的成分，因为提出诉求的时候适逢美国各地庆祝两个重要的全国性纪念
日——美国独立两百周年、美国宪法颁布两百周年。将美籍日裔在集中营中
的悲惨遭遇与独立宣言及宪法精神相联系，二者的强烈反差博得了人们的广
泛同情。1976年，福特总统作出了撤销"9066号总统令"的决定，并阐明
了作出这一决定的理由。1987年9月，美国宪法颁布两百周年之际，美国
众议院通过了《公民自由法案》。

图 9—7　托佩兹营地位于犹他州德尔塔以西的山区（Delta）。1976 年，犹他州建州两百周年纪念委员会在该州中部修建了一座纪念碑。这座纪念碑是对当年美籍日裔遭受迫害的一种鞭挞，也是对战争癔症与种族歧视的控诉。

　　未来，美籍日裔集中营遗址走向何处是一个有意思的问题。鉴于《公民自由法案》的颁布，曼扎拿集中营、托佩兹营地等遗址有可能在 20 世纪 70 年代所立纪念碑的基础上，逐渐演变为公众纪念地。两处纪念碑上的文字都清晰地点名了遗址的重要历史意义。其中，曼扎拿集中营的纪念碑刻有这么一句话："唯愿社会恐慌、种族歧视、经济剥削等导致此地出现的社会不公与践踏人权的事情不再发生。"托佩兹营地的纪念碑上有一段稍长的话：

　　　　在争取人格尊严的奋斗中，有一件对于这个国家及其人民意义重大的历史事件曾在此发生。第二次世界大战期间，这里曾是一处由哨兵把守、布满铁丝网的集中营。全美生活着 11 万日裔，其中有 8000 人被关押于此。他们在没有接受公证审判的情况下，就被自己的国家逐出家门，强制羁押。他们是战争时期社会恐慌、种族仇恨以及一系列严重司法不公的受害者。一个崇尚法律尊严、保护个人自由与平等的国家，在战争的重压之下却允许这样的悲剧发生。虽然意识到了错误，但却对弥补过失犹豫不决，迟迟不能对受害者作出赔偿。美国日裔整整一代人的生活受到了影响，精神受到了摧残。然而，他们以非凡的勇气，坚持不懈，心怀希望，成功回归美国主流社会，所取得的历史性成就值得后人永远铭记。

早在 1974 年，加利福尼亚州公园与游憩处就收到了一份将曼扎拿集中营遗址改造为州级公园的建议书。[14] 虽然当时没有采取实质性行动，但是到 1988 年左右，曼扎拿集中营遗址的部分区域被官方认定为遗址地的可能性大大增加。

随后的历史岁月中，部分集中营遗址逐渐出现了纪念碑。这类似于极少数与司法不公相联系的纪念遗址，属于特殊情况，而大多数此类遗址均不见任何纪念之物。除秫市惨案以外，斯科特诉桑福德案（Dred Scott）[①]、萨科－万泽蒂案（Sacco and Vanzetti）[②]、斯科茨伯勒男孩案（Scottsboro "Boys"）[③]、弗兰克案件（Leo Frank）[④] 等是否有相关的纪念物存留呢？仅以著名的萨科－万泽蒂案为例。该案起因为马萨诸塞州的一起抢劫案，却没有留下任何相关纪念物（图 9-8）。美国人并非不敢直面曾经犯下的错误，美籍日裔集中营的案例表明了美国政府改正错误的努力。也许，正是因为美国政府纠正了自己所犯下的错误，因此认为遗址利用比立碑纪念、公众祭奠更具合理性。类似于第五章中讨论的不可预见性的灾难案例，此类灾难遗址被"无罪赦免"，得以"回归正途"。

---

①　译注：德雷德·斯科特诉桑福德案简称斯科特案，是美国最高法院于 1857 年判决的一个关于奴隶制的案件。该案的判决严重损害了美国最高法院的威望，成为南北战争的关键起因之一。

②　译注：美国在 20 世纪 20 年代镇压工人运动中制造的一桩假案。1920 年 5 月 5 日，警察指控积极参加工人运动的意大利移民、制鞋工人萨科和卖鱼小贩万泽蒂为波士顿地区一抢劫杀人案主犯而加以逮捕。虽然他们提出了足以证明自己无罪的充分证据，仍被判处死刑。

③　译注：1931 年 3 月，9 名年龄在 13 至 21 岁之间的黑人男孩被控强奸了 2 名搭乘同列货车的白人女孩——鲁比·贝茨（Ruby Bates）和维多利亚·普赖斯（Victoria Price）。事发地点是斯科茨伯勒，当时是一个不为人知的小城镇，但即将因美国历史上最著名的民权案件之一而名声远扬。9 名男孩中有 8 人被草率地定罪，判处死刑。当年只有 13 岁的罗伊·赖特（Roy Wright）幸免于最终的死刑判决。

④　译注：1913 年，发生在美国佐治亚州的弗兰克案件是 20 世纪初美国有关犹太人反响最强烈、影响最深远的历史事件。弗兰克案件是美国南方历史上以一个黑人的证词宣判一个白人有罪的仅有的例子，也是美国历史上最著名的私刑事件之一。利奥·弗兰克成为美国历史上唯一被私刑杀害的有名望的犹太人。

图 9-8　萨科－万泽蒂案（1920 年 4 月 15 日）起因为马萨诸塞州布雷茵特里镇的一起抢劫案，却没有留下任何相关纪念物。警察指控意大利移民、制鞋工人萨科和卖鱼小贩万泽蒂杀死了斯莱特·莫雷尔制鞋厂（Slater Morrill Shoe Factory）的护卫，并偷窃了员工工资。斯莱特·莫雷尔制鞋厂位于图片中的道路一旁。人们对这起案件的关注主要集中在庭审和判决，但对于这起案件的发生地并不感兴趣。如今，工厂旧址早已荡然无存。

　　除此以外，对于某些孤立的或是不符合现有解释性框架的灾难性案例，它们的历史意义尚难有确切的定论。美国南北战争结束后，德克萨斯州的康佛特地区（Comfort）是否应该有一处用德文题写的小型纪念碑呢（图 9-9）？德国移民们为了逃避 19 世纪 40 年代欧洲的战乱而来到美国，却发现 19 世纪 60 年代的这个新兴国家正处于战争边缘。德国家庭将子女送到墨西哥以躲避到南部联盟军服兵役。不幸的是，这些逃避战祸的德国移民在美墨边境的纽埃西斯河（Nueces River）与格兰德河（Rio Grande）两地遭到了南方军的残酷屠杀。[15] 1862 年，德克萨斯州盖恩斯维尔县绞死了一大批同情北方的人士（Great Hanging of alleged Union sympathizers at Gainesville），堪称时代黑幕。[16] 也许，这样的事件将永远不会被纪念。即使是纪念，也不过是修建地方性的纪念碑。

图 9—9　此碑建于 1866 年，位于德克萨斯州的康福特地区。
此碑纪念 1862 年 10 月 18 日遭到南方军屠杀的德国移民。这
批移民为了逃避德国国内的战祸和政治迫害，离开欧洲，来
到美国。然而，他们却卷入了美洲大陆的另一场战争——美
国南北战争。康福特和附近地区拿得动枪的德国移民想到墨
西哥，逃离德克萨斯州，并加入北方联邦军。不幸的是，他
们在美墨边境的纽埃西斯河与格兰德河两地遭到了南方军的
残酷屠杀。

当社会对灾难的理解和认识出现大跨越的时候，某些灾难事件是能够出现纪念性景观的。安德森维尔战俘营（Andersonville Civil War Prison camp）是佐治亚州（Georgia）一处难以治愈的疮疤（图9—10）。这处战俘营是美国南北战争双方所建立的数百个关押战俘的营地中最恐怖的一处。战争进行到收尾阶段，战俘营的食物、药品严重匮乏。南方地区战俘营的情况尤其糟糕，许多战俘死于营养不良、疾病以及缺医少药。[17]安德森维尔战俘营是北方战俘的噩梦。在这座战俘营运行的14个月期间，关押了4.5万名战俘，其中有1.3万人死在这里。该战俘营的最高指挥官是战后唯一以"战争罪"被处决的南方军人。世纪之交，恰逢南北战争遗址建碑立祠盛行的时期，北方各州力促在安德森维尔战俘营及其附近的墓地修建纪念碑。这些纪念碑为缅怀在战俘营中遭受虐待致死的北方战俘而建，他们的出现无疑是对南方的巨大嘲讽。长时间以来，安德森维尔战俘营遗址一直处于这样的争议之中，缅怀北方联邦军战俘总是伴随着对南方联盟军的无情批判。安德森维尔战俘营遗址是这个国家的一道裂痕，似乎与基于平等原则的南北和解相悖。我认为，这就是安德森维尔战俘营直到1971年才被国家公园管理局接手成为最后一批重要的南北战争纪念遗址的原因。

安德森维尔战俘营转变为纪念遗址的过程与其他的南北战争纪念遗址类似。北方联邦退伍士兵首先斥资购买了遗址，并于1910年转让给了美国战争部。这处战俘营遗址是美国人互相残杀的明证，因此这处遗址在此后的60年间一直静静地等待负面形象的减弱。直到1971年，终于迎来了命运转机，战俘营遗址被移交给了国家公园管理局，成为缅怀在各类战争中阵亡的美国战俘的地方。安德森维尔战俘营遗址纪念公园设立的初衷是为人们提供认识南北战争期间战俘故事的场景，帮忙人们理解战俘营的历史意义。这处遗址有利于缅怀失去生命的战俘，有利于保护战俘营中现有的纪念碑。上述认识上的重大转变表明，安德森维尔战俘营遗址纪念公园的意义叠加了爱国主义的成分，并与越战期间美国社会所关注的问题联系起来。当时，美国的战俘问题受到人们的高度关注，同时反对越南战争的声音非常强烈，与北越军队谈判也陷入了僵局。[18]我认为，如果安德森维尔战俘营遗址纪念公园没有遇到上述历史机遇，是不可能这么快建立起来的。

这处战俘营遗址纪念公园不是唯一一处受到越南战争激发而建立起来的纪念地。20世纪六七十年代是美国社会非常动荡的一个时期，大规模的游行示威活动此起彼伏。今天，可能很难想象当时紧张的社会氛围。每天的晚

图9-10　佐治亚州安德森维尔战俘营附近的墓地。这处战俘
营是美国南北战争双方所建立的数百个关押战俘的营地中最
恐怖的一处。在这座战俘营运行的 14 个月期间（1864 年至
1865 年），有 1.3 万人死在这里。战后，北方联邦军为关押期
间牺牲的战俘修建了一座纪念碑。这处遗址现由国家公园管
理局接手，是纪念所有在战时牺牲的美国战俘的地方。

间新闻无一例外地播送与越南战争、封锁校园、城市纵火案等有关的画面，报纸上也登载着与学生、非裔美国人、美洲印第安人、妇女、同性恋等游行示威相关的报道。南北战争结束以来，即使是在工业资本家与劳工群众矛盾非常尖锐的时期，美利坚合众国也没有经历过如此大规模的游行示威活动。从灾难纪念景观营造的角度来看，我认为这些事件的意义和历史地位尚待确立，因此仅有一小部分遗址出现了相关的纪念景观，且大多是当地建立的地方性纪念遗址。

这一时期仅出现了一处非常震撼的纪念景观——越南战争纪念碑。我认为这座纪念碑是美国人修建的最激动人心的纪念景观，它体现了人们对于越南战争尚未停歇的争议。除了有关这座纪念碑的种种争议之外，另一个非常重要的问题是其所处的位置——华盛顿特区，而不是位于这场战争悲剧的发生地——越南战场。由于越南战争的历史地位尚存争议，因而需要与战场保持一定距离，以便理性地看待这场战争。[19] 当然，纪念碑在筹建阶段，其选址、设计及其所蕴含的象征意义引发了社会大众的热议。例如，最初的设计方案仅是将越南战争中牺牲将士的姓名逐一镌刻在纪念碑上，而不题写任何其他文字。随后的方案增加了一段简短的墓志铭，但刻意回避了将士们浴血奋战的原因。事实上，越南战争纪念碑与本书中提到的其他纪念碑石的不同之处在于它没有修建在战争发生地，但这并不是说这处纪念碑就不能帮助数以千万计的参观者以及美国大众宣泄悲痛、治愈伤痛。我的观点是，这处纪念碑搁置了越南战争期间的各种争议，是各方作出艰难妥协的产物。越南战争不同于偷袭珍珠港事件的地方在于，围绕着这场战争的起因和后果的争议一直没有停歇。如今，大多数美国人都理性地接纳了这处越南战争纪念碑，但其他战争及反战运动相关的遗址仍面临激烈争议。

对于 20 世纪六七十年代灾难遗址的处置方式因地而异。1970 年 8 月，威斯康辛大学麦迪逊分校（University of Wisconsin in Madison）发生了炸弹遇袭事件，该校的军事数学研究中心（Army Mathematic Research Center）被炸毁，一名年轻科学家被炸死。[20] 事后，该校迅速修复了军事数学研究中心大楼，却没有考虑为这次灾难设立任何纪念碑（图 9-11）。再如，地下气象员组织①位于纽约市的炸弹工厂（Bomb Factory）发生爆炸，殃及一栋连排住宅。如今，发生爆炸的小区已演变为中产阶级的居住区，完

---

① 译注：地下气象员组织（Weather Underground Organization），又称气象员（Weatherman），是美国一个极左派组织。

成了"士绅化"① 过程（图 9－12）。杰克逊州立大学（Jackson State University in Jackson，Mississippi）与肯特州立大学（Kent State University in Kent，Ohio）的情况稍有不同。1970 年 5 月，这两所大学发生了校园惨案。事后，两地分别立有小型纪念碑（图 9－13；图 9－14）。其中，杰克逊州立大学内的纪念碑由该校 1971 届毕业生以及学生会共同出资修建。肯特州立大学第一座与此事件相关的铁制纪念牌由圣约信徒国际理事会（B'nai B'rith）与希勒尔基金会（Hillel Foundation）捐建。几年后，肯特州立大学教职工出资重修了一座纪念碑，取代了此前的铁制纪念牌。20 世纪 70 年代初，肯特州立大学艺术学院门前也立起了一座非常简约的纪念雕塑——"肯特四君子"（The Kent Four）。然而，校方没有批准 1978 年由乔治·西格尔设计的一处纪念雕塑——"亚伯拉罕和艾萨克"（George Segal's Abraham and Isaac）。虽然如此，肯特州立大学每年都会举行悼念活动。自 1971 年开始，在肯特州立大学校内发生枪击案的地方，每年都会举行烛光守夜活动（图 9－15）。20 世纪 70 年代，校方原计划扩建体育馆。由于扩建方案涉及枪击案发生地，导致校园示威活动的出现。早就有人提出为肯特州立大学惨案②修建一座更大的纪念碑，但是直到 20 世纪 80 年代此项提议才得到大家的普遍支持。自 1990 年开始，5 月 4 日被确定为官方纪念日（图 9－16）。杰克逊州立大学与肯特州立大学在遭遇校园枪击案之后的不同反应，一定程度上说明这两次灾难事件对于地方性以及全国性影响力的差异。

虽然两所大学发生校园枪击案的时间相差不到 10 天，但是肯特州立大学惨案的影响似乎盖过了杰克逊州立大学，这类似于德克萨斯独立战争期间的阿拉莫战役遮蔽了戈利亚德大屠杀的情况。[21] 相比而言，肯特州立大学校园枪击案更早几天发生，伤亡人数也更大一些。更为紧要的是，肯特州立大学校园枪击案向公众赤裸裸地呈现了由于抗议越南战争而导致的"美国人杀美国人"的惨案。肯特州立大学的这幅悲惨画面比杰克逊州立大学更加血腥暴力。国民警卫队的年轻军人除了身穿军装、执行军务以外，与他们射杀的肯

---

① 译注：士绅化（Gentrification）又译作中产阶层化、贵族化、缙绅化，是指一个旧区从原本聚集低收入人士，到重建后地价及租金上升，引致较高收入人士迁入，并取代原有低收入者的过程。

② 译注：肯特州立大学惨案又译作"肯特州立大学校园血案""美国肯特州立大学枪击事件"（Kent State Shootings）。1970 年 5 月 4 日，上千名肯特州立大学的学生在举行抗议美军入侵柬埔寨的战争，与在场的国民警卫队发生冲突。军人使用武力，向示威学生开枪，共造成 4 名学生死亡，9 人受伤。

图 9—11　1970 年 8 月，威斯康辛大学麦迪逊分校发生了炸弹袭击事件，致 1 名研究员死亡。照片拍摄的是炸弹爆炸的中心位置。图片左侧的这栋楼是该校的军事数学研究中心——斯特林楼（Sterling Hall）。炸弹爆炸的原因是为了反对军事数学研究中心在越南战争期间参与军方的研究项目。事后，该校迅速修复了军事数学研究中心大楼，却没有考虑为这次灾难设立任何纪念碑。

特州立大学的大学生并无二致，他们都来自美国中产阶级家庭。由于杰克逊州立大学在历史上是一座美国黑人学校，这反而让原本简单直白的校园枪击案掺杂了种族问题的成分。20 世纪 60 年代，杰克逊州立大学不仅举行了反战示威活动，还多次发生过民权示威游行。肯特州立大学虽然没有出现过民权示威活动，但该校的反战情绪似乎更加高涨，因而修建了更宏大的反战纪念碑，也更持久地举行反战纪念活动。当美国人回望 20 世纪六七十年代的时候，似乎能够注意到此类纪念遗址正经历缓慢的变迁。因此，展望此类纪念遗址在未来几十年的变化趋势，将是一件非常有意思的事情。也许，它们的历史意义将类似于含混不清的珍珠港事件，又或许将同时被左翼及右翼团体视为政治上的转折点加以利用。

　　美国境内也有部分遗址尚处于观察阶段，其历史意义待定。纽约石墙酒

图 9-12　1970 年 3 月，地下气象员组织位于纽约市西 11 街的炸弹工厂爆炸。爆炸现场没有出现任何纪念物。如今，发生爆炸的小区已演变为中产阶级的居住区。

吧（Stonewall Inn in New York）的案例较为典型。1969 年，警方突击搜捕了纽约当地一家同性恋酒吧——石墙酒吧，从而引发了美国同性恋集体维权行动，史称石墙事件（Stonewall Riot）。如果与同性恋维权历史上的其他相对次要的事件相比较，石墙事件完全有理由成为当代同性恋维权运动的标志性起点。当追溯当代同性恋维权运动源头的时候，无疑会提到石墙事件以及与这次事件相关的游行示威活动。因此，有人提议将石墙酒吧作为历史遗址加以保护。考虑到现今的政治气候，也许这一愿望很快能够实现。即使需要假以时日，也不会太久。如今，酒吧外的街道已经因为这次事件而更名，同时在街角处有一块纪念碑。石墙事件俨然成为同性恋维权运动的标志性事件，但其惨痛的历史记忆正逐渐被人们淡忘。

　　当代诸多社会问题具备成为历史转折点的潜力并能促使纪念地的产生。堕胎、虐待儿童、家庭暴力等社会问题促使一系列小规模纪念祠堂的出现。它们既可以是临时性的，也可能是永久性的。此外，枪支管控、死刑、非法移民等社会问题如果受到人们持续高度关注的话，它们将可能在人文景观上有所体现。因此，有必要关注与上述社会问题相关的遗址未来的命运。

图 9—13　肯特州立大学内的小型纪念碑。1970 年 5 月 4 日，肯特州立大学发生了校园枪击案。1975 年，肯特州立大学教职工捐建了这座小型纪念碑，取代了 1971 年由圣约信徒国际理事会与希勒尔基金会捐建的铁制纪念牌。

图 9-14 1970 年 5 月 14 日，杰克逊州立大学内发生了校园惨案，有两名学生被射杀。这座纪念碑是校园枪击案发生一年以后，由 1971 届毕业生以及学生会共同出资修建的。纪念碑正好位于游行示威爆发的地方，距离学生被射杀的位置不远。

第二节　意义之辩

除了上节中讨论到的部分灾难遗址，其意义尚未确定之外，还有另外一些遗址，在通往公众祭奠和传统重塑的道路上遭遇了层层阻碍（图 9-17）。对于美洲印第安人、非裔美国人所遭遇的坎坷命运及其相关灾难遗址的看法往往引发热议。人们激烈争论，互不相让，莫衷一是。这就是为什么此类遗址很少出现纪念景观的原因。诚然，它们的命运与这个国家的政治风向密切相关。对美洲印第安人为抵御文化掠夺所作出的英勇抗争赞誉有加，但会触及白人移民对土著文化蚕食的历史；纪念非裔美国人争取自由与反对种族歧视的历程，无疑会提醒人们关注这个国家引以为傲的民主与平等精神所遭遇的重大挫折。

图 9-15　沥青路面上的"和平符"。这里恰好是肯特州立大学校园惨案中一位遭枪杀的学生倒下的位置。肯特州立大学教职工捐建的纪念碑位于"和平符"后方花台的树下。每年，学校都会为遭枪杀的学生举行守夜活动。师生们在学生倒下的地方摆上烛台。我们仍然可以清晰地看到 1986 年守夜活动在"和平符"周围留下的蜡烛燃烧的痕迹。

图 9—16　这座纪念碑修建于肯特州立大学惨案发生 20 周
年之际。纪念碑的位置靠近枪案发生现场。碑身上的题字
如下：质疑、学习、反思。一些人认为这座纪念碑勾起了
人们想要忘却的悲伤记忆，因此这一纪念项目受到了质疑
和反对。20 世纪 70 年代，校方想通过在枪案现场修建一座
体育馆，掩盖这段令人不齿的往事。然而，这一想法遭到
了学生的强烈反对，于是此事不了了之。图片由肯特州立
大学加里·哈伍德（Gary Harwood）提供。

图9-17　位于弗杰尼亚州约翰斯顿市公路旁的一处历史地标。此地标纪念了1619年第一批来到美洲的非洲奴隶。与数百万黑人奴隶悲惨境遇相关的遗址一般非常少见，因此这处地标的出现纯属偶然。即使是今天，此类遗址也不多，因为蓄奴历史与美国社会所崇尚的自由、民主等爱国主义传统相悖。

　　对大多数美国白人而言，他们有大约两个世纪的历史可供追溯并将其固化到纪念景观上。我们能够从地方、区域以及国家等不同层面的历史遗址与纪念景观中窥见美国白人的历史观。如果白人取得了所谓的"胜利"，纪念景观则成为英勇壮举的见证；如果他们经历了"失败"，纪念景观则是坚韧不屈精神的象征。质疑纪念景观所表达的崇高精神与道德理念实属不易，同样困难的是将有着意义之争的遗址转变为纪念地的过程。这些面临意义之争的地方主要涉及与美国黑人相关的滥用私刑、残酷折磨以及枪杀无辜等负面事件。一般而言，蕴含了负面信息的遗址将面临记忆湮灭的命运，或是走向遗址利用的结局。如果要实现公众祭祀，需要付出巨大的代价，以克服沉重的耻辱感并挑战主流社会的价值观。

　　纵使困难重重，人们还是为协调不同的观点付出了巨大努力。今日的社会公众非常关注与美洲印第安人以及美国黑人悲惨境遇相关遗址的命运。[22]

不过，也许需要几十年的时间，人们才能对这些遗址形成较为一致的看法。值得欣慰的是，美国境内的部分遗址正走向命运转变的道路，只是这一过程比较曲折罢了。例如，美国社会为了避免直接触碰种族主义以及大屠杀问题，围绕此类敏感问题间接地做了一系列卓有成效的努力。再者，人们没有尝试去改变延续了近两个世纪的歧视美国黑人及印第安人的纪念传统，而是着力推崇与这两类人群相关的英雄主义、坚韧不拔、无畏牺牲等正面的精神力量。由此，模糊处理历史问题的做法，有利于崭新的、更具包容性的解释性框架的产生，从而避免了与旧有的纪念传统相抵触的问题。

我认为，没有多少人能够有道德上的勇气直面种族主义以及大屠杀所留下的伤痕，都是由于某种特殊情况被迫为之。举例而言，德国就因为在第二次世界大战中的失败，必须为犹太人大屠杀谢罪。如果没有出现军事失败、政权瓦解等重要的内外变量，灾难遗址命运的转变过程将非常缓慢。因此，对于灾难事件历史意义的认识达成妥协，是促成遗址命运发生转变的重要举措。就美国黑人与印第安人相关的灾难遗址而言，各方达成妥协主要采用如下三个方面的策略：第一，缅怀美国黑人领袖与印第安人英雄有利于增加美国历史上英雄人物的数量，使他们与白人英雄一样同享祭祀。第二，对现有纪念景观的改扩建有利于增强对官兵、将士以及示威群众的英勇壮举的关注。第三，美国亚拉巴马州蒙哥马利县（Montgomery，Alabama）等地与民权运动有关的全国性纪念遗址以及华盛顿、纽约市等地的印第安人博物馆，为纪念意义之争提供了灾难事件发生地之外的间接性平台。

上述策略的共同点在于都选择回避问题有争议的地方，而将注意力集中于不同文化背景的人们均能认同的价值观与道德原则。乍一看，这样的做法似乎有将少数族裔历史强行并入主流文化的嫌疑。从某种意义上说，这一现象的确存在，但更为重要的是，这一系列融合策略是不同群体相互讨论并最终对遗址意义达成一致的有效办法。通过强调英雄事迹，将注意力引向共同的价值观，有利于实现团结，有利于达成和解，有利于创造各方均能认可的纪念景观。上述三个策略均被用于美国黑人与印第安人相关灾难遗址，但结果却各不相同。事实证明，印第安人的部落领袖等很难被看作是美国式英雄。即使是毗邻拉什莫尔山国家纪念公园（Mount Rushmore）纪念酋长"疯马"（Crazy Horse）① 的祠堂也没太能引起白人主流社会的广泛关注。除

---

① 译注："疯马"是北美洲印第安民族"苏族"的酋长。

"疯马"的祠堂外，其余印第安人酋长均未立祠堂。相较而言，美国黑人英雄或人物似乎更容易被请入纪念祠堂。乔治·华盛顿·卡佛（George Washington Carver）、布克·华盛顿（Booker T. Washington）、马丁·路德·金（Martin Luther King Jr.）等美国黑人领袖或人物受到了国家以及地方不同层面的纪念。

我认为，将马丁·路德·金的诞辰作为全国性公共假日不仅具有象征意义，而且也为美国民众树立了一个黑人英雄的榜样。马丁·路德·金之墓及其遇刺地这两处纪念景观进一步强化了上述论点。在为美国总统以及民族英雄修建的大型纪念建筑中，位于亚特兰大的马丁·路德·金国家历史遗址及其归葬地，也许是第一处与民权运动有关的纪念遗址（图9-18）。马丁·路德·金是第一位享此规格生后哀荣的美国黑人。多年以后，马丁·路德·金遭遇刺的旅馆也被改造成了民权教育中心及纪念地（图2-19；图2-20）。

相较而言，印第安人更成功地在现有的纪念遗址上添加了新的内涵。美国白人建立了一系列以战争以及与种族屠杀有关的纪念遗址。在此基础上，印第安人所做的是从自身需要出发重新解读现有的纪念景观，而不是突破重重障碍去建立新景观。小巨角遗址以及伤膝谷屠杀受到了人们的高度关注，在美国议员间激起了激烈的讨论。[23] 争论的焦点在于是否应该将此类遗址变为纪念地，以缅怀印第安人所做出的巨大牺牲。位于蒙大拿州南部的小巨角战役国家纪念碑（Little Bighorn Battlefield National Monument）非常特殊，因为它是美国仅有的几处纪念政府军队吃败仗的遗址。与之相似的还有阿拉莫战役以及日本偷袭珍珠港事件的纪念遗址。[24] 除了讲述乔治·阿姆斯壮·卡斯特（George Armstrong Custer）的传奇故事以外，小巨角战役的意义并没有上升到历史转折点的高度。这处战争遗址之所以建有纪念碑，完全是出于纪念逝去的白人将士的需要。为纪念乔治·阿姆斯壮·卡斯特等在小巨角战役中牺牲的将士，美国政府于1879年在战场遗址修建了一处国家公墓。1946年，这处国家公墓以卡斯特的名义被列入国家纪念碑体系，得名卡斯特战役国家纪念碑（Custer Battlefield National Monument）。如同1886年芝加哥的警方与商会控制秣市惨案发生地一样，军方与联邦政府也想要保持对小巨角战役遗址的控制权与话语权。1992年，卡斯特战役国家纪念碑更名为小巨角战役国家纪念碑。此时，战役中牺牲的英雄人物再次成为人们关注的焦点，但所谓的英雄人物并不只有白人，也包括印第安人首

图 9—18　位于佐治亚州亚特兰大市的马丁·路德·金墓。该墓紧邻马丁·路德·金幼时接受洗礼的教堂与小时候的家，是亚特兰大市马丁·路德·金纪念遗址的核心部分，现由美国国家公园管理局负责管理，是全美最大的一处纪念黑人民权运动领袖马丁·路德·金的遗址。对于美国社会而言，纪念民权运动比面对奴隶制要容易一些。

领。本·奈特霍斯·坎贝尔（Ben Nighthorse Campbell）在纪念碑更名仪式上指出，这是对双方参战将士的"公平祭奠"。[25]

此后，在小巨角以及伤膝谷战役纪念地均出现了新的纪念景观，"公平祭奠"仍是焦点。毋庸置疑，随着时间的流逝，其他一些战役与屠杀的纪念遗址也将经历这样的变化。印第安人与白人实现和解的关键在于，承认他们都为捍卫各自的生活方式而战。然而，此种"公平祭奠"的理念并不适合于对与非裔美国人有关的纪念遗址作出的重新解读。英雄人物只能来自正义的一方，而人们难以从奴隶制以及种族主义相关的屠杀、囚禁、残害等事件中找出正面的积极意义。当然，美国黑人对自己在终结奴隶制以及种族主义方面所作出的牺牲甚是骄傲。然而，问题在于这一过程对大多数白人而言是不太光彩的一面。所以，此类遗址大多走向遗址利用或记忆湮灭的道路。如果要实现遗址标识与公众祭奠，有关方面需要付出巨大的努力。姑且不论个人因遭到种族歧视而实施的暴力与谋杀犯罪，某些有悖于民权运动宗旨的种族主义冲突也非常让人不忍直视。第一次世界大战以后，美国境内各大城市不时爆发由非裔美国黑人组织的游行示威活动。暴乱出现的原因大多是美国黑人群体屡次遭到白人地痞流氓的骚扰与袭击。1919年，芝加哥黑人发生暴乱，起因是一个黑人小孩沿着密西根湖的水道误闯入专门为白人划定的游泳区而遭到白人的残忍杀害（图9-19）。[26]美国黑人团体通过游行示威的方式表达诉求，换来的不过是白人的无端指责以及持续了近一周的对黑人群众的杀戮。1917年，休斯敦爆发了美国历史上最严重的一次军事暴动。一个营的黑人士兵哗变。在持续一周的时间里，他们将愤怒发泄到休斯敦无辜的市民身上。[27]这些士兵身经百战，训练有素，曾参加过美国西部的诸多战役以及美西战争。事件起因是军方准备将非裔美国士兵调离城市，特别是芝加哥南部地区，以避免日益严重的种族歧视问题。这一带有明显歧视性的命令引起了黑人士兵的强烈不满，从而导致哗变。这起事件的结果是休斯敦有二十几名市民被杀，十几名黑人叛乱士兵于1917年被处决。这些士兵被埋葬在圣安东尼奥市的萨姆·休斯敦堡（Fort Sam Houston in San Antonio）的无名墓地。1923年，佛罗里达州罗斯伍德镇（Rosewood）发生了针对黑人的屠杀事件。虽然整个黑人社区都被大火焚毁，但是直到20世纪80年代，这次惨剧才引起社会公众的普遍关注。[28]1969年12月，在美国联邦调查局的领导下，芝加哥警方射杀了黑豹党①领袖弗里德·汉普顿（Fred Hampton）与马克·克拉克（Mark Clark）两人。[29]警方宣称这次行动纯属自卫还击，然而相关证据表明，这是一起冷酷无情的蓄意谋杀事件。

图 9-19　图片中所示位置是芝加哥滨湖大道。1919 年，一个黑人小孩沿着密歇根湖的水道误闯入专门为白人划定的游泳区，遭到白人的残忍杀害。美国黑人团体通过游行示威的方式表达诉求，换来的不过是白人的无端指责以及持续了近一周的对黑人群众的杀戮。对于此类充满了暴力血腥的往事，美国社会一般都选择遗忘，而不会立碑纪念。

黑豹党领袖被击毙的这处屋子转变为纪念遗址的可能性微乎其微（图 9-20）。此类惨案被非常艰难地载入了美国黑人历史。纵观美国黑人历史，诸如马丁·路德·金（Martin Luther King Jr.）、卡弗（Carver）、道格拉斯

_____

①　译注：黑豹党（Black Panthers）是一个主要由非裔美国人组成的组织，以争取黑人民权、主张黑人积极的正当防卫权利为宗旨。

(Douglas)、塔布曼（Tubman）、马尔克姆·X（Malcolm X）[①] 等黑人领袖与人物将有可能受到人们的纪念。对于非裔美国人以及印第安人而言，另一个推动纪念遗址营造的办法是摒弃争议，各方保持中立，分别对事件的意义作出解读。亚拉巴马州蒙哥马利县的民权纪念碑以及纽约与华盛顿的美洲印第安人博物馆等即属此类案例。蒙哥马利县的民权纪念碑位于南方贫困法律中心（Southern Poverty Law Center）大楼内，毗邻阿拉巴马州议会大厦（State Capitol）（图9-21）。蒙哥马利县为民权运动的进步做出了重要的贡献，但是这处纪念遗址既没有鼓吹英雄主义，也没有鞭挞种族主义，而是采取了中间立场。当然，纪念碑毗邻议会大厦是有一定的象征意义的。这处遗址纪念美国整个民权运动的做法取得了成功，但大多数产生于20世纪五六十年代的直接与民权运动相联系的遗址仍寂静无名。美洲印第安人博物馆也采取了类似的策略，从而改变人们对于过去的认识。虽然某些人对于美洲印第安人博物馆建于华盛顿等地持有异议，但如果博物馆位于伤膝谷屠杀以及小巨角战役发生地的话，将引发更加激烈的反对之声（图9-22）。20世纪末的政治社会环境不利于对美国印第安人的文化及其遗产作出公正的解读。就此而言，纽约市是第一个加入争论的美国城市。由于纽约远离西部地区，因而能够为争议双方提供相对公正的讨论空间。

本书中提到了诸多重要的与印第安人以及美国黑人相关的遗址，值得在未来的几十年中持续关注。在许多方面，美国社会刚刚学会与其殖民以及开疆拓土的历史实现和解。随着人们观念的转变，纪念景观的面貌也将发生改变。我希望未来能够出现更多的与印第安人以及美国黑人相关的纪念遗址。届时，人们能够更加平和地看待这些遗址，同时能够从理性的角度出发，找到营造纪念景观的必要性，而不是停滞于虚妄的英雄传说。然而，某些充满争议的事件也会对灾难遗址的社会价值以及历史记忆造成负面影响，使之笼罩在阴霾之下（图9-23）。

[①] 译注：马尔克姆·X，原名马尔克姆·利托（1925年5月19日—1965年2月21日），生于美国内布拉斯加州。他是伊斯兰教教士、美国黑人民权运动领导人物之一。批评人士认为他煽动散布暴力、仇恨、黑人优越主义、种族主义、反犹太主义；肯定人士则视他为非裔美国人权利提倡者，以及对于美国白人对黑人罪行的有力批判者。

图9—20 芝加哥市莫里奥街西2337号（2337 West Monroe Street）。1969年12月4日，联邦调查局探员在这处房子击毙了黑豹党头目弗里德·汉普顿（Fred Hampton）和马克·克拉克（Mark Clark）。这处屋子由于沾染上了罪人的血渍，转变为纪念遗址的可能性微乎其微。

图9-21　蒙哥马利县的民权纪念碑修建于1989年，位于南
方贫困法律中心大楼内，毗邻亚拉巴马州议会大厦。喷泉正
面的一面墙上，留下了1954年至1968年间为民权运动献身者
的姓名（40人）。这座纪念碑由华人建筑师林璎（Maya Y.
Lin）设计。她还设计了华盛顿的越南战争纪念碑。纪念碑秉
持了中立的设计理念，客观冷静地表达了对暴力事件的态度。
这种中立的设计方案是对有争议的事件最好的处置方式。

第三节　暴力阴霾

　　地理学家通过研究意义未定及充满争议的遗址，观测到了"空间与地方
的社会性生产"过程。同时，遗址意义变迁受到隐性的紧张社会关系以及政
治角力的影响。由此，我们需要回答最后一个问题：遗址如何反映全社会对
暴力与灾害的态度？对这个问题，简单直白的答案可以是，与暴力相关的遗
址在一定程度上折射出人们对流血事件的容忍度、接纳能力以及基本态度。
然而，当相互矛盾的观念纠结在一起的时候，问题的答案将变得比较复杂。
此刻，对于暴力与灾难的态度模棱两可，包容与排斥、骄傲与不耻相伴而

图 9-22 位于南达科塔州的伤膝谷屠杀遗址。纪念碑的顶端刻下了 1890 年遭到屠杀的印第安人战士的名字。纪念碑前的两处墓穴埋葬的是在 1973 年起义失败后被杀的印第安人战士。如今，有人提议为伤膝谷屠杀以及小巨角战役修建新的纪念碑。

生。人们时而感到骄傲，时而感到不耻，但却总是与灾难记忆保持一定距离，尽量不去触碰灾难所带来的伤痕。为解读这种模棱两可的态度，有必要对可见的和不可见的景观予以关注。换言之，某些遗址被刻意抹除，却仍能够提供像纪念遗址一样多的重要信息。

毋庸置疑，许多暴力与灾难案例有道义成分的存在。我们能够从数以百计的全国性以及地方性的与暴力相关的纪念地中找到人们为之骄傲的原因。这些遗址大多与战争、屠杀、烈士、起义、事故以及灾难有关。暴力遗址建成纪念地的过程为公众提供了认识国家历史的重要契机。暴力与灾难总是与美洲移民史、征服新大陆以及建立美利坚合众国的历史相伴而生。理查德·斯洛特金（Richard Slotkin）等人指出："容忍暴力，甚至对此感到欢欣鼓舞，在一定程度上体现出了国民性。"[30]西进运动以及对印第安文化的蚕食都不可避免地出现流血冲突。美国社会如果不能从暴力事件中找到积极意义，则可能被暴力的阴霾所吞噬。从此意义上说，暴力事件具有某种"重生之

图9-23　路易斯·弗兰克（Louis Farrakhan）的一位支持者
在华盛顿犹太人大屠杀纪念馆前慷慨陈词，公开谴责美国社
会对黑人的屠杀（Black Holocaust）。虽然对黑人的屠杀有过
之而无不及，且规模更大，时间更长，但这段历史一直没有
得到当局的重视，没有得到应有的纪念。他认为，华盛顿为
远离美国本土的犹太人大屠杀建造了一座纪念馆，但对发生
在美国境内的屠杀黑人的一幕惨剧熟视无睹，这非常不可思
议。其他社会团体也曾到华盛顿犹太人大屠杀纪念馆前示威
游行，表达不满，希望得到重视。

力”，能够重塑并改造社会的面貌。

暴力事件与美利坚合众国的创建及开疆拓土的光辉历程密不可分，但这并不是说应该采用一种神话、传奇式的腔调粉饰美国历史上的暴力事件。事实上，暴力事件对于美国历史而言，有其重要的现实意义。正如我在前述章节所言，铭记苦难与欢庆胜利有利于培养国民共同的价值观与历史观，这对于美利坚合众国这样的民主、公民社会的形成至为重要。公民宗教不仅是一种抽象的意识形态，也是共同信仰培育的重要手段。“开明自利”（Enlightened Self-interest）驱使个体对人生、自由以及幸福的追求偏离社会的共同目标，而公民宗教能够让偏离轨道的个体回归社会。由此，问题的关键在于解答美国社会如何在“集体的共同目标”（Communitarian goals）与“自由主义价值观”（Libertarian Values）之间保持平衡。换句话说，让个人利益服从于集体利益的需要，从而对“抽象自利”（Abstract Self-interest）进行适度限制。在此过程中，爱国主义精神以及排除艰难险阻的决心等积极正面的精神力量与恐惧以及不安全感等负面的情绪相伴而生。

暴力与灾难事件总是交织在一起，不论是开疆拓土，还是抵御外敌、平息叛乱、流血冲突，它们贯穿于整部美国历史。人们一次次地呼吁“铭记阿拉莫之战”（Remember the Alamo）、“铭记缅因号”（Remember the Maine）、“铭记珍珠港之难”（Remember the Pear Harbor），这些响亮的口号成为让美国人民团结在一起的共同目标。毋庸置疑，流血冲突对于国家意识与国民意识的形成具有极其重要的作用。许多见证了暴力与灾难的地方，都逐渐演化成纪念景观，成为国家认同与历史记忆的载体。

大多数美国人不反对将暴力与灾难景观作为实现共同目标的象征物，但并不是所有的人都赞同这一做法。因此，与谋杀案、伤亡事故以及其他类型的暴力与灾难相关的纪念景观相对较少。之所以出现这种大规模的记忆湮灭的情况，是由于人们很难接受暴力事件是美国社会生活重要特征的现实，这反映了美国社会对灾难事件模棱两可的态度。一方面，美国社会对灾难事件反应迅速，快速将其植入国家记忆；另一方面，人们拒绝承认灾难事件的普遍性，采取视而不见的态度，不愿过多地提及伤心记忆。问题的本质在于，暴力事件一旦被当作社会发展的驱动力量，局面将难以控制。对于通过革命而建立的国家，将很难对镇压示威与叛乱的正义性作出合理解释。同样，对于仰赖个人主义与采用暴力手段开疆拓土的国家而言，不得不接受人与人之间的暴力冲突成为解决争端的重要途径的事实。美国社会中多处纪念景观以及被忽略遗忘的灾难事件，均反映了此种矛盾性。事实上，对灾难事件的忽略是解决矛盾的较为容易的策略。如果对暴力与灾难事件采取容忍的态度，忽略其严重的后果，并将其作为稀疏平常之事，那么其结果会是在消除建碑立祠必要性的同时，也使得美国社会无须直面灾难所产生的社会矛盾。人们可以将暴力事件归咎于犯罪分子的恶行或国外势力的煽动，而不必将其视为美国社会生活的重要组成部分。这种时而纪念、时而忽略的情况，表明了灾难与灾害在美国社会非常矛盾的特征。暴力与灾难是美国社会所共同遵循的历史传统与共同价值观的重要组成部分。然而，对于历史传统与价值观的过度依赖将使得社会关系出现裂痕，轻易地将人们分为成功者与失败者、获益者与受害者。非常具有讽刺意味的地方在于，灾难与灾害同时具有团结与分裂的力量，这成为笼罩在"美国梦"上空的一道阴霾。

否认灾难的存在也许是解决矛盾的简单办法，但这并不是处置美国社会中暴力事件所具有的双重力量的唯一手段。也许，承认暴力与灾难事件的矛盾性才是上策，才能更加客观地看待历史，更加理性地展望未来。历史的车轮不能倒退，也不应如此。美国社会从灾难与灾害中汲取教训，并不意味着整部美国历史都应笼罩在历史的阴云之下，更不应该让未来蒙羞。如今的美国社会以为，如果承认美国境内诸多的纪念景观均与暴力事件有关，这将偏离积极正面的社会导向，让光辉的美国历史蒙羞。于是，与爱国主义等理想的价值观相左的灾难遗址，难以避免地被忽略、隐藏。然而，这样做的结果是使得全面认识塑造美国社会面貌的灾难事件愈加困难。也许解决之道在于让更多的此类事件在纪念景观上得以反映，从而更加全面理性地看待灾难与灾害在美国社会中所扮演的角色。综上，对遭到遗忘的灾难与灾害遗址给予关注，有利于驱散笼罩在美国历史上空的层层阴云。

后 记

——新伤旧痛，警示未来

　　《灰色大地——美国灾难与灾害景观》第一版
与读者见面前，已经发生了德克萨斯州韦科市威斯
特化肥厂爆炸案（Waco）、俄克拉荷马城爆炸案
（Oklahoma City）、环球航空 800 号班机空难
（TWA Flight 800）、科伦拜校园枪击案
（Columbine High School Tragedy）、美国邪教"天
堂之门"集体自杀事件（Heaven's Gate）、"9·11"
恐怖袭击事件等一系列灾难事件。本书初稿完成的
时候，距离大卫支派邪教大火（Branch Dravidian
Fire）发生已两周年、俄克拉荷马城炸弹爆炸 3 个
月。本书交付出版前传来了环球航空 800 号班机空
难的噩耗。同时，有关美国邪教"天堂之门"集体
自杀事件、戴安娜王妃之死的新闻席卷了整个电视
荧屏。不仅如此，非洲、中东、巴尔干半岛
（Balkans）等地恐怖主义横行肆掠，爆发了种族大
屠杀。我非常想将这些新近发生的灾难事件添加到
书中，但最终还是选择保持书稿于 1995 年夏天的模
样。

　　从一开始写作本书，我就决定重点选择历史上
相对久远的灾难事件，而不是新近的案例。在我看
来，纪念活动以及纪念碑等的出现往往需要数十年
时间，公众祭奠、立碑纪念、遗址利用、记忆湮灭
也需要时间的检验。硝烟散尽，事件面貌将更加清
晰。由此，我仅在书稿付梓前简要提及威斯特化肥

厂爆炸案以及俄克拉荷马城爆炸案这两起新近发生的灾难事件。人们对威斯特化肥厂旧址的处置方案难以达成共识（图10-1）。让我感到意外的是，俄克拉荷马城爆炸案发生地迅速地出现了公共纪念物并较快地演变成了全国性的纪念地（图10-2）。2000年，距离俄克拉荷马城爆炸案仅5年时间，爆炸案发生地就成为一处重要的全国性纪念地。对于这起与大规模屠杀以及恐怖主义相联系的灾难，其成为纪念地的速度以及纪念遗址的规模都是非比寻常的。纽约东莫里切斯镇（East Moriches）、科罗拉多州利特尔顿镇（Littleton）以及纽约市等地纪念遗址出现的速度也非常快（图10-3）。然而，是什么原因驱使普通美国中产阶级犯下杀害数百无辜市民的罪行？这起爆炸案引发了诸如此类的思考与争议。纪念地快速出现是否预示着美国社会对于灾难事件态度的改变？不仅是我，也有许多人提出类似的问题。

图10-1　大卫支派邪教设在韦科市郊的总部——卡梅尔山大楼（Mt. Carmel Buildings）遗址。1998年，是大卫支派邪教覆灭5周年。图片所示的位置曾是一处碉堡掩体。当年，许多大卫支派邪教组织的成员被烧死在这里。这处遗址一直饱受争议。人们为俄克拉荷马城爆炸案建立了纪念碑，但某个军事团体也曾为邪教组织头目大卫·考雷什（David Koresh）及其党羽建碑立祠。

图 10-2　2000 年 4 月 19 日，俄克拉荷马城爆炸案纪念日现场。这张照片是在靠近幸存者之树（Survivor's Tree）的位置拍摄的。不远处是倒影池以及摩拉联邦大厦（Murrah Federal Building）原来的位置。倒影池所在的位置原来是第五街，炸弹就埋在这里。图片中有 168 个石凳子，每一个都代表着一位遇难者。

　　一直以来，我都没有找到人们对于灾难事件态度改变的充足证据。[1] 对于每一处灾难景观（traumascape），我更多地感受到了它们的相似之处，暂未看出美国的纪念传统发生转变的情况。纽约东莫里切斯镇上空发生了环球航空 800 号班机空难。对于这次空难，相关纪念景观出现的过程与第三章中提到的宾夕法尼亚州约翰斯顿市洪灾、伊利诺伊州樱桃镇矿难、德克萨斯州化工厂大爆炸、俄亥俄州科林伍德镇湖景学校火灾等几处案例如出一辙。从另一个方面来说，我也倾向于认为新的纪念传统正处于酝酿之中。过去二三十年间，不少社区及个人更愿意接受暴力事件在当代社会中扮演了重要角色的观点。近期，大屠杀、恐怖主义以及暴力事件等总是与遗址利用、记忆湮灭相联系。我能够想到的第一处与大屠杀有关的纪念碑出现在圣伊西德罗市（San Ysidro）。这处纪念碑立于 1990 年，纪念在当地麦当劳餐厅被射杀的死难者。第二处纪念碑相对较小，纪念 1991 年德克萨斯州科林县枪击案遇

图 10-3　此照片于科罗拉多州利特尔顿镇科伦拜校园枪击案
过去 1 月后（1999 年 5 月）拍摄。枪手在图书馆玻璃幕墙后面
射杀了很多人。学校拆除了图书馆，在此修建了一座门廊，并
修建了一座新的图书馆。

难者。第三处纪念碑位于世界贸易中心旧址，是为 1993 年恐怖袭击中的遇
难者而建的。从圣伊西德罗市到科林县，再到俄克拉荷马城，上述案例中的
纪念碑、纪念遗址等为其他地方树立了榜样。人们争相效仿上述案例中的做
法，在曾经不愿提及的地方修建纪念碑、设立纪念地。举例而言，德克萨斯
大学校园枪击案发生 33 年后，该大学于 1999 年为受害者修建了一座小型纪
念花园（图 10-4）。

第一节　新的伤痛与教训

　　如果断言纪念传统近期出现了变化，并将促使跨越一代人的文化传统的
革新，似乎还太早，但不能否认纪念传统发生变化的可能性确实存在。俄克
拉荷马城爆炸案遗址的规模及其成为纪念地的速度印证了这一趋势的存在。

图 10-4 1999 年 8 月 1 日，时任德克萨斯大学校长的拉里·福克纳（Larry Faulkner），在该校奥斯丁校区塔园（Tower Garden）落成典礼上致辞。塔园缅怀了德克萨斯大学校园枪击案中不幸遇难和幸存的人们。这是在校园枪击案发生 33 年后，该大学第一次公开纪念逝者。接下来的一个月，学校还举办了纪念音乐会。

"9·11"恐怖袭击事件发生仅几天就有人呼吁为死难者建碑立祠。2002 年 7 月，正当我写完本书最后一章的时候，"9·11"恐怖袭击事件纪念遗址的概念性方案恰巧被纳入世贸中心重建规划，但其最终设计方案尚未确定。不久的将来，曼哈顿下城地区将出现一座纪念"9·11"恐怖袭击事件的遗址。我认为，圣伊西德罗市以及科林县的两处纪念碑，不论是设计理念还是建造规模，均可为纽约市"9·11"纪念遗址提供借鉴。俄克拉荷马城爆炸案纪念遗址的设计过程提示人们的眼界要超越一座纪念碑，进而思考如何实现活态纪念（"Living"memorial）的问题。由此，灾后的纪念行动主要包括在特定地方设置纪念碑，借助灾难发生地附近的展馆讲述灾难的过程及其社会意义，将灾难记忆保存于历史档案中，通过公共教育机构让更多人知道某地曾经历过灾难事件。[2]

纽约市"9·11"纪念遗址的设计方案一时间难以确定。此时，不妨借鉴近二十年来对于纪念遗址的处置经验。

首先，纪念建筑的设计过程应该广泛征集公众意见，切忌武断行事，因为越多人参与到纪念遗址方案的讨论越好。如果某个利益集团对纪念场馆的设计方案有绝对的发言权，而对其他人的意见充耳不闻，那将导致许多人的不满，从而出现社会裂痕。灾难过后，不论是幸存者、遇难者家属、政客，还是土地所有人、救援人员，都希望对纪念遗址方案表达意见。于是，各方争执不休，甚至相互敌对。解决这一矛盾的办法是，建立一套合理的决策机制，从而使各方的声音均能得到充分表达，这也有利于合理化建议的采纳。幸存者、遇难者家属、救援人员以及医护人员等积极地参与到灾后纪念方案的讨论中，迫切希望他们的意见得到采纳。但人们不应该固执己见，而对他人的诉求视而不见。遇难者家属希望建立纪念地的想法，往往与资产所有人希望将某处灾难遗址恢复使用的做法相抵触，二者的矛盾极为尖锐。除此以外，政治人物、宗教领袖、规划专家、设计师等也积极参与纪念方案的讨论。他们的积极参与有利于平衡各方利益，缓解社会矛盾。爱德华·林立赛尔（Edward Linenthal）翔实地介绍了持不同意见的社会群体，如何开诚布公地表达对俄克拉荷马城爆炸案纪念遗址设计方案的意见，并最终达成一致的过程。[3] 华盛顿特区在第二次世界大战纪念碑修建方案的意见征集过程中采取了"自上而下"的策略，这似乎比"自下而上"的源于草根的方式（grass-roots planning effort）更有效。

其次，社会大讨论是纪念逝者与保存灾难记忆的重要一环，而意见征集并不单纯是为了"盖棺定论"，也不仅是为了修筑一座纪念碑。我曾在第一章中写道："见证了灾难与暴力事件的遗址的确会导致争议的出现，从而使得事件意义的解读走向公开化。"在此，我进一步认识到，对纪念碑为什么建、什么时候建、在哪儿建等一系列问题的解答也是缅怀逝者的重要过程。德国曾组织过好几次柏林种族大屠杀纪念馆项目的设计大赛，但获胜的设计方案均未能成为现实。詹姆斯·杨（James Young）是研究大屠杀历史记忆与纪念遗址的著名学者，他对柏林种族大屠杀博物馆项目一再延后的情况有着独特的看法。在1997年一次设计大赛的闭幕式上，杨说："虽然你们的设计方案没能成为现实，但如果考虑到528个由艺术家、建筑师组成的团队殚精竭虑付出所产生的社会影响，这远远大于一座纪念馆落成头十年所受到的公众关注。"[4] 因此，意见征集的结果并不总是导致纪念碑的出现，也不单纯是为了帮助社会大众找到情感宣泄的渠道以及灾难事件历史意义争辩的公共平台。从长远的角度来看，如果对纪念物的设计方案难以达成共识，放弃是比勉强上马更为明智的选择。这就是为什么在灾后初期，民间祭祀以及悼念活动是非常重要的。[5] 换言之，民间祭祀是灾后纪念活动的初级阶段。因此，如果大型公共纪念碑的建立置民间祭祀的需求于不顾，实为不智。

第三，一处成功的纪念碑设计方案，既能满足个人哀悼的需要，也能为群体之失以及民族之失留出纪念空间。遇难者家属、幸存者大多想要建立私密的、带有个人印记的纪念物，这往往与普通社会大众所希望的纪念碑的样式不同。鉴于二者对于纪念碑设计方案难以达成一致，如果为了迎合社会大众的需要，过度地强调集体之失，而置遇难者家属、幸存者的诉求于不顾，这样的做法是不合适的。因此，如果没能在个人与集体之间找到平衡点，将导致新的矛盾，引发谁在某场灾难中伤亡更加惨重的争论。当代的纪念物大多承袭了西方悠久的纪念传统，将逝者的姓名镌刻于石墙、纪念碑、石凳、石椅以及纪念牌之上。然而，这种将逝者名字刻于纪念物上的做法也有不妥之处。因为，在灾难中遭受巨大痛苦的幸存者其余生都将饱受煎熬，但他们的名字没能出现在纪念物之上。除了遇难者之外，还有谁的名字应该在纪念物上体现出来？是灾难中身心遭受巨大伤害的幸存者吗？是失去父母、妻子、丈夫等家庭成员的人们吗？是遭受财产损失的人吗？还是因灾难而失去工作，事业遭到打击的人？不论纪念物的设计方案偏向于任何一个群体，都必将导致其他人的强烈反对。以科伦拜校园枪击案（Columbine High School Tragedy）为例，学生家长的意见主导了校园重建方案，而忽略了其他群体的诉求，由此产生了新的社会矛盾。在俄克拉荷马城的案例中，设计团队希望纪念空间能够包含一系列具有独特含义的分区，从而能够兼顾遇难者、幸存者、救援人员、医护人员以及社会公众等不同群体的纪念之需。"9·11"事件伤亡惨重，波及面甚广，整个国家都为之哀恸。政府计划重建大多数在"9·11"事件中被摧毁的办公楼，使得社会个体表达哀思的纪念空间非常有限，因此该处纪念遗址很难周全地照顾到每个人的不同感受。

最后，有必要关注象征性纪念物的选择问题。灾后，社会公众总是将各种新闻图片以及寄托哀思的象征性物品糅杂在纪念物的设计之中。然而，从长远来看，这种做法带来了诸多问题，甚至造成了新的社会矛盾。查尔斯·波特（Charles Porter）在俄克拉荷马城爆炸现场拍摄到了一幅让人垂泪的照片。镜头下，消防员克里斯·菲尔德（Chris Field）怀抱奄奄一息的婴儿贝莉·阿尔蒙（Baylee Almon）。这一幕让人为之动容，却让阿尔蒙的母亲痛苦万分，她不愿意让女儿离世的画面置于公众视野之下。同样的情况发生在世贸中心遗址。救火队员在世贸中心遗址举起国旗的画面，在传遍大街小巷的同时，也引发了人们的热议。这张照片仅仅拍摄到了救火队员的壮举，而他们不过是救援群体的代表罢了。过度地宣扬救火队员，有忽视其他救援群体与救灾人员的嫌疑。泰迪熊、心形纪念物、国旗、彩带以及天使、十字架等宗教符号被广泛用于纪念逝者。然而，它们也会在灾后的纪念活动中造成困扰。用它们来寄托哀思也可能让旁人感到不快。就个人而言，有权利选择任何一种纪念物品来表达哀思，但公共纪念物的设计必须兼顾美国多元化的社会需求。建筑师、景观设计师深谙此道。他们熟练使用象征性的手法和语汇，在具象与抽象、直接与隐晦间寻求平衡。这就是为什么我认为专业化的设计师和艺术团队在纪念物设计中扮演着重要角色。

我认为，在当代社会中公开讨论暴力事件所扮演的角色，一定程度上具有积极、正面的意义。对此，我在第九章的末尾曾写道：

> 如今的美国社会以为，如果承认美国境内诸多的纪念景观均与暴力事件有关，这将偏离积极正面的社会导向，让光辉的美国历史蒙羞。于是，与爱国主义等理想的价值观相左的灾难遗址，难以避免地被忽略、隐藏。然而，这样做的结果是使得全面认识塑造美国社会面貌的灾难事件愈加困难。也许解决之道在于让更多的此类事件在纪念景观上得以反映，从而更加全面理性地看待灾难与灾害在美国社会中所扮演的角色。综上，关注遭到遗忘的灾难与灾害遗址有利于驱散笼罩在美国历史上空的层层阴云。

对于俄克拉荷马城、纽约市、利特尔顿市、科罗拉多州等地发生的灾难与暴力事件的公开讨论，预示着美国社会越来越理性、包容地看待其历史。我所担忧的是俄克拉荷马城纪念碑以及世界贸易中心纪念遗址没有充分征集大家的意见，而急于将灾难地变为纪念地，正所谓是欲速则不达。人们将注意力主要放在纪念逝者上，而没有像对待越南战争纪念碑、肯特州纪念碑、民权博物馆等一样，广泛地听取全社会的不同声音。俄克拉荷马城纪念碑在立项之前，没有能够为人们提供充分地思考极端反政府组织对于美国社会及其历史进程的影响问题。也许，"9·11"恐怖袭击事件能够为人们提供反思这一问题的机会。但截至目前，人们对于此次恐怖袭击事件所谈论的话题，主要还是灾难意义、英雄主义以及缅怀死伤者等方面。某些时候，公众非常迫切地希望尽快善后，就此"搞定"。然而"搞定"是含义模糊的流行用语，在此使用将具有"蒙蔽性"。由于灾难往往影响到数代人，所谓的"搞定"（尽快善后）将丧失对于恐怖主义以及全球化问题深入探讨的契机，对于具有全国以及国际影响力的灾难而言，这将很难抚平众人的悲伤。正如大卫·戈德菲尔德（David Goldfield）的新书所言：虽然李将军在140年前早已带领南军投降，但美国内战似乎仍在继续，只不过战场已经转向了文化、经济、种族、政治、法律等领域。[6]

第二节　变化中的记忆与纪念碑

我相信，美国公众除了偶尔的迟疑，整体上还是以更加开放的姿态谈论暴力事件的。这不仅包括当代的暴力事件，也涵盖历史上的暴力事件。我竭尽所能地踏访《灰色大地——美国灾难与灾害景观》第一版中所涉及的灾难与灾害遗址，注意到某些遗址似乎正在发生改变，将有可能走向记忆标识或公众祭奠。本书出版后，读者纷纷通过邮件、电话、书信等方式与我联系，告知我书中所述遗址的近况，指出书中遗漏的某些遗址。例如，有人修复了连环杀手约翰·韦恩·盖西位于芝加哥市郊的房产。摩门教教宗来到了山地草场（Mountain Meadows），向1857年在此遭到屠杀的摩门教会成员致哀。威斯康辛大学麦迪逊分校为1970年斯特林礼堂发生的反越战炸弹爆炸修建了一座纪念碑，虽然这座纪念碑引起了较大的争议。德克萨斯城经过了多年沉寂，最终决定在港口爆炸案发生50年之际，为此修建了一处博物馆和游客中心。波士顿的某处街面上留下了纪念可可林夜总会大火的铭牌。

我注意到与美国黑人历史有关的遗址出现了一系列积极的变化。在本书出版之际，伯明翰市①、塞尔玛县（Selma）、蒙哥马利县（Montgomery）、亚拉巴马州（Alabama）等地与美国黑人有关的遗址纷纷转变成了纪念地[7]，特别是出现了一系列与民权运动领袖马丁·路德·金有关的遗址和地名。[8]这些美国黑人历史遗迹也成为导游手册着力介绍的景点。格兰尼迪·特纳（Glennette Turner）等当地导游，编写了介绍伊利诺伊州"地下铁路"

---

① 译注：伯明翰（Birmingham）是美国亚拉巴马州最大的城市。

（Underground Railroad）的书籍。[9] 这些书与介绍当地传统景点的书籍一起出售。[10] 保护美国黑人历史遗迹取得了一系列成就。例如，2001 年，弗杰尼亚州里士满（Richmond）和弗雷德里克斯堡（Fredericksburg）两座城市争相成为黑人奴隶博物馆（Museum of Slavery）的驻地。再如，俄克拉荷马州塔尔萨市（Tulsa）的人们正谈论如何纪念 1921 年的那场灾难，并对黑人给予补偿。当时，白人暴徒冲入黑人社区，夺走了数名黑人群众的生命。[11]

　　黑人奴隶博物馆不啻为一个好的开端，让人感到欣喜。但很难想象 20 多年前，能够出现这些与黑人有关的灾难纪念地。需要指出的是，即使是几天，大多数此类遗址仍然不为人知，仍隐藏在历史的角落之中。奴隶贸易、奴隶劳工等曾与美国南方老百姓的生活息息相关。因此，广泛地发动南方群众对奴隶制进行反思，其效果远远大于一处博物馆。根据我的研究，只有几个白人社区对私自处决黑人奴隶的做法进行过公开谴责与深刻反思。詹姆斯·洛温（James Loewen）在《美国谎言》（Lies Across America）一书中写道："白人社区大多粉饰曾见证黑人奴隶悲惨境遇的地方。"时至今日，洛温所批判的此类历史地标并没有发生丝毫改变，并且新纪念碑仍然仿效前人的做法，继续扮演着歪曲历史的角色。[12] 有鉴于此，针对塔尔萨种族暴乱①，人们应采用修建集体公墓、统计受害者、制订补偿方案等方式善后。据我估计，很多美国人都不了解 19 至 20 世纪曾发生了数百起美国白人因歧视黑人而掀起的暴乱以及针对黑人的屠杀事件。塔尔萨、罗斯伍德（Rosewood）、佛罗里达等地爆发的此类事件，没能像其他灾难事件一样引起美国社会的轩然大波。[13]

　　我们能够找到美国各地纪念传统发生些许改变的证据。例如，以亚洲移民为代表的少数族裔经过若干年不懈努力，逐渐融入美国主流社会，相关历史地标随之出现。这尤以旧金山湾天使岛移民拘留所（Angel Island Immigration Station in San Francisco Bay）最为典型。《1882 年排华法案》（"The Chinese Exclusion Act of 1882"）颁布，天使岛移民拘留所成为 1910 年至 1940 年期间大量拘留华人移民的地方。此后，这处拘留地被废弃。直到 20 世纪 70 年代，其历史价值才逐渐被挖掘出来，最终于 1997 年被成功地列为国家历史地标。2000 年，加利福尼亚州政府拨款 1 500 万美元，对这

---

　　① 译注：1921 年发生的塔尔萨种族暴乱（Tulsa Race Riot），是美国历史上最严重的白人攻击黑人的种族骚乱之一。

处重要的国家历史地标进行修缮。另一处与华人移民史有关的历史地标位于洛杉矶市。2001年，时值1871年排华暴动（Anti-Chinese Riot）发生130周年，当地人在紧邻华美博物馆新址的地方修建了一座纪念碑（图10-5）。

我非常希望有更多的与美洲印第安人历史文化有关的纪念遗址出现。如今，我们能够在小巨角战役与伤膝谷战役遗址找到相关纪念碑石。美洲大陆殖民者的双手沾满了印第安人的鲜血，当代美国社会仍难以正视这段充满争议的殖民历史。因此，科罗拉多州沙溪大屠杀（Sand Creek Massacre）遗址等没能引起社会大众足够的关注，从而成为一处纪念地。这不得不说是一种历史的遗憾。令人稍感欣慰的是，2001年6月，小巨角战役遗址迎来了一小块纪念碑。这块纪念碑为战死沙场的印第安人首领卡库哈斯卡（Cankuhanska）而建（图10-6）。卡库哈斯卡，绰号"长路"（Long Road），是无弓拉科达族（Sans Arc Lakota）的一名战士。据说，他为保卫家乡的土地、捍卫苏族的传统生活方式而壮烈牺牲。1876年6月，卡库哈斯卡在与雷诺少校（Reno）和班廷上尉（Benteen）的战斗中牺牲。族人们在他倒下的地方垒起一块石冢，埋下了他的忠骨。如今，这处石冢旁边新立了一块墓碑。这块碑即是为纪念战死沙场的印第安人首领卡库哈斯卡（绰号"长路"）而建的。卡库哈斯卡的墓碑是与小巨角战役遗址有关的第三块纪念印第安人将士的纪念碑。另外两处纪念碑于1999年分别为南方夏安族首领"瘸白人"（South Cheyenne Chief Lame White Man）和北方夏安族战士"暴走"（Northern Cheyenne Warrior Noisy Walking）二人而立。总体而言，纪念印第安人将士的碑石非常少见，且一般规模都比较小。在我看来，这些纪念碑的出现只是一个开始，未来还需要更多的与印第安人有关的纪念碑来澄清美洲殖民历史的真相。

我也希望有更多对美国社会、文化做出卓越贡献的女性能够得到纪念。珍妮丝·蒙克（Janice Monk）几十年前提出了"纪念形式中男权至上的论断"，时至今日仍然适用。[14]具有象征性的女性形象，主要出现在艺术与雕塑领域，而历史上真实的女性人物在纪念景观上出现的概率少之又少，她们大多以群体形式出现。[15]有导游书籍开始关注与女性历史人物有关的重要遗址地。[16]我希望随着时间的流逝，未来能够有更多纪念女性人物的景观出现，从而能够在一定程度上改变纪念景观性别失衡的情况。

对于工业与劳工遗址而言，相关纪念地数量也非常有限。在写作本书过程中，我探访了部分工业与劳工纪念地。根据我所掌握的资料，它们的数量

图10-5 2001年，时值1871年排华暴动发生130周年，当
地人在紧邻华美博物馆新址的地面安放了一块历史地标。排
华暴动发生地距离这里不远，靠近洛杉矶北400街区。暴动
中有19名华人不幸遇难。卡尼尔大楼（Garnier Building）曾
是芝加哥唐人街最主要的建筑，处于芝加哥市的起源地——
芝加哥历史街区（El Pueblo Historic District）的范围。如今，
卡尼尔大楼被改建成了华美博物馆。

图10-6　1876年6月26日，卡库哈斯卡在与雷诺少校以及
班廷上尉的小巨角战役中牺牲。

屈指可数。人们一直在努力增加工人运动领袖以及工业与劳工纪念地的数量。[17] 20 世纪 90 年代，霍姆斯达特钢铁厂解散。我希望像霍姆斯达特钢铁厂这样见证了工人罢工以及流血冲突的地方，能够得到人们的重视。令人遗憾的是，仅有一些非常小的纪念标牌立于霍姆斯达特钢铁厂旧址（图 10-7）。

图 10-7　1892 年霍姆斯达特钢铁工人罢工历史地标。霍姆斯达特钢铁厂位于莫农格希拉河沿岸，属于宾夕法尼亚州的霍姆斯达特镇。这处历史地标与另一处地标均于 1992 年霍姆斯达特钢铁工人罢工 100 周年时设立。当时，最后一座高炉冶炼设备停产，面临被拆除的命运。美国境内，仅有少数几处与工人运动有关的遗址设有历史地标。

　　近期，与摩门教有关的纪念地的涌现让我深感意外。本书中，我提到了从新英格兰地区一直延伸到犹他州的一系列与摩门教有关的纪念地。摩门教徒沿着被后人称为俄勒冈-摩门故径（Oregon-Mormon Trail）的羊肠小道，历尽千辛万苦，终于逃到犹他州。1997 年是摩门教徒出走犹他州 150 周年。居住在美国西部的人们纷纷汇聚到盐湖城，参加盛大的庆祝活动，这让我感到非常惊讶。这一年，许多教徒计划重走俄勒冈-摩门故径，或者至少走完从爱荷华州到盐湖城这一段（图 10-8）。不时有男女老少停于路旁祈祷、交谈，也有人在路边留下纪念物。活动期间，教众们纷纷来到位于怀沃明州中南部靠近斯威特沃特河（Sweetwater River）的马丁湾（Martin's Cove）。马丁湾雪灾与山地草场大屠杀（Mountain Meadows Massacre）一样，具有决策错误与指挥失误等强烈的负面色彩。在这里，大约有150名摩门教徒死于1856年秋季的一场雪暴。由于马丁湾是政府土地，因此摩门教徒想要在这里修教堂必然会遭到普通美国民众的强烈抵制。[18]

图10-8　1997年（摩门教传教150周年），摩门教众们纷纷来到位于怀沃明州中南部靠近斯威特沃特河的马丁湾。这年夏天，很多教众计划重走俄勒冈－摩门故径，或者至少走完从爱荷华州到盐湖城这一段。1856年，大约有150名摩门教徒死在西迁的路上。近期，美国境内有一些纪念摩门教先辈与拓荒者的计划。

第三节　20世纪的暴力遗产及其未来

写作本书过程中，我觉得涉及政治事件与社会问题的案例很有意思。通过进一步的野外考察与研究，我对暴力与灾难记忆融入国家传统的机理问题兴趣倍增。为此，我首先研究了20世纪的暴力、压迫以及种族灭绝事件。以中欧和西欧为代表的此类事件在人文景观上留下了深深的"疤痕"。1989年，匈牙利人民共和国国会通过宪法修正案，实行总统制。1998—1999年，我在美国富布莱特基金（Fulbright Fellowship）资助下，远赴匈牙利（Hungary）①，从事与本书相关的研究工作。

在此期间，我主要研究与匈牙利以及"苏联集团"（Soviet-bloc States）国家政治制度变迁有关的纪念碑、历史遗址，而对其他类型的重要纪念景观略有涉及。匈牙利曾经历了史无前例的纪念碑营造阶段。这些纪念碑主要纪念1956年匈牙利事件以及第一次世界大战与第二次世界大战期间的大屠杀、政治迫害等。我注意到，当地政府、社会团体、教堂、个人等，对公共纪念碑、纪念建筑做了非常微妙的调整。在没有中央政府的干预下，人们采用公共艺术与建筑等形式，呈现了一部新的匈牙利历史。我还注意到，匈牙利境内诸多重要纪念物，大多涉及20世纪具有国际影响力的政治事件。20世纪90年代，匈牙利人被允许纪念第二次世界大战中死于苏军枪下以及劳动营的同胞。我与匈牙利的同事阿提拉·托特（Attila Toth）、艾内特·阿尔沃伊（Anett Arvay）共同研究的结论如下：

> 匈牙利的历史经验说明，对于20世纪的欧洲，乃至世界历史而言，仍有许多与杀戮有关的历史问题尚待解决。20世纪也许是人类历史最血腥残暴的一段。人们对于第二次世界大战发生的原因、历史影响以及大屠杀等讨论了几十年，但中欧与西欧在苏联解体前留下的与战争有关的遗址却很少受到人们关注。在此背景下，匈牙利境内纪念景观所发生的微妙变化可谓是首开先河，在一定程度上实现了与战后岁月的和解，从而为欧洲、亚洲等地的纪念景观解读提供了借鉴。但其他地方纪念景观的变迁过程缓慢而持久，对于20世纪战争杀戮等发生的原因及其历史影响，需要在国际语境下寻求解答。因为"万人坑"、种族屠杀等属于国际问题。整个20世纪，战争杀戮在世界各地的人文景观上留下了深深的"疤痕"，而这些地方的历史影响尚待进一步探讨。[19]

本书所述20世纪血腥杀戮案例相关遗址的未来变化非常值得关注。最近，法国、瑞士、梵蒂冈对第二次世界大战期间发生的种族屠杀公开表示谴

---

① 译注：1989年10月23日，匈牙利人民共和国更名为匈牙利共和国。

责。这一切表明，两次世界大战与早前发生的亚美尼亚大屠杀①留下的伤口
一样，尚处于弥合阶段。²⁰ 通过新闻报道，人们知道了广岛核爆炸
（Hiroshima）、斯大林格勒战役（Stalingrad）、卡廷惨案②（Katyn Forest）、
德累斯顿轰炸③（Dresden）、利迪策惨案④（Lidice）、奥拉杜尔村惨案⑤
（Oradour-sur-Glane）、南京大屠杀（Nanking）、奥斯维辛集中营等。²¹ 据我
研究，大致可将上述遗址地划分为三种类型：

　　第一种类型与国内政治斗争有关，涉及内战、大屠杀、恐怖主义以及政
治压迫。20 世纪，危地马拉、墨西哥、萨尔瓦多、尼加拉瓜、巴拉圭、秘
鲁、哥伦比亚等南美洲和中美洲国家以及缅甸、南非等国的暴君，其残暴统
治令人不寒而栗。布隆迪、卢旺达、伊拉克库尔德地区、印度尼西亚等地所
发生的种种暴行，恍如昨日。因此，尚需若干年时间，人们才开始纪念逝
者。受害者与幸存者对于灾难发生地命运的种种质疑，有利于伸张正义与主
张赔偿。遗址地能够为政治和解提供平台，也可能成为政治变迁的转折点。
某些地方饱受争议，以致被埋没多年，却成为反抗暴政的象征。例如，墨西
哥城特拉特洛尔科的三文化广场（La Plaza de las Tres Culturas at
Tlatelolco in Mexico City）⑥、阿根廷布宜诺斯艾利斯的五月广场（La Plaza
de Mayo in Buenos Argentine）⑦。如果条件具备，这些地方终有一天将在新

---

　　① 译注：亚美尼亚大屠杀（Armenian Massacre）是指奥斯曼土耳其帝国对其辖境内亚美尼亚
人基督徒进行的种族屠杀。其受害者数量达到 150 万之众。
　　② 译注：卡廷惨案又称卡廷事件、卡廷森林大屠杀，是苏联秘密警察机关内务人民委员部在
苏联共产党中央政治局的批准下，于 1940 年 4 月至 5 月间对被俘的波兰战俘、知识分子、警察及其
他公务员进行的有组织的大屠杀。
　　③ 译注：德累斯顿轰炸（1945 年 2 月 13 日—2 月 15 日）是第二次世界大战期间由英国皇家
空军和美国陆军航空队联合发动的针对德国东部城市德累斯顿的大规模空袭行动。
　　④ 译注：利迪策惨案是第二次世界大战中德国法西斯因纳粹派驻捷克斯洛伐克的头目莱因哈
德·海德里希遭抵抗组织暗杀，为了替其报仇，而制造的滥杀无辜平民的屠杀惨案。
　　⑤ 译注：奥拉杜尔村惨案又称奥拉杜尔村屠杀。1944 年 6 月 10 日，纳粹党卫军包围了法国
中部的奥拉杜尔村，屠杀了 642 人，其中包括 452 名妇女和儿童。这起屠杀也是纳粹党卫军在法国
犯下的最为深重的罪行。
　　⑥ 译注：特拉特洛尔科事件也被称为特拉特洛尔科大屠杀、特拉特洛尔科之夜，是一场墨西
哥政府对学生、平民抗议者以及无辜群众的大屠杀。这场屠杀发生在墨西哥城特拉特洛尔科的三文
化广场，时间是 1968 年 10 月 2 日下午至晚上，也是 1968 年墨西哥城奥运会开幕的 10 天前。
　　⑦ 译注：20 世纪 70 年代，在阿根廷军政府统治下，许多反政府人士遭到迫害或暗杀。为了
寻找自己失散的孩子，阿根廷的母亲们组织起来，头戴白色头巾，每逢周四就在五月广场上围成一
圈行走，以这种方式引起阿根廷民众和国际社会的关注，推动了这个南美国家的民权运动。她们被
誉为"五月广场母亲"。

政权的主导下演变成全国性的纪念地。类似案例还包括布达佩斯市政公墓301号墓区。这里埋葬了遭匈共安全局杀害的无名政治犯。不论是第二次世界大战后的德国，还是苏联解体后的俄罗斯以及种族隔离时代终结后的南非，受害者仍然面临种种打压。因此，社会和解的过程非常缓慢，充满坎坷。[22]

第二种类型的遗址数量众多，与战争相关，但大多被遗忘。虽说世界各地为纪念世界大战修建了许多纪念碑，但美国在第二次世界大战过去 50 多年后，才为此修建了第一座全国性纪念碑，而第一次世界大战的伤痛早已被遗忘。不仅如此，发生在非洲、中东、亚洲等地的战争，也很少被纪念，有必要持续地予以关注。[23]纪念逝者与呼唤和平，涉及国与国之间敏感的政治博弈，需要与曾经的宿敌谈判（图 10-9）。[24]因此，通过对遗址命运的持续关注，能够观察到敌对国家之间政治关系的起伏。例如，20 世纪 90 年代东西方邦交正常化之后，德国以及前轴心国公民才被允许进入俄罗斯、乌克兰等国，祭扫在第二次世界大战期间牺牲同胞的墓地，并修建纪念碑。然而，由于罗马尼亚境内的匈牙利人问题，匈牙利与罗马尼亚两国心存芥蒂。于是，罗马尼亚政府不允许匈牙利公民入境，游览该国重要历史古迹。再如，德累斯顿圣母教堂（Dresden's Frauenkirche）在第二次世界大战期间遭到同盟国猛烈轰炸。如今，这座教堂正在被修复。这预示着德国境内最后一处英美对德国实施战略轰炸的"历史伤痕"面临消失。综上，有必要持续关注第二类与战争相关的历史遗址。

国与国之间的外交努力，不仅涉及战争发生地的处置问题，而且会牵涉文化与国家象征物的问题。事实上，20 世纪的多次战争，都对某个国家的历史遗迹、宗教庙宇、国家纪念碑等文化遗产、国家象征物实施了有预谋的破坏。例如，纳粹德国曾贪婪地洗掠了中欧以及东欧多国的文化遗址。苏联在第二次世界大战结束以后，对东欧多个国家及其加盟共和国采取了类似做法。就连"9·11"恐怖袭击事件中，恐怖分子的目标也是针对美国经济与军事上的象征进行破坏——世界贸易中心、五角大楼。"9·11"恐怖袭击事件与 20 世纪发生于世界各地的多起破坏一国象征物的事件如出一辙。这意味着伊朗与伊拉克、苏丹与乌干达、塞尔维亚与波斯尼亚等国不仅需要实现邦交正常化，也需要直面那些饱受争议、浸满鲜血的战争遗址。

第三种类型的遗址是前两种的综合。随着冷战结束以及 20 世纪 90 年代

图 10-9　位于芬兰和俄罗斯边境的苏军在拉特公路（Raate Road）的苏军纪念碑。这座纪念碑于 1994 年修建，上面的题词是"深切哀悼俄罗斯之子"。落款：悲痛的俄罗斯。1934 年至 1940 年冬天，两个师的苏军在此被击溃，这是芬兰历史上最辉煌的一次军事大捷。苏联解体后，相互敌对的国家在两国边界地区修建了诸多类似的纪念碑。具有讽刺意味的是，苏联政府并没有在国内公开此次惨败，也没有向牺牲烈士家属告知这些军人的尸骨埋于何处。苏联解体后，俄罗斯人与乌克兰人被允许到此扫墓。

苏联解体，留下了众多隐藏于历史角落的遗址。例如，"苏联劳动营"① 等是苏联高压政治下的产物，是典型的蒙上了耻辱外衣的遗址，其影响力跨越了苏联国境。苏联对加盟共和国的专制统治影响了整整一代人。随着这些国家经济与邦交正常化，它们将采取更加开放的姿态，讨论中欧以及东欧等地与政治压迫相关的遗址地。过去 20 年，这一区域相关纪念景观的面貌发生了翻天覆地的变化，堪比苏联管辖时期对纪念景观所作的篡改，曾对整整两代人的社会心理造成影响。让我们再来看看冷战的案例。冷战曾波及全世界，且大规模军备竞赛为后世留下了大量物质遗产。例如，核武器设计、测试、试爆等尖端武器试验相关的遗址。今天，大多数国家基本都清除了这些冷战时期的印记。不过，也许应适当保留部分冷战时期的遗产。有那么一天，人类将远离核威胁。那时，这些冷战时期的遗产将成为人类呼唤和平的象征。在此，我仅希望这些 50 年前被遗忘的遗址地早日转变成纪念景观，发挥警示未来的作用。

---

① 译注：古拉格（Soviet Gulag System）是苏联政府的一个机构，负责管理全国的劳改营，意为"劳造营管理总局"。

参考文献

第一章

1. Sidney Perley, *Where the Salem "Witches" Were Hanged* (Salem, Mass.: Essex Institute, 1921).

2. Paul Boyer and Stephen Nissenbaum, *Salem Possessed: The Social Origins of Witchcraft* (Cambridge, Mass.: Harvard University Press, 1974).

3. David Lowenthal, "Past Time, Present Place: Landscape and Memory," *Geographical Review* 65 (1975): 31.

4. Geoffrey H. Hartman, ed., *Holocaust Remembrance: The Shapes of Memory* (Oxford: Blackwell, 1994); Reinhard RÜrup, ed., *Topographie des Terrors: Gestapo, SS und Reichssicherheitshauptamt auf dem "Prinz-Albrecht-Gelände"* (Topography of terror: The Gestapo, the SS, and the headquarters of the Office of State Security at the "Prinz-Albrecht-Terrain") (Berlin: VerlagWillmuthArenhövel, 1987); James E. Young, *The Texture of Memory: Holocaust Memorials and Meaning* (New Haven, Conn.: Yale University Press, 1993). An excellent account of the controversy surrounding the creation of a Holocaust memorial in the United States is provided in Edward T. Linenthal, *Preserving Memory: The Struggle to Create America's Holocaust Museum* (New York: Viking, 1995).

5. Lowenthal, "Past Time, Present Place".

6. Philip B. Kunhardt Jr., *A New Birth of Freedom: Lincoln at Gettysburg* (Boston: Little, Brown, 1983), 214–215.

7. U. S. Congress, House, Committee on Interior and Insular Affairs, Subcommittee on National Parks and Public Lands, *Custer Battlefield National Monument Indian Memorial: Hearing before the Subcommittee on National Parks and Public Lands of the Committee on Interior and Insular Affairs on H.R. 4660 to Authorize the Establishment of a Memorial at Custer Battlefield National Monument to Honor the Indians Who Fought in the Battle of the Little Bighorn, and for Other Purposes*, 101st Cong., 2d sess., 4 September 1990 (serial no. 101–48); U. S. Congress,

Senate, Select Committee on Indian Affairs, *Wounded Knee Memorial and Historic Site*, *Little Big Horn National Monument Battlefield*; *Hearing before the Select Committee on Indian Affairs to Establish Wounded Knee Memorial and Historic Site and Proposal to Establish Monument Commemorating Indian Participants of Little Big Horn and to Redesignate Name of Monument from Custer Battlefield to Little Big Horn National Monument Battlefield*, 101Cong., 2d sess., 25 September 1990 (Senate hearing 101 — 1184); U. S. Congress, Senate, Select Committee on Indian Affairs, *Proposed Wounded Knee Park and Memorial*; *Hearing before the Select Committee on Indian Affairs to Establish a National Parks and Memorial at Wounded Kness*, 102d Cong., 1st. sess., 30 April 1991, Pine Ridge Indian Reservation, South Dakota (Senate hearing 102 — 193). The name of the Custer Battlefield National Monument was changed to the Little Big Horn National Monument on 11 November 1992.

8. For an assessment of how Lincoln's reputation changed, see Lloyd Lewis, *Myths after Lincoln* (New York; Harcourt, Brace, 1929); and especially Merrill D. Peterson, *Lincoln in American Memory* (New York; Oxford University Press, 1994).

9. John Bodnar, *Remaking America*; *Public Memory*, *Commemoration*, *and Patriotism in the Twentieth Century* (Princeton, N. J.; Princeton University Press, 1992), 13.

10. Kenneth E. Foote, "Stigmata of National Identity; Exploring the Cosmography of America's Civil Religion," in *Person*, *Place and Thing*; *Interpretive and Empirical Essays in Cultural Geography*, ed. Shue Tuck Wong, 379 — 402, *Geoscience and Man* 31 (Baton Rouge; Louisiana State University, Department of Geography and Anthropology, 1992).

11. Hiller B. Zobel, The Boston Massacre (New York; Norton, 1970), 180—205.

12. Franklin J. Moses, "Mob or Martyrs? Crispus Attucks and the Boston Massacre," *The Bostonian* 1 (1895); 640—650.

13. The Texas Revolution began in the fall of 1835 and was over by the spring of 1836. The siege of the Alamo began on 23 February 1836 and ended on 6 March 1836 with the loss of all troops fighting for Texans. The massacre at Goliad occurred on 27 March 1836 following the surrender of Colonel James Fannin and his troops at the Coleto Creek battlefield on 19 March. Texas finally won its independence at the Battle of San Jacinto on 21 April 1836. The Alamo passed into pubic ownership between 1836 and 1905, gradually to be transformed into a shrine administered by the Daughters of Republic of Texas. No marker was placed at the Goliad massacre site

until 1936, although the Coleto Creek battlefield was marked in the 1880s. At San Jacinto the cemetery and battlefield were marked by veterans between 1883 and 1897. The park passed into public ownership in 1970, and markers were added in 1970. The major monument at San Jacinto was built between 1936 and 1939.

14. Eric Hobsbawm and Terence Ranger, *The Invention of Tradition* (Cambridge: Cambridge University Press, 1983).

15. George Allan, *The Importances of the Past: A Meditation on the Authority of Tradition* (Albany: State University of New York Press, 1986); Richard Johnson, Gregor McLennan, Bill Schwarz, and David Sutton, eds. , *Making Histories: Studies in History Writing and Politics* (London: Hutchinson, 1982); Michael Kammen, *Selvages and Biases: The Fabric of American Culture* (Ithaca, N. Y. : Cornell University Press, 1987); Idem, *Mystic Chords of Memory: The Transformation of Tradition in American Culture* (New York: Knopf, 1991); Bernard Lewis, *History: Remembered, Recovered, Invented* (Princeton, N. J. : Princeton University Press, 1975); John Lukacs, *Historical Consciousness, or, the Remembered Past* (New York: Harper and Row, 1968).

16. Gaines Foster, *Ghosts of the Confederacy: Defeat, the Lost Cause, and the Emergence of the New South*, 1865－1913 (New York: Oxford University Press, 1987).

17. Kenneth E. Foote, *"To Remember and Forget: Archives, Memory, and Culture,"* American Archivist 53 (1990): 378－392. See also James Fentress and Chris Wickham, Social Memory (Oxford: Blackwell, 1992).

18. Kenneth E. Foote, "Object as Memory: The Material Foundations of Human Semiosis," Semiotica 69 (1988): 259－263; David Lowenthal, *The Past Is a Foreign Country* (New York: Cambridge University Press, 1985), 185－259.

第二章

1. For information about Garfield's life, times, and assassination, see Robert G. Caldwell, *James A. Garfield: Party Chieftain* (New York: Dodd, Mead, 1931); Allan Peskin, Garfield (Kent, Ohio: Kent State University Press, 1978); and Theodore C. Smith, *The Life and Letters of James Abram Garfield* (New Haven, Conn. : Yale University Press, 1925).

2. Stewart M. Brooks, *Our Murdered Presidents: The Medical Story* (New York: Frederick Fell, 1966), 101－122; James W. Clarke, *American Assassins: The Darker Side of Politics* (Princeton, N. J. : Princeton University Press, 1982), 214.

3. Thomas Wolfe, *From Death to Morning* (New York: Scribner's, 1932), 121.

4. Peskin, *Garfield*, 612.

5. Eighty-sixth Congress, 1st session, H. R. 5148, March 2, 1959.

6. For information about McKinley and his assassination, see H. Wayne Morgan, *William McKinley and His America* (Syracuse, N. Y.: Syracuse University Press, 1963), 519.

7. "McKinley Park As a Memorial: Exposition Directors and Creditors Favor This Means of Perpetuating Memory of Assassinated President. Government Will Be Asked for Money," *Buffalo Courier*, 15 November 1901, Buffalo and Erie County Public Library, Clippings File," The McKinley Monument, Buffalo, New York, 1901-," 1.

8. Almost Lindsey, *The Pullman Strike* (Chicago: University of Chicago Press, 1942), 359.

9. Emma Goldman, *Living My Life* (Garden City, N. Y.: Garden City, 1931), 306, 324-325.

10. "Working for Monument: Meeting of the Mayor's McKinley Memorial Committee Yesterday", *Buffalo News*, 6 February 1902, Buffalo and Erie County Public Library, Clipping File," The McKinley Monument, Buffalo, New York, 1901-," 8.

11. Ibid., 8-9.

12. Ed Scanlan, "How the McKinley Monument Came to Be," *Buffalo News*, 11 October 1930, Buffalo and Erie Country Public Library, Clippings File," The McKinley Monument, Buffalo, New York. 1910-," 124-125.

13. "Niagara Square Site Is Opposed: Locating McKinley Monument There May Be Stopped by Injunction," *Buffalo Commercial*, 2 May 1904, Buffalo and Erie County Public Library, Clippings File, "The McKinley Monument, Buffalo, New York, 1901-," 55 - 56; "McKinley Monument Case Was Heard," *Buffalo Commercial*, 24 September 1904, 67 (all subsequent page numbers in this note refer to this clippings file); *Buffalo Express*, "Nothing to Stop It: Work on McKinley Monument Will Go on, Pending Further Legal Action," *Buffalo Express*, 24 August 1904, 66; "Is This a New Scheme to Delay Work on Monument?" Buffalo Express, 27 August 1904, 66; "City Wins First Bout: Justice Childs Flatly Refuses to Give Mr. Locke a Temporary Injunction Stopping the Proposed Improvement of Niagara Square," *Buffalo Express*, 28 August 1904, 65-66; "Busy Trying to Block the Monument to McKinley," *Buffalo Express*, 3 September 1904, 66; "Attorneys Seeks Early Trial of McKinley Monument Case," *Buffalo Express*, 11 September 1904, 67; "Mr. Locke Continues His Fight against Monument," *Buffalo Express*, 12 October 1904, 68; "Monument Case Will Be Argued Out on Tuesday," *Buffalo Express*, 12

October 1904, 69; "City Wins Monument Case," *Buffalo Express*, 22 October 1904, 70; "Bradley Claim Preposterous," *Buffalo Express*, 6 November 1904, 70; *Buffalo Express*, "Monument Site Complaint Is Dismissed", 8 October 1904, 68.

14. "Our Monument Is Unveiled", *Buffalo Express*, 6 September 1907, Buffalo and Eric County Public Library, Clippings File, "The McKinley Monument, Buffalo, New York, 1901—," 111—114.

15. Frank H. Severance, "TheMcKinley Marker," Publication of The Buffalo Historical Society 25 (1921): 356—361.

16. WilliamHanchett, The Lincoln Murder Conspiracies (Urbana: University of Illinois Press, 1983).

17. For an examination of the delay and controversy surrounding the creation of the Washington Monument in the District of Columbia, see Kirk Savage, "The Self-made Monument: George Washington and the Fight to Erect a National Memorial." In *Critical Issues In Public Art: Content, Context, and Controversy*, ed. Harriet F. Senie and Sally Webster, 5—32 (New York: Harper Collins, 1992).

18. BessMartin, *The Tomb of Abraham Lincoln* (Springfield, Ill.: Lincoln Souvenir and Gift Shop, 1941).

19. Roy P. Basler, *The Lincoln Legend: A Study of Changing Conceptions* (Boston: Houghton Mifflin, 1935); Lloyd Lewis, *Myths after Lincoln* (New York: Harcourt Brace, 1929); Merrill D. Peterson, *Lincoln in American Memory* (New York: Oxford University Press, 1994). The changing image of Lincoln is the subject of part 3 of Don E. Fehrenbacher's*Lincoln in Text and Context: Collected Essays* (Stanford, Cali: Stanford University Press, 1987), 181—286. See also Waldo W. Braden, ed., *Building the Myth: Selected Speeches Memorializing AbrahamLincoln* (Urbana: University of Illinois press, 1991); Gabor S. Boritt, ed., *The Historian's Lincoln: Pseudohistory, Psychohistory, And History* (Urbana: University of Illinois Press, 1988); and Harold Holzer, GaborS. Boritt, and Mark E. NeelyJr., *The Lincoln Image: Abraham Lincoln And The Popular Print* (New York: Scribner's, 1984).

20. Edward F. Concklin, *The Lincoln Memorial in Washington* (Washington: Government Printing Office, 1927); William H. Taft, *Lincoln Memorial Commission Report*, 62dCongress, 3d session, Senate document 965 (Washington: Government Printing Office, 1913); F. LauristonBullard, *Lincoln in Marble and Bronze* (New Brunswick, NJ. Rutgers University Press), 332—344.

21. Concklin, *The Lincoln Memorial*, 16.

22. The most thorough record of the transformation of Ford's Theatre is George J. Olszewski, *Restoration of Ford's Theatre* (Washington, D. C. : National Park Service, 1963). Other sources include Stanley W. McClure, *Ford's Theatre National Historic Site* (Washington, D. C. : U. S. Department of the Interior, National Park Service, 1984); and James T. Mathews, *The Lincoln Museum: A Memorial to the Human Qualities of Abraham Lincoln* (Washington, D. C. : National Park Service, 1935). For information about the Petersen House, see George J. Olszewski, *The House Where Lincoln Died* (Washington, D. C. : National Park Service, 1967); and Matthew Virta, "Archeology at the Petersen House: Unearthing an Alternative History" (Washington, D. C: Regional Archeology Program, National Park Service, 1991).

23. Quoted in Olszewski, *Ford's Theatre*, 62.

24. James O. Hall, *John Wilkes Booth's Escape Route* (Clinton, Md. : Surratt Society, 1984); and Edward Steers Jr. , *The Escape and Capture of John Wilkes Booth* (N. p: Marker Tours, 1985).

25. Conspiracy theories aside, the best source for details for details about Kennedy's trip to Texas and the events on the day of the assassination remains William Manchester, *The Death of a President: November 20－November 25, 1963* (New York: Harper and Row, 1967).

26. J. M. Shea Jr. , "Memo from a Dallas Citizen," *Look Magazine*, 24 March 1964, p. 88.

27. "Sterrett Calls for Kennedy Memorial," *Dallas Times Herald*, 24 November 1963, p. A2.

28. "Two Leaders to Suggest Monument," *Dallas Morning News*, 1 December 1963, p. 1: 9.

29. "Thornton Says He Wants No Reminder," *Dallas Morning News*, 4 December 1963, p. 4: 5.

30. "Monuments," *Dallas Times Herald*, 5 December 1963.

31. Shea, "Memo from a Dallas Citizen".

32. William L. McDonald, *Dallas Rediscovered: A Photographic Chronicle of Urban Expansion* 1870－1925 (Dallas: Dallas Historical Society, 1978), 15, 17.

33. "New Park Planned As JFK Memorial," *Dallas Times Herald*, 19 April 1964.

34. "Kennedy Memorial Dedicated in Plaza," *Dallas Times Herald*, 25 June 1970.

35. Candace Floyd, "Too close for Comfort," *History News*, September 1985, pp. 9－14.

36. Attempted assassinations have occurred in Washington (Andrew Jackson, 1835), Milwaukee (former president and presidential candidate Theodore Roosevelt, 1912), Miami (President-elect Franklin D. Roosevelt. 1933), Washington (Harry S. Truman, 1950), Baltimore-Washington (Richard M. Nixon, 1974), Sacramento (Gerald R. Ford, 1975), San Francisco (Gerald R. Ford 1975), and Washington (Ronald Reagan, 1981).

37. For information about Robert F. Kennedy's assassination, see Robert B. Kaiser, *"RFK Must Die!"*: *A History of the Robert Kennedy Assassination and Its Aftermath* (New York: Dutton, 1970); Godfrey Jansen, *Why Robert Kennedy Was Killed* (New York: Third, 1970), 199 − 207; Jack Newfield, Robert F. Kennedy: A Memoir (New York: Berkeley, 1969), 319 − 337; Arthur M. Schlesinger Jr., *Robert Kennedy and His Times* (Boston: Houghton Mifflin, 1978), 903 − 916; and Francine Klagsbrun and David C. Whitney, eds., *Assassination: Robert F. Kennedy* − 1925 − 1968 (New York: Cowles Education, 1968).

38. For information about Huey Long's assassination, see Hermann B. Dautsch, *The Huey Long Murder Case* (Garden City, N. Y. : Doubleday, 1963); and David H. Zinman, *The Day Huey Long Was Shot* (New York: Ivan Obolensky, 1963).

39. For information about Martin Luther King Jr. 's assassination, see William B. Huie, *He Slew the Dreamer* (New York: Delacorte, 1970); and George McMillan, *The Making of an Assassin* (Boston: Little, Brown, 1976). One of the best accounts of the civil rights movement under King, although it does not touch on the assassination, is Taylor Branch, *Parting the Waters: America in the King Years*, 1954 − 1963 (New York: Simon and Schuster, 1988).

40. "Funds Sought for Rights Museum," *Memphis Commercial Appeal*, 12 February 1985, p. B1.

41. Benjamin Lawless, " A National Civil Rights Center. Technical Proposal," manuscript proposal submitted to the Lorraine Civil Rights Museum Foundation, 23 April 1986.

42. Center City Commission, *Strategic Plan* 1985 − 2000: *Report of the Long Range Planning Task Force* (Memphis: Center City Commission, 1985), 23, 34.

43. "A Question of Spirit," *Memphis Commercial Appeal*, 9 June 1986, p. A6.

44. Harry Miller quoted in Gregg Gordon, "Lorraine Museum Proposal Stirs Rumblings of Emotion: Race Seen As Theme of Public Reactions, *Memphis Commercial Appeal*, 6 May 1986, pp. A1, A18.

45. "A Question of Spirit".

第三章

1. Duncan McDonald and Seymour Stedman, *The Cherry Mine Disaster* (Chicago: Campbell, 1910); F. P. Buck, *The Cherry Mine Disaster*, 3d ed. (Chicago: M. A. Donohue, 1910); Ernest P. Bicknell, *The Story of Cherry: Its Mine, its Disaster, the Relief of its People* (Washington, D. C.: American Red Cross, 1911).

2. James Mullenbach, *Report of the Cherry Relief Commission for the Period from June* 15, 1910, *to December* 31, 1914 (Chicago: Cherry Relief Commission, 1915), 5; State of Illinois, Bureau of Labor, State Board of Commissioners of Labor, *Report on the Cherry Mine Disaster* (Springfield, Ill.: State Printers, 1910), 65—90.

3. Arthur F. McEvoy, *The Triangle Shirtwaist Factory Fire of* 1911: *Social Change, Industrial Accidents, and the Evolution of Common-Sense Causality*, American Bar Foundation Working Paper No. 9315 (Chicago: American Bar Foundation, 1994), 27.

4. Anton Demichelis, *Memorial of the Fiftieth Anniversary of the Cherry Mine Disaster*, 1909—*November* 13—1959 (Peru, Ill.: St. Bede Abbey, 1959).

5. Lorine Z. Bright, *New London* 1937: *The New London School Explosion*, 1937 (Wichita Falls, Tex.: Nortex, 1977).

6. R. L. Bunting quoted in Steve Blow, "New London School Blast Survivors Deal with Deaths of 300," *Dallas Morning News*, 1 March 1987, pp. 1A, 26A.

7. Mobile Ward quoted in ibid.

8. Bill Thompson quoted in ibid.

9. Other major school disasters have included fires at the Cleveland Rural Graded School in Camden, South Carolina, on 17 May 1923 and at the Babb Switch School in Hobart, Oklahoma, on Christmas Day 1924. The Our Lady of the Angels fire inChicago in 1958 is discussed below.

10. Ron Stone, *Disaster at Texas City* (Fredericksburg, Tex.: Shearer, 1987).

11. The most accessible history of the disaster is David G. McCullough, *The Johnstown Flood: The Incredible Story behind One of the Most Devastating "Natural" Disasters America Has Ever Known* (New York: Simon and Schuster, 1968). Other sources include J. J. McLaurin, *The Story of Johnstown* (Harrisburg, Pa.: James M. Place, 1890); David J. Beale, *Through the Johnstown Flood: By a Survivor* (Philadelphia: Hubbard Brothers, 1890); George T. Ferris, *The Complete History of the Johnstown and Conemaugh Valley Flood* (New York: H.

S. Goodspeed, 1889); James H. Walker, *The Johnstown Horror* (Chicago: L. P. Miller, 1889); Richard O'Connor, Johnstown: *The Day the Dam Broke* (Philadelphia: Lippincott, 1957); Harold H. Strayer and Irving London, *A Photographic Story of the* 1889 *Johnstown and the Great Flood of* 1889: *A Study of Disaster and Rehabilitation* (unpublished Ph. D. diss., University of Pittsburgh, 1940); and Paula Degen and Carl Degen, *The Johnstown Flood of* 1889; *The Tragedy of the Conemaugh* (Philadelphia: Eastern National Park and Monument Association, 1984).

12. Beverley Raphael, *When Disaster Strikes: How Individuals and Communities Cope with Catastrophe* (New York: Basic, 1986), 55—148.

13. Robert Pattison quoted in McCullough, *The Johnstown Flood*, 268.

14. Quoted in Degen and Degen, *The Johnstown Flood*, 84.

15. George Swank, Johnstown Tribune, 31 May 1890; quoted in Degen and Degen, *The Johnstown Flood*, 64.

16. John Wesley Powell, "The lesson of Conemaugh," *North American Review* 149, no. 393 (Aug. 1898): 150—156; quotation on 156.

17. Robert W. Wells, *Fire at Peshtigo* (Englewood Clifis, N. J.: Prentice-Hall, 1968).

18. Peter Pernin, "The Great Peshtigo Fire: An Eyewitness Account," *Wisconsin Magazine of History* 54 (1971): 246—272.

19. Thomas H. Baker, "Yellowjack: The Yellow Fever Epidemic of 1878 in Memphis, Tennessee," *Bulletin of the History of medicine* 42 (3) (1968): 241—164; Gerald M. Capers Jr., *The Biography of a River Town, Memphis: Its Heroic Age* (New Orleans: author, 1966); J. M. Keating, *History of the City of Memphis and Shelby Country, Tennessee*, 2 vols. (Syrancuse, N. Y.: D. Mason, 1888), I: 656—684; S. RulinBruesch, "Yellow Fever in Tennessee in 1878" (in three parts), *Journal of the Tennessee Medical Association* 71 (Dec. 1978): 889—896, 72 (Feb. 1979): 91—104, 72 (Mar. 1979): 193—205.

20. Khaled J. Bloom, *The Mississippi Valley's Great Yellow Fever Epidemic of* 1878 (Baton Rouge: Louisiana State University Press, 1933).

21. Capers, *Biography of a River Town*, 189.

22. Carolyn White, "Ground Is Broken in Park for Yellow Fever Memorial," *Memphis Commercial Appeal*, 20 December 1969.

23. For an account of the disaster, see Polk Laffoon IV, *Tornado* (New York: Harper and Row, 1975).

24. Harry C. Koening, ed. , *A History of the Perishes of the Archdiocese of Chicago* (Chicago: Archdiocese of Chicago, 1980), 672.

25. Michele McBride, *The Fire That Will Not Die*. (Palm Springs, Calif. : ETC, 1979), viii—x.

26. Ibid. , ix.

27. Ibid.

第四章

1. James M. Mayo, *War Memorials as Political Landscape* (New York: Praeger, 1988). A collection of essays on the debate over such memorials is contained in Harriet F. Senie and Sally Webster, eds. , *Critical Issue in Public Art: Content, context, and Controversy* (New York: HarperCollins, 1992). A good overview of the history and design of such memorials in Western culture is provided by Alan Borg in *War Memorials: From Antiquity to the Present* (London: Cooper, 1991). The general issue of how Americans have commemorated war is the subject of G. Kurt Piehler's*Remembering War the American Way* (Washington, D. C. : Smithsonian Institution Press, 1995).

2. Edward T. Linenthal, *Sacred Ground: Americans and Their Battlefields* (Urbana: University of Illinois Press, 1991); and Emory M. Thomas, *Travels to Hallowed Ground: A Historian's Journey to the American Civil War* (Columbia: University of South Carolina Press, 1987).

3. For an overview of these events, see Robert Middlekauff, *The Glorious Cause: The American Revolution*, 1763—1789 (New York: Oxford University Press, 1982).

4. Linenthal, *Scared Ground*, 9—51; Richard Frothingham, *History of the Siege of Boston and of the Battles of Lexington, Concord, and Bunker Hill. Also, An Account of the Bunker Hill Monument*, 6th ed. (Boston: Little, Brown, 1903), 82—83.

5. Frothingham, *History of the Siege of Boston*, 344—345.

6. Fred N. Scott, ed. , *Webster's Bunker Hill Oration and Washington's Farewell Address* (New York: Longmans, Green, 1905), 2.

7. Ibid. , 4.

8. Ibid. , 5.

9. Ibid. , 32—33.

10. The Gettysburg battlefield monuments are well documented. Some of the major popular and scholarly sources include Wayne Craven, *The Sculptures at Gettysburg* (Philadelphia: Eastern National Park and Monument Association, 1982); William C.

Davis, *Civil War Parks: The Story behind the Scenery* (Las Vegas, Nev.: KC, 1984); idem, *Gettysburg: The Story behind the Scenery* (Las Vegas, Nev.: KC, 1983); Kathleen R. Georg, comp. , *The Location of the Monuments, Markers, and Tablets on Gettysburg Battlefield* (Philadelphia: East National Park and Monument Association, 1982); David G. Martin, *Confederate Monuments at Gettysburg*, vol. 1 of The Gettysburg Battle Monuments (Hightstown, N. J.: Longstreet, 1986); and John M. Vanderslice, *Gettysburg: Then and Now* (Philadelphia: Lippincott, 1987; repr. , Dayton, Ohio: Morningside Bookshop, 1983). The transformation of the battlefield is the subject of Linenthal, *Sacred Ground*, 87−126.

11. Philip B. Kunhardt Jr. , *A New Birth of Freedom: Lincoln at Gettysburg* (Boston: Little, Brown, 1983), 214−215.

12. Garry Wills, *Lincoln at Gettysburg: The Words That Remade America* (New York: Simon and Schuster, 1992); Kunhardt, *New Birth of Freedom*; Frank I. , Klement, *The Gettysburg Soldier's Cemetery and Lincoln's Address: Aspects and Angles* (Shippensburg, Pa. : White Mane, 1993).

13. Oscar Handlin, "The Civil War as Symbol and as Actuality," *Massachusetts Review* 3 (Autumn 1961): 135.

14. Ibid. , 135.

15. Ibid. , 143.

16. Lewis E. Beitler, ed. , *Fiftieth Anniversary of the Battle of Gettysburg: Report of the Pennsylvania Commission* (Harrisburg, Pa. : Wm. Stanley Ray, State Printer, 1913), 6−7, 10, 15−16, 165−168, 173.

17. Henry L. Rice quoted in Paul Avrich, *The Haymarket Tragedy* (Princeton, N. J. : Princeton University Press, 1984), 264.

18. Julius S. Grinnell quoted in William J. Adelman, *Haymarket Revisited* (Chicago: Illinois Labor History Society, 1976), 21.

19. William Black quoted in Averich, *The Haymarket Tragedy*, 396−397.

20. Albert Currlin quoted in ibid. , 397.

21. Lyman Trumball quoted in Adelman, *Haymarket Revisited*, 24.

22. Ernst Schmidt quoted in Avrich, *The Haymarket Tragedy*, 413−414.

23. Quoted in William J. Adelman, "The True Story behind the Haymarket Police Statue," in*Haymarket Scrapbook*, ed. Dave Roediger and Franklin Rosemont (Chicago: Charles H. Kerr, 1986), 167.

24. Ibid. , 167−168.

第五章

1. Marshall Everett, *The Great Chicago Theater Disaster* (Chicago: Publishers Union of America, 1940); Louis Guenzel, *Retrospects: "The Iroquois Theater Fire"* (Chicago: Champlin-Shealy, 1945); H. D. Northrop, *World's Greatest Calamities: The Baltimore Fire and Chicago Theatre Horror* (N. p: D. Z. Howell, 1904); Julia Westerberg," Looking Backward: The Iroquois Theatre Fire of 1903, *Chicago History* 7 (1978): 238−244.

2. "Iroquois Company Debts Clear: Discharge in Bankruptcy Ends Damage Suits," *Chicago Tribune*, 13 November 1906.

3. "Continue Fight on the Iroquois: Memorial Association Stirred by Granting of License for Reopening Ask Aid of the Public, Say Owners of Vaudeville House Count on Patrons' Morbid Curiosity," *Chicago Tribune*, 18 September 1904, p. 6.

4. "City Is Given Hospital: Institution Honoring 600 or More Dead in Iroquois Blaze Is Dedicated," *Chicago Daily News*, 30 December 1910.

5. "Iroquois Victims' Memory Honored: Lorado Taft's Tablet Unveiled at Hospital by Mrs. Maud M. Jackson to Be Recast in Bronze, Mayor Formally Accepts Institution and Memorial on Behalf of the City," *Chicago Tribune*, 31 December 1911.

6. George W. Hilton, *Eastland: Legacy of the Titanic* (Stanford, Calif. : Stanford University Press, 1995).

7. Ibid. , 1−2.

8. Kelly Shaver, *The Attribution of Blame: Causality, and Blameworthiness* (New York: Springer-Verlag, 1985).

9. "Hartford Firemen Pay Tribute," *The White Tops*, July/August 1994, p. 48.

10. Arthur F. McEvoy, *The Triangle Shirtwaist Factory Fire of 1911: Social Change, Industrial Accidents, and the Evolution of Common-Sense Causality*, American Bar Foundation Working Paper no. 9315 (Chicago: American Bar Foundation, 1994), 27.

11. Harry Stainer, "Nineteen Deaths Here in'08 Sparked Fireworks Ban," *Cleveland Plain Dealer*, 4 July 1975, p. B1.

第六章

1. Robert Gollmar, *Edward Gein: America's Most Bizarre Murderer* (Delavan, Wisc. : Ghas. Hallberg, 1981).

2. Hannah Arendt addresses this issue in an indirect way in the epilogue to her book on Eichmann's trial: "They knew, ofcourse, that it would have been comforting indeed to believe that Eichmann was a monster···. The trouble with Eichmann was precisely that

so many were like him, and that the many were neither perverted nor sadistic, that they were, and still are, terribly and terrifyingly normality was much more terrifying than all the atrocities put together, for it implied···that this new type of criminal, who is in actual fact*hostis generis humani*, commits his crimes under circumstances that make it well-nigh impossible for him to know or to fell that he is doing wrong" (*Eichmann in Jerusalem: A Report on the Banality of Evil* [New York: Viking, 1963]. 253). Arendt is, of course, commenting on the perpetrators of the Holocaust who claimed again and again that they were simply "following orders." Nevertheless the point applies more broadly to mass murders as well. Often the shock of such events lies partly in the recognition that "normal" members of a community can commit terrible and terrifying acts of violence.

3. Richard L. Johannesen, "Communicative Silence: Forms and Functions," *The Journal of Communication* 23 (1973): 33.

4. Thomas J. Bruneau, "Communicative Silence: Forms and functions," *The Journal of communication* 23 (1973): 33.

5. Ibid, 37.

6. Ibid, 41. Peter Ehrenhaus's study of the Veterans Memorial in Washington, D. C, is also interesting in this context. It stresses how the memorial itself frames silence to establish the context. It stresses how the memorial itself haus, "Silence and Symbolic Expression," *Communication Monographs* 55 (1988): 41−57.

7. Clifford Linedecker, *The Man Who Killed Boys: A True Story of Mass Murder in a Chicago Suburb* (New York: St. Martin's, 1980); Terry Sullivan, *Killer Clown* (New York: Grosset and Dunlap, 1983).

8. Don Davis, *The Milwaukee Murders: Nightmare in Apartment* 213: *The True Story* (New York: St. Martin's, 1991).

9. EdwardKeyes, *Cocoanut Grove* (New York: Atheneum, 1984).

10. Robert G. Lawson, *Beverly Hills: The Anatomy of a Nightclub Fire* (Athens: Ohio University Press, 1984).

11. Paul Boyer and Stephen Nissenbaum, *SalemPossessed: The Social Origins of Witchcraft* (Cambridge, Mass: Harvard University Press, 1974).

12. Gordon Melton, *Magic, Witchcraft, and Paganism in America: A Bibliography* (New York: Garland, 1982), 89, 92.

13. David Lowenthal. "Past time, PresentPlace: Landscape and Memory," *Geographical Review* 65 (1975): 31.

14. Charles W. Upham, *Salem Witchcraft, with an Account of Salem Village and a*

History of Opinions on Witchcraft and Kindred Subject, 2 vols. (New York: Ungar, 1959 [1867], 2: 376−382.

15. SidneyPerley, *Where the Salem "Witches" Were Hanged* (Salem, Mass. : Essex Institute, 1921).

16. ChristopherBurns, "MorbidSilliness," letter to the editor, *Salem Evening News*, 6 June 1986, p. 4.

17. "Tercentenary Chance to Set Record Straight," *Salem Evening News*, 25 April 1986, p. 4.

18. John K. Gurwell, *Mass Murder in Houston* (Houston: Cordovan, 1974); Jack Olsen, *The Man with the Candy: The Story of the Houston Mass Murders* (New York: Simon and Schuster, 1974).

19. Herbert Asbury, *Gem of the Prairie: An Informal History of the Chicago Underworld* (New York: Knopf, 1940), 177−196; Robert L. Corbitt, *The Holmes Castle* (Chicago: Corbitt and Morrison, 1895); David Franke, *The Torture Doctor* (New York: Hawthorn, 1975); James D. Horan and Howard Swiggett, *The Pinkerton Story* (New York: Putnam's, 1951), 278−288; Richard Wilmer, *The Pinkertons: A Detective Dynasty* (Boston: Little, Brown, 1931), 313−324; Sewell P. Wright, *Chicago Murders* (New York: Duell, Sloan and Pearce, 1945), 70−84: Harold Schechter, *Depraved: The Shocking True Story of America's First Serial Killer* (New York: Pocket, 1994).

20. Jack Altman and Marvin Ziporyn, *Born to Raise Hell: The Untold Story of Richard Speck* (New York: Grove, 1967); George Carpozi, *The Chicago Nurse Murders* (New York: Banner, 1967).

21. Afterward officials of the University of Texas were guard in their response to the tragedy. Few public statements were made apart from those offering condolences to the survivors and the families of the victims. The tower was reopened without fanfare. Unfortunately over the years the tower also attracted suicides and was eventually closed to prevent further deaths. Efforts remain alive to reopen the tower employing appropriate safety measures, but none has yet succeeded.

22. Jack Levin and James Fox, *Mass Murder: America's Growing Menace* (New York: Plenum, 1985), 99−105. Other sources of information on mass murder include Ronald M. Holmes and James De Burger, serial Murder (Newbury Park, Calif: Sage, 1988); and Donald Lunde, *Murder and Madness* (New York: Norton, 1979).

23. Walter N. Burns, *The One-Way Ride: The Red Trail of Chicago Gangland from*

prohibition to Jake Lingle (Garden City, N. Y. : Doubleday, Doran, 1931), 258; Allen Churchill, *A Pictorial History of American Crime*, 1849—1929 (New York: Holt, Rinehart and Winston, 1975), 9—10.

24. Merle Clayton, *Union Station Massacre: The Shootout That Started the FBI's War on Crime* (Indianapolis: Bobbs-Merrill, 1975).

25. Hal Higdon, *The Crime of the Century: The Leopold and Loeb Case* (New York: Putnam's, 1975), 9—10.

26. Vincent Bugliosi, *Helter Skelter: The True Story of the Manson Murders* (New York: Norton, 1974).

27. I have heard that this property has been redeveloped recently, but I have not been able to revisit the site to confirm these reports.

28. John Gold and JacquelinBurgess, eds. *Valued Environments* (London: Allen and Unwin, 1982); Edmund C. Penning-Rowsell and David Lowenthal, eds. *Landscape Meaning and Values* (London: Allen and Unwin, 1986).

29. Edward Relph, *Place and Placelessness* (London: Pion, 1976); Yi-Fu Tuan, *Landscapes of Fear* (Minneapolis: University of Minnesota Press, 1979).

30. George W. Arndt, "Gein Humor," appendix to Gollmar, *Edward Gein*, 209—217; Antonin J. Obrdlik, "Gallow'sHumor" —a Sociological Phenomenon, *American Journal of Sociology* 47 (1942): 709 — 716, Sigmund Freud, *Jokes and Then Relation to the Unconscious* (New York: Penguin, 1976).

31. I am able to mention only a few examples in the text, but over the last thirty years mass murder has gained tremendous attention in literature and film. Truman Capote's In*Cold Blood: A True Account of Multiple Murder and Its Consequences* (New York: Random house, 1966) is attributedwith beginning a wave of nonfiction bestsellers with mass murder or murder as their themes. In *Cold Blood* was, of course, produced as awarding-winning film in 1967. Since 1966 various individuals have written books about virtually every major American mass murderer, perhaps in the hope of duplicating Capote's success. Norman Mailer has come closest to matching Capote with his account of the crimes of Gary Gilmore in The *Executioner's Song* (Boston: Little, Brown, 1979). Ted Bundy's crimes are the subject of Stephen G. Michaud and Hugh Aynesworth's*Only Living Witness* (New York: Simon and Schuster, 1983), Ann Rule's *Stranger beside Me* (New York: Norton, 1980), Richard W. Larsen's Bundy: *The Deliberate Stranger* (Englewood Cliffs, N. J. : Prentice-Hall, 1980), and Stephen Winn and David Merrill's *Ted Bundy: The Killer Next Door* (New York: Bantam, 1980). Juan Corona is the subject of

EdCray's *Burden of Proof*: *The Case of Juan Corona* (New York: Macmillan Publishing, 1973), Tracy Kidder's *Juan Corona Murders*: *A Person Journey* (Garden City, N. Y.: Doubleday, 1974), and Victor Vallasenor's*Jury*: *The People vs. Juan Corona* (Boston: Little, Brown, 1977). The Boston Strangler was covered by Gerold Frank in *The Boston Strangler* (New York: New American Library 1966), and the Hillside Strangler case was the subject of Ted Schwarz's Hillside Strangler: *A Murderer's Min*d (Garden City, N. Y.: Doubleday, 1981). David Berkowitz is the subject of Lawrence D. Klausner's*Son of Sam* (New York: McGraw Hill, 1981) and David Abrahamson's *confessions of Son of Sam* (New York: Columbia University Press, 1985). For a short period in the early 1970s, Santa Cruz, California, was victimized by three mass murderers almost simultaneously; see Donald Lunde and Jefferson Morgan, *The Die Song*: *A Journey into the Mind of a Mass Murderer* (New York: Norton, 1980).

32. Jan H. Brunvand, *The Vanishing Hitchhiker* (New York: Norton, 1981); idem, *The Choking Doberman* (New York: Norton, 1984); idem, *The Mexican Pet* (New York: Norton, 1986); idem, Curses! Broiled Again! (New York: Norton, 1986).

33. "Scene of Death Made a Bazaar!" *Chicago Herald Examiner* 24 July 1934, pp. 1, 5. For more information on the killing, see John Toland, *The Dillinger Days* (New York: Random House, 1963), 314—321.

34. Howard F. Stein, *Developmental Time*, *Cultural Space*: *Studies in Psychogeography* (Norman: University of Oklahoma Press, 1987); Howard F. Stein and William G. Neiderland, eds. , *Maps from the Mind*: *Readings in Psychogeography* (Norman: University of Oklahoma Press, 1989). On the issue of shame in everyday life, see Agnes Heller, *The Power of Shame*: *A Rational Perspective* (London: Routledge and Kegan Paul, 1985); and Sissela Bok, Secrets: *On the Ethics of Concealment and Revelation* (New York: Pantheon, 1982).

第七章

1. Eric Hobsbawm and Terence Ranger, eds. , *The Invention of Tradition* (Cambridge: Cambridge University Press, 1983).

2. Richard Johnson, GregorMclennan, Bill Schwarz, and David Sutton, eds. , *Making Histories*: *Studying in History-Writing and Politics* (London: Hutchinson. 1982). This and related themes are the subject of George Allan, *The Importance of the Past*: *A Meditation on the Authority of Tradition* (Albany: State University of New York Press, 1986); Michael Kammen, *Mystic Chords of Memory*: *The Transformation*

of Tradition in American Culture (New York: Knopf, 1991); idem, *Selvages and biases: The Fabric of American Culture* (Ithaca, N. Y. : Cornell University Press, 1987); Bernard Lewis, *History: Remembered, Recovered, Invented* (Princeton, N. J: Princeton University Press, 1975); Patricia N. Limerick, *The Legacy of Conquest: The Unbroken Past of the American West* (New York: Harper and Row, 1968).

3. For information about the Texas Revolution, see Stephen L. Hardin, Texans Iliad: *A Military History of the Texas Revolution*, 1835—1836 (Austin: University of Texas Press, 1994); and T. R. Fehrenbach, *Lone Star: A History of Texas and the Texans* (New York: Collier, 1968), 152—233.

4. Fehrenbach, Lone Star, 166.

5. A more detailed study of the transformation of the Alamo is provided by Edward T. Linenthal in *Sacred Ground: Americans and Their Battlefields* (Urbana: University of Illinois Press, 1991); 53—86. See also Holly B. Brear, *Inherit the Alamo: Myth and Ritual at an American Shrine* (Austin: University of Texas Press, 1995).

6. Texas Centennial Commission, *Commemorating a Hundred Years of Texas History* (Austin: Texas Centennial Commission, 1936), 1.

7. Ibid.

8. Ibid. , 26.

9. For more information about the rise of a wide range of Texas myths, see Robert F. O'Connor, ed. *Texas Myths* (College Station: Texas A&M University Press, 1986).

10. Harold Schoen, ed. , *Monuments Erected by the State of Texas to Commemorate the Centenary of Texas Independence* (Austin: Commission of Control for Texas Centennial Celebrations, 1938).

11. Kathryn S. O'Connor, *The Presidio La Bahia del Espiritu Santo de Zuniga*, 1721 —1846, 2d ed. (Victoria, Tex. : Armstrong, 1984).

12. Texas Centennial Commission, *Commemorating a Hundred Years*, 1.

13. "Marker to Honor African Americans," *Austin American-Statesman*, 16 July1994, pp. B1, B4.

14. "Battle for Alamo Will Continue," *Austin American-Statesman*, 17 November 1994, p. B7.

15. "Osbourne Pays Dues for Alamo," *Austin American-Statesman*, 12 September 1992, p. B2.

16. Ross Miller, *American Apocalypse: The Great Fire and the Myth of Chicago*

(Chicago: University of Chicago Press, 1990).

17. Alfred T. Andreas, *From* 1857 *until the Fire of* 1871, vol. 2 of *History of Chicago from the Earliest Period to the Present Time*, 2 vols. (Chicago: A. T. Andreas, 1885; repr., New York: Arno, 1975), 701—780.

18. Christine M, Rosen, *The Limits of Power: Great Fire and the Process of City Growth in America* (Cambridge: Cambridge University Press, 1986).

19. Alfred T. Andreas, Ending with the year 1857, vol. 1 of H*istory of Chicago from the Earliest Period to the Present Time*, 2 vols. (Chicago: A. T. Andreas, 1885; repr., New York: Arno, 1975), 81 — 83; Juliette M. Kinzie, *Wau — Bun: The "Early Day" in the north-west* (Cincinnati: H. W. Derby, 1856; repr. Portage, Wisc. : national Society of Colonial Dames in Wisconsin, 1975), 157—193.

20. Pullman Quoted in Chicago Historical Society, *Ceremonies at the Unveiling of the Bronze Memorial Group of the Chicago Massacre of* 1812 (Chicago: Chicago Historical Society, 1893), 6.

21. For a general overview of Mormon history, see Leonard J. Arrington and Davis Bitton, *The Mormon Experience* (New York: Knopf, 1979); or Jan Shipps, *Mormonism: The Story of a New Religious Tradition* (Urbana: University of Illinois Press, 1985).

22. For a detailed account of events at Nauvoo, see Robert B. Flanders, *Nauvoo: Kingdom on the Mississippi* (Urbana: University of Illinois Press, 1965).

23. Davis Bittonand Leonard J. Arrington, *Mormons and Their Historians* (Salt Lake City: University of Utah Press, 1988), 7.

24. James B. Allen, "Since 1950: Creators and Creations of Mormon History," in *New Views of Mormon History: A Collection of Essay in Honor of Leonard J. Arrington*, ed. Davis Bitton and Maureen U. Beecher, 407 — 438 (Salt Lake City: University of Utah Press, 1987), 409.

25. For examples, see works such as Edward W. Tullidge, *Life of Brigham Young* (New York: n. p., 1876); idem, *Life of Joseph the Prophet* (New York: n. p., 1878); idem, *History of Salt Lake City and Its Founders* (N. p. : n. p., 1886); Orson F. Whitney, *History of Utah*, 4 vols. (N. p. : n. p., 1892—1904); Hubert H. Bancroft, *History of Utah*, 1540 — 1886 (San Francisco: n. p., 1889). For discussion of the main currents of Mormon History, see Bitton and Arrington, *Mormons and Their Historians*.

26. A good sampling of contemporary Mormon history is found in Bitton and Beecher, *New Views of Mormon History*. See also Bitton and Arrington, *Mormons and Their*

Historians, 126－169.

27. Stanley B. Kimball, *Historic Sites and Markers Along Mormon and Other Great Western Trails* (Urbana: University Of Illinois Press, 1988).

28. Juanita Brooks, *The Mountain Meadows Massacre*, 2d ed. (Norman University of Oklahoma Press, 1962), vii－viii. See also William Wise, *Massacre at Mountain Meadows: An American Legend and a Monumental Crime* (New York: Crowell, 1976).

第八章

1. Portions of this argument are drawn with permission from my article "Stigmata of National Identity: Exploring the Cosmography of America's Civil Religion," in *Person*, *Place and Thing: Interpretive and Empirical Essay in Cultural Geography*, ed. Shue Tuck Wong, *Geoscience and Man* 31 (Baton Rouge: Louisiana State University, Department of Geography and Anthropology, 1992), 379－402.

2. Paul Wheatley, *The Pivot of the four Quarters: A Preliminary Enquiry into the Origins and character of the Ancient Chinese City* (Chicago: Aldine, 1971), 411 －76.

3. Donald Horne, *The Great Museum: The Re-Presentation of History* (London: Pluto, 1984).

4. Lois A. Craig, *The Federal Presence, Politics, and Symbols in U. S. Government Building* (Cambridge: MIT Press, 1978); Richard AEtlin, ed. *Nationalism in the Visual Arts* (Washington, D. C. : National Gallery of Art, 1991); Bates Lowry, *Building a National Image: Architectural Drawings for the American Democracy*, 1789 － 1912 (Washington, D. C: National Building Museum, 1985); Ron Robin, *Enclaves of America : The Rhetoric of American Political Architecture Abroad*, 1900 －1965 (Princeton, N. J. : Princeton University Press, 1922); Lawrence J. Vale. *Architecture, Power, and National Identity* (New Haven, Conn. : Yale University Press, 1992). The symbolic expression of totalitarian and fascist ideologies in particular has attracted much attention, including Igor Golomstock, *Totalitarian Art in the Soviet Union, the Third Reiceh, Fascist Italy, and the People's Republic of China* (New York: HarperCollins, 1900); Hugh D. Hudson, *Blueprints and Blood: The Stalinization of Soviet Architecture*, 1917 － 1937 (Princeton, N. J. : Princeton University Press, 1994); Barbara M. Lane, *Architecture and Politics in Germany*, 1918－1945 (Cambridge, Mass Harvard University Press, 1968); Robert R. Taylor, *The Word in Stone: The Role of Architecture in the National Socialist Ideology* (Berkeley: University of California Press, 1974); and Nina Tumarkin,

Lenin Lives! *The Lenin Cult in Soviet Russia* (Cambridge, Mass Harvard University Press, 1983).

5. Emile Durkheim, *The Division of Labor in Society*, trans. George Simpson (New York: Free Press, 1964), 70－132.

6. Peter Bondanella, *The Eternal City Roman Images in Modern World* (Chapel Hill: University of North Carolina Press, 1987); George Hersey, *The Lost Meaning of Classical Architecture: Speculations on Ornament from Vitruvius to Venturi* (Cambridge, Mass. ; MIT: Press, 1988); Otto von Simson, *The Gothic Cathedral: Origins of Gothic Architecture and the Medieval Concept of Order*, expanded ed. (Princeton, N. J. : Princeton University Press, 1988).

7. Catherine L. Albanese, *Sons of the fathers: The Civil Religion of the American Revolution* (Philadelphia: Temple University Press, 1976); Robert N. Bellah, "Civil Religion in America," *Daedalus* 96 (1967): 1－19.

8. Albanese, *Sons of the fathers*, 8.

9. Joseph Galloway, *Historical and Political Reflections on the Rise and Progress of the American Rebellion* (London: G. Wilkie, 1780), 45－46.

10. Albanese, Sons of the fathers, 8.

11. George Allan, *The Importance of the Past: A Meditation on the Authority of Tradition* (Albany: State University of New York Press, 1986); Eric Hobsbawm and Terence Ranger, eds. , *The Invention of Tradition* (Cambridge: Cambridge University Press, 1983); Richard Johnson GregorMclennan, Bill Schwarz, and David Sutton, eds. , *Making Histories: Studies in History-Writing and Politics* (London: Hutchinson, 1982); Bernard Lewis, *History: Remembered , Recovered , Invented* (Princeton, N. J. : Princeton University Press, 1975).

12. John Lukacs, *Historical Consciousness , or , The Remembered Past* (New York: Harper and Row, 1968).

13. Michael Kammen, *Mystic Chords of Memory: The Transformation of Tradition in American Culture* (New York: Knopf, 1991); idem, *Selvages and Biases: The Fabric of History in American Culture* (Ithaca, N. Y. : Cornell University Press, 1987); idem, *Meadows of Memory : Images of Time and Tradition in American Arts and Culture* (Austin: University of Texas Press, 1922); Patricia N. Limerick, *The Legacy of Conquest: The Unbroken Past of the American West* (New York: Norton, 1987); Richard Slotkin, *Regeneration through Violence: The Mythology of the American Frontier*, 1600－1860 (Middletown, Conn. : Wesleyan University Press, 1973); idem, *The Fatal Environment: The Myth of the Frontier in the age*

of Industrialization, 1800－1890 (New York: Atheneum, 1985).

14. David Lowenthal, "Past Time, Present Palace: Landscape and Memory," *The Geographical Review* 65 (1975): 1－36; idem, *The Past Is a Foreign Country* (New York: Cambridge University Press, 1985); Denis Cosgrove, *Social Formation and Symbolic Landscape* (London: Croom Helm, 1984); Denis Cosgrove and Stephen Daniels, eds. *The Iconography of Landscape: Essay on the Symbolic Representation, Design and Use of Past Environments* (Cambridge, Cambridge University Press, 1988).

15. Hiller Zobel, The Boston Massacre (New York: Norton, 1970); Robert Middlekauff, *The Glorious Cause: The American Revolution*, 1763 － 1789 (New York: Oxford University Press, 1982), 203－207.

16. Franklin J. Moses, "Mob or Martyrs? Crispus Attucks and the Boston Massacre," *The Bostonian* 1 (1895), 640－650.

17. Charlotte J. Fairbairn, "John Brown's Fort, 1848－1961," (unpublished report, Harpers Ferry National Historical Park, Harpers Ferry, W. Va. , 1961).

18. Joseph Barry, *The Strange Story of Harper's Ferry* (Martinsburg, W. Va. : Thompson Brothers, 1903; repr. , Shepherdstown, W. Va. : Woman's Club of Harpers Ferry District, 1984), 96－144.

19. William C. Davis, *Civil War Parks: The Story behind the Scenery* (Las Vegas, Nev. : KC, 1984); James M. Mayo, *War Memorials as Political Landscape* (New York: Praeger, 1988); Emory M. Thomas, *Travels to Hallowed Ground: A Historian's Journey to the American Civil War* (Columbia: University of South Carolina Press, 1987).

20. John M. Vanderslice, *Gettyburg: Then and Now* (Philadelphia: Lippincott, 1897: repr. , Dayton, Ohio: Morningside Bookshop, 1983).

21. David G. Martin, *Confederate Monuments at Gettysburg*, vol. 1 of *The Gettysburg Battle Monuments* (Hightstown, N. J. : Longstreet House, 1986).

22. Horace m. Albright, *The Birth of National Park Service: The Founding Years*, 1913－1933 (Salt Lake City, Utah: Howe Brothers, 1985). For more information about the changing role of the park service in the New Deal, see Hal Rothman, *Preserving Different Pasts: The American National Monuments* (Urbana: University of Illinois Press, 1989), 162－86.

23. A detailed examination of the Pearl Harbor memorial is also provided by Edward T. Linenthal in *Sacred Ground: Americans and their Battlefields* (Urbana: University of Illinois Press, 1991), 173－212.

24. Michael Slackman, *Remembering Pearl Harbor: The Story of the USS Arizona Memorial* (Honolulu, Hawaii: Arizona Memorial Museum Association, 1984), 44 —86.

25. Ibid., 65—66.

26. Roger Dingman, "Reflections on Pearl Harbor Anniversaries Past," *Journal of American-East Asian Relations* 3 (Fall 1994): 279—293.

27. The coupling of Washington and Lincoln in the nation's vision of the past is the subject of Marcus Cunliffe's book *The Doubled Images of Lincoln and Washington* (Gettysburg, Pa.: Gettysburg College, 1988).

28. Maurice Agulhon, *Marianne into Battle: Republican Imagery and Symbolism in France*, 1789—1850, trans. Janet Lloyd (Cambridge: Cambridge University Press, 1981); James A. Leith, *Space and Revolution: Projects for Monuments, Squares, and Public Buildings in France*, 1789—1799 (Montreal: McGill-Queen's University Press, 1991); Pierre Nora, ed., *Les lieux de memoire* (The places of memory), 2 vol. (Paris: Gallimard, 1984); and Paul Trouillas, *Le complexe de Marianne* (Paris: Edition du Seuil, 1988).

29. Carol M. Highsmith and Ted Landphair, *Forgotten No More: The Korean War Veterans Memorial Story* (Washington, D.C.: Chelsea, 1995).

30. For information about the debate and controversies surrounding the Holocaust Memorial Museum, see Edward T. Linethal, *Preserving Memory: The struggle to create America's Holocaust Museum* (New York: Viking, 1995).

第九章

1. Leo Stein, *The Triangle Fire* (Philadelphia: Lippincott, 1962).

2. John R. Commons, et al, *History of Labor in the United States*, 2 vols. (New York: Macmillan, 1918); Richard B Morris, *Government and Labor in Early America* (New York: Columbia University Press, 1946); Philip Taft, *Organized Labor in American History* (New York: Harper and Row, 1964).

3. Chatland Parker, *The Herrin Massacre: The Trial, Evidence, Verdict* (N. p: Chat-land Parker, 1923; repr., Marion, Ill. Williarnson Country Historical Society, 1979); Paul M. Angle, *Bloody Williamson* (Urbana: University of Illinois Press, 1992).

4. Craig Storti, *Incident at Bitter Creek: The Story of the Rock Springs Chinese Massacre* (Ames: Iowa State University Press, 1991).

5. Michael Goldfield, *The Decline of Organized Labor in the United State* (Chicago: University of Chicago Press, 1987).

6. Perhaps the best study of Homestead's rise and demise is William Serrin, Homestead: *The Glory and Tragedy of an American Steel Town* (New York: Vintage, 1993). The strike and its legacy are the subject of Richard M. Brown, "Violence in America History: The Homestead Ethic and 'No Duty to Retreat, '" in *the Rights of Memory: Essays on History, Science, and America Culture*, ed. Taylor Littleton, 97 – 124 (University: University of Alabama Press, 1986); Arthur G. Burgoyne, Homestead (Pittsburgh: Rawsthorne Engraving and Printing, 1893); Paul Krause, *the Battle for Homestead*, 1880 – 1892: *Politics, Culture, and Steel* (Pittsburgh: University of Pittsburgh Press, 1992); and Leon Wolff, *Lockout: The Story of the Homestead Strike of* 1982 (New York: Harper and Row, 1965).

7. U. S. Congress, House of Representatives, Authorizing a Study of Nationally Significant Places in American Labor History, 102d Cong, 1st sess. , 1991, report 102—50. 1—2.

8. U. S. Congress, Senate, *Authorizing a Study of Nationally Significant Places in American Labor History*, 102d Cong, 1st sess. , 1991, report 102—91.

9. U. S. Congress, House of Representatives, *Authorizing a Studying of Nationally Significant Places in American Labor History*, 101st Cong. , 1st sess. , 1989, report 101 – 295, 8. See also U. S. Congress, Senate, *Authorizing a Study of Nationally Significant Places in American Labor History*, 101st Cong. , 2d sess. , report 101—495.

10. Not all the evacuees were American citizens. Under the immigration law of the time, first-generation Japanese-American immigrants (Issei) were not allowed citizenship. Their children and grandchildren born in the United States (Nisei and Sansei) were citizens automatically, however.

11. For more information about the interment, see Jeanne W. Houston and James D. Houston, *Farewell to Manzanar: A True Storyof Japanese American Experience during and after the World War II Interment* (Boston: Houghton Mifflin, 1973); Roger Daniels, *Concentration Camps USA: Japanese American and after World War II* (New York: Holt, Rinehart and Winston, 1972); and Deborah Gesensway and Mindy Roseman, *Beyond Words: Images from American Concentration Camps* (Ithaca, N. Y. : Cornell University Press, 1987). For information about individual camps, see John Armor and Peter Wright, *Manzanar* (New York: Vintage, 1989); and Leonard J. Arrington, *The Price of Prejudice: The Japanese-American Relocation Center in Utah during World War II* (Logan: Utah State University Faculty Association, 1962). In addition to the relocation centers, ten relocations

camps were established for enemy aliens interned during the war. These camps have gained less attention than have the centers, but some of these remained in operation until 1950s.

12. It should be noted that Congress passed the Japanese American Evacuation Claims Act in 1948. The act was intended to cover the loss of property caused by the evacuation but was not completely effective. As Leslie T. Hatamiyanotes: "This law did not allow claims for lost income or physical hardship and mental suffering, only loss of physical property. Because proof of loss was required and few internees had managed to gather and pack detailed records in the rush before departing for camp, only 26,568 claims totaling $148 million were filed under the act, with the government distributing a total of $37 million. Although there exist no accurate estimates of the extent of property loss, it seems reasonable to conclude that $37million could not have fairly compensated the internees' economic losses." See Leslie T. Hatamiya, *Righting a Wrong: Japanese Americans and the Passage of the Civil Liberties Act of* 1988 (Stanford, Calif.: Stanford University Press, 1933), 31.

13. See also Roger Daniels, Sandra C. Taylor, and Harry H. L. Kitano, ed., *From Relocation to Redress* (Salt Lake City: University of Utah Press, 1986).

14. California, Department of Parks and Recreation, *Manzanar Feasibility Study*, September 1974.

15. Guido E. Ransleben, *A Hundred Years of Comfort in Texas: A Centennial History* (San Antonio: Naylor, 1954), 79−126; R. H. Williams and John W. Sansom, *The Massacre on the Nueces River: The Story of a Civil War Tragedy* (Grand Prairie, Tex: Frontier Times, n. d.); *Diamond Jubilee Souvenir Book of Comfort, Texas Commemorating Its 75thAnniversary*, 18 *August* 1929 (San Antonio: Standard, 1929), 36−48.

16. Richard B. McCaslin, *Tainted Breeze: The Great Hanging at Gainesville, Texas* 1862 (Baton Rouge: Louisiana State University Press, 1994).

17. N. P. Chipman, *The Tragedy of Andersonville: The Trial of Captain Henry Wirz, the Prison Keeper* (San Francisco: N. P. Chipman, 1911); Ovid L. Futch, *History of Andersonville prison* (Gainsville: University of Florida Press, 1968).

18. H. Bruce Franklin, *M. I. A. or Mythmaking in America* (Brooklyn, N. Y. : Lawrence Hill, 1922); Susan Katz Keating, *Prisoners of Hope: Exploiting the POW/MLA Myth in America* (New York: Random House, 1994).

19. Jan C. Scruggs and Joel L. Swerdlow, *To Heal a Nation: The Vietnam Veterans Memorial* (New York: Harper and Row, 1985). See also Charles L. Griswold,

"The Vietnam Veterans Memorial and the Washington Mall: Philosophical Thoughts on Political Iconography," in *Critical Issues in Public Arts: Content, Context, and Controversy*, ed. Harriet F. Senie and Sally Webster, 71 − 100 (New York: HarperCollins, 1992).

20. Tom Bates, *Rads: The 1970 Bombing of the Army Math Research Center atthe University of Wisconsin and Its Aftermath* (New York: HarperCollins, 1992).

21. Among the sources concerned with the shootings and their aftermath are Scott L. Bills, ed., *Kent State/May 4: Echoes through a Decade* (Kent, Ohio: Kent State University Press, 1982); Thomas R. Hensley, *The Kent State Incident: Impact of Judicial Process on Public Attitudes* (Westport, Conn.: Greenwood, 1981); Thomas R. Hensley and Jerry M. Lewis, *Kent State and May 4th: A Social Science Perspective* (Dubuque, Iowa: Kendall/Hunt, 1978); James A. Michener, *Kent State: What Happened and Why* (New York: Random House, 1971); and Robert M. O'Neil, John P. Morris, and Raymond Mack, No Heroes, No Villains: New Perspectives on Kent State and Jackson State (San Francisco: Jossey−Bass, 1972). For information about both Kent State and Jackson State, see the special reports contained in President's Commission on Campus Unrest, *The Report of the President's Commission on Campus Unrest* (Washington, D. C.: Government Printing Office, 1970).

22. Debate at the national level concerning African-American monuments is reflected in U. S. Congress, House of Representatives, Committee on Interior and Insular Affairs, *Report Directing the Secretary of the Interior to Prepare a National Historic Landmark Theme Study on African American History*, 102d Cong, 1st sess., 6 May 1991, report 102−49, 1991; and U. S. Congress, Senate, Committee on Energy and Natural Resources, *Report on African American History Landmark Theme Study Act*, 102d Cong, 1st sess., 11 June 1991, report 102−90, 1991. Documents related to congressional debate on Native−American monuments are cited in note 23 to this chapter.

23. U. S. Congress, House of Representatives, Committee on Interior and Insular Affairs, Subcommittee on National parks and Public Lands, *Custer Battlefield National Monument Indian Memorial: Hearing on H. R. 4660 to Authorize the Establishment of a Memorial at Custer Battlefield National Monument to Honor the Indians Who Fought in the Battle of the Little Bighorn, and for Other Purposes*, 101st Cong., 2d sess., 4 September 1990, serial no. 101 − 48, 1991; U. S. Congress, Senate, Select Committee on Indian Affairs, *Wounded Knee Memorial and*

Historic Site and Little Big Horn National Battlefield: *Hearing to Establish Wounded Knee Memorial and Historic Site and Proposal to Establish Monument Commemorating Indian Participants of Little Big Horn and to Redesignate Name of Monument from Custer Battlefield to Little Big Horn National Monument Battlefield*, 101st. Cong., 2d sess., 25 September 1990, Senate hearing 101 — 1184, 1991; and U. S. Congress, Senate, Select Committee on Indian Affairs, *Proposed Wounded Knee Park and Memorial*: *Hearing to Establish a National Park and Memorial at Wounded Knee*, 102d Cong., 1st sess., 30 April 1991 at Pine Ridge Indian Reservation, South Dakota, Senate hearing 102—193, 1991.

24. An excellent study of the controversy over this site is provided by Edward T. Linenthal, *Sacred Ground*: *Americans and Their Battlefields* (Urbana: University of Illinois Press, 1991), 127—71.

25. Ben Nighthorse Campbell quoted in "Custer Redux," *The Economist*, 21 November 1992, p. 28. The issue of the memorial remains highly controversial to the point that the superintendent of the national monument, Gerard Baker, a Mandan Hidatsa Indian, has received death threats; see "Little Bighorn Again Inspires Passion," *New York Times*, 23 June 1996, p. 14.

26. Chicago Commission on Race Relations; *The Negro in Chicago*: *A Study of Race Relations and a Race Riot* (Chicago: University of Chicago Press, 1992; repr. New York: Arno and the New York Times, 1968), 1—52; Carl Sandburg, *The Chicago Race Riots*, *July* 1919 (New York: Harcourt, Brace and Howe, 1919); William M. Tuttle Jr., *Race Riot Chicago in the Red Summer of* 1919 (New York: Atheneum, 1970); Lee E. Williams, *Anatomy of Four Race Riots*: *Racial Conflict in Knoxville, Elaine* (*Arkansas*), *Tulsa, and Chicago*, 1919 — 1921 (Hattiesburg: University and College Press of Mississippi, 1972), 74—96.

27. Robert V. Haynes, *A Night of Violence*: *The Houston Riot of* 1917 (Baton Rouge: Louisiana State University Press, 1976).

28. Michael D'Orso, *like Judgment Day*: *The Ruin and Redemption of a Town Called Rosewood* (New York: Putnam's, 1996).

29. Roy Wilkins and Ramsey Clark, *Search and Destroy*: *A Report by the Commission of Inquiry into the Black Panthers and the police* (New York: Metropolitan Applied Research Center, 1973).

30. Richard Slotkin, *Regeneration through Violence*: *The Mythology of the American Frontier*, 1600—1860 (Middletown, Conn.: Wesleyan University Press, 1973).

后记

1. Maria Tumarkin uses the term *traumascape* in her dissertation "Secret Life of Wounded Space: Traumascapes in Contemporary Australia" (Ph. D. dissertation, Department of History, University of Melbourne, 2002). The term is appealing because it encompasses the physical site of a trauma and its social context, as well as the interpretive process that follows the initial event.

2. Edward T. Linenthal, *The Unfinished Bombing: Oklahoma City in American Memory* (New York: Oxford University Press, 2001), p. 233.

3. Ibid, pp. 175—230.

4. James Young, "Germany's Problems With Its Holocaust Memorial: A Way Out of the Quagmire?", *Chronicle of Higher Education* (31 October 1997); B4.

5. Sylvia Grider, "The Archaeology of Grief: Texas A & M's Bonfire Tragedy Is a Sad Study in Modern Mourning," *Discovering Archaeology* 2 (2000) (3, July/August): 68—74 and "Spontaneous Shrines: A Modern Response to Tragedy and Disaster," *New Directions in Folklore* (5 October 2001): 1, URL: http: //www. temple. edu/isllc/new; and Cheryl R. Jorgensen-Earp and Lori A. Lanzilotti, "Public Memory and Private Grief: The Construction of Shrines at the Sites of Public Tragedy," *Quarterly Journal of Speech* 84 (1998); 150 — 170; and Sandi Dolbee, "Temporary Tributes: Spontaneous Shrines Are a Loving Response to Violent Tragedy," *San Diego Union-Tribune* (5 April 2002): E1 and E4.

6. David Goldfield, *Still Fighting the Civil War: The American South and Southern History* (Baton Rouge: Louisiana State University Press, 2002).

7. Owen Dwyer, "Interpreting the Civil Rights Movement: Place, Memory, and Conflict," *Professional Geographer* 52 (2002) (4): 660—671.

8. Derek H. Alderman, "New Memorial Landscapes in the American South: An Introduction," Professional Geographer 52 (2002) (4): 658—660 and "A Street Fit for a King: Naming Places and Commemoration in the American South," *Professional Geographer* 52 (2002) (4): 672—684.

9. Nancy C. Curtis, *Black Heritage Sites: An African American Odyssey and Finder's Guide* (Chicago: American Library Association, 1996); Townsend Davis, Weary Feet, Rested Souls: *A Guided History of the Civil Rights Movement* (New York: W. W. Norton, 1998) and Marcella Thum, *Hippocrene USA Gide to Black American: A Directory of Historic and Cultural Sites Relating to Black American* (New York: Hippocrene Books, 1991). See also Kirk Savage, *Standing Soldiers, Kneeling Slaves: Race, War, and Monument in Nineteenth-Century America*

(Princeton, N. J.: Princeton Press, 1997).

10. Glennette T. Turner, *The Underground Railroad in Illinois* (Glen Ellyn, Ill. Newman Educational Publishing, 2001).

11. Alfred L. Brophy, *Reconstructing the Dreamland* —*The Tulsa Riot of* 1921: *Race*, *Reparations* , *and Reconciliation* (New York: Oxford University Press , 2002); Scott Ellsworth, *Death in a Promised Land* : *The Tulsa Race Riot of* 1921 (Baton Rouge: Louisiana State University Press, 1982); James S. Hirsch, *Riot and Remembrance*: *The Tulsa Race War and Its Legacy* (Boston: Houghton Mifflin, 2002); Tim Madigan, *The Burning*: *Massacre*, *Destruction*, *and the Tulsa Race Riot of* 1921 (New York: St. Martin's, 2001); and State of Oklahoma Commission to Study the Tulsa Race Riot of 1921, *Tulsa Race Riot* : *A Report by the Oklahoma Commission to Study the Tulsa Race Riot of* 1921 (28 February 2001).

12. James W. Loewen, *Lies across America*: *What Our Historic Sites Get Wrong* (New York: Free Press, 1999).

13. Some examples of research on these other events include Monte Akers, Flames after Midnight: Murder, Vengeance, and the Desolation of a Texas Community (Austin: University of Texas Press, 1999); William Ivy Hair, *Carnival of Fury*: *Robert Charles and the New Orleans Race Riot of* 1900 (Baton Rouge: Louisiana State University Press, 1976); James G. Hollandsworth, Jr. , *An Absolute Massacre*: *The New Orleans Race Riot of July* 30, 1866 (Baton Rouge: Louisiana State Press, 2001); Joyce King, *Hate Crime*: *The Story of a Dragging in Jasper*, *Texas* (New York: Pantheon Books, 2002); and Dina Temple-Raston, *A Death in Texas*: *A story of Race*, *Murder*, *and a small Town's Struggle for Redemption* (New York: Holt, 2002).

14. Janice Monk, "Gender in the Landscape: Expressions of Power and Meaning" in*Inventing Place*: *Studies in Cultural Geography*, ed. Kay Anderson and Fay Gale, 123 — 138 (Melbourne, Australia: Longman Cheshire and New York: Wiley, Halsted Press, 1992).

15. Marina Warner, *Monuments and Maidens*: *The Allegory of the Female form* (New York: Atheneum, 1985); Maurice Agulhon, *Marianne into Battle*: *Republican Imagery and Symbolism in France*, 1789 — 1850, trans. Janet Lloyd (Cambridge: Cambridge University Press, 1981); and PualTrouillas, *Le complex de Marianne* (Paris: Editions du Seuil, 1988).

16. Page P. Mill, *Reclaiming the Past*: *Landmarks of Women's History* (Bloomington: Indiana University Press, 1922).

17. Toby Moore, "Emerging Memorial Landscapes of Labor Conflict in the Cotton Textile South," *Professional Geographer* 52 (2002) (4): 648—696.

18. Christopher Smith, "Tragic Handcart Account Evolved Over the Years," *The Salt Lake Tribune* (30 June 2002): B—1 and B—2.

19. Kenneth E. Foote, Attila Tóth, and AnettÁrvay, "Hungary after 1989: Inscribing a New Past on Place," *The Geographical Review* 90 (2002) (3): 301—334.

20. Recent examples include Michael Heffernan, "For Ever England: The Western Front and the Politics of Remembrance in Britain," *Ecumene* 2 (1995); and Jay Winter, Sites of Memory, Sites of Mourning: *The Great War in European Cultural History* (Cambridge: Cambridge University press, 1995).

21. Some recent works about some of these sites include T. G. Ashplant, Graham Dawson, and Michael Roper, eds. , *The Politics of War Memory and Commemoration* (London: Routledge, 2001); Iris Chang, *The Rape of Nanking: The Forgotten Holocaust of World War II* (New York: Basic Books, 1997); DebórahDwork and Robert Jan Van Pelt, *Auschwitz: 1270 to the Present* (New York: W. W. Norton, 1996); Sarah B. Farmer, *Martyred Village: Commemorating the 1944 Massacre at Oradour-sur-Glane* (Berkeley: University of California Press, 1999); Kenneth S. Inglis, *Sacred Places: War Memorials in the Australian Landscape* (Carlton, Victoria: Miegunyah Press at Melbourne University Press, 1998); Wolfram Jäger and Carlos A. Brebbia, *The Remnants of Dresden* (Southampton: WIT Press, 2000); Donovan Webster, *Aftermath: The Remnants of War* (New York: Pantheon Books, 1996); and Lisa Yoneyama, *Hiroshima Traces: Times, Space, and the Dialectics of Memory* (Berkeley: University of California Press, 1999).

22. Some resent works on German memory include Rudy Koshar, *Germany's Transient Pasts: Preservation and National Memory in the Twentieth Century* (Chapel Hill: University of North Carolina Press, 1998) and *From Monuments to Traces: Artifacts of German Memory*, 1870—1990 (Berkeley: University of California Press, 2000); Brian Ladd, *The Ghosts of Berlin: Confronting German History in the Urban Landscape* (Chicago: University of Chicago Press, 1997); Gavriel D. Rosenfeld, *Munich and Memory: Architecture, Monuments, and the Legacy of the Third Reich* (Berkeley: University of California Press, 2000); and Karen Till," Staging the Past: Landscape Designs, Cultural Identity and Erinnerungspolitik at Berlin's NeueWache," *Ecumene* 6 (1999): 251—283.
Recent work on changing commemorative traditions in Russia and former Soviet bloc include Robert Argenbright, "Remaking Moscow: New Places, New Selves,"

Geographical Review 89 (1999) (1): 1 − 22; MaozAzaryahu, "The Power of Commemorative Street Names," *Environment and Planning D: Society and Space* 14 (1996) (3): 311−330; idem "German Reunification and the Politics of Street Names: The Case of East Berlin," *Political Geography* 16 (1997) (6): 479−493; James Bell, "Redefining National Identity in Uzbekistan: Symbolic Tensions in Tashkent's Official Public Landscape," *Ecumene* 6 (1999) (2): 184−213; Benjamin Forest and Juliet Johnson, "Unraveling the Threads of History: Soviet-Era Monuments and Post-Soviet National Identity in Moscow," *Annals of the Association of American Geographers* 92 (2002) (3): 524 − 547; Adam Hochschild, *The Unquiet Ghost: Russians Remember Stalin* (New York: Viking, 1994); Sanford Levinson, *Written in Stone: Public Monuments in Changing Societies* (Durham: Duke University Press, 1998); Catherine Merridale, *Night of Stone: Death and Memory in Russia* (London: Granta Books, 2000); DimitriSidorov, "National Monumentalization and the Politics of Scale: The Resurrections of the Cathedral of Christ the Savior in Moscow," *Annals of the Association of American Geographers* 90 (2000) (3): 548−572; Katheleen E. Smith, *Remembering Stalin's Victims: Popular Memory and the End of the USSR* (Ithaca, NY: Cornell University Press, 1996); and Katherine Verdery, *The Political Lives of Dead Bodies: Reburial and Postsocialist Change* (New York: Columbia University Press, 1999). One example of contest over political monuments in China is Linda Hershkovitz, "Tiananmen Square and the Politics of Place," *Political Geography* 12 (1993) (5): 395−420.

23. Some examples include MaozAzaryahu, "The Spontaneous Formation of Memorial Square: The Case of*Kikar Rabin*, Tel Aviv," *Area* 28 (1996) (4): 501 − 513; "McDonald's or Golani Junction? A Case of a Contested Place in Israel," *Professional Geographer* 51 (1999) (4): 481−492; and Ghazi Falah, "The 1948 Israeli-Palestinian War and Its Aftermath: The Transformation and De-Signification of Palestine's Cultural Landscape," *Annals of the Association of American Geographers* 86 (1996) (2): 256−285.

24. Petri J. Raivo, " 'This is where they fought': Finish War Landscapes as a National Heritage," in *The Politics of War Memory and Commemoration*, ed. T. G. Ashplant, Graham Dawson, and Michael Roper 145 − 164 (London: Routledge, 2001).